有明海はなぜ荒廃したのか

諫早干拓かノリ養殖か

江刺洋司

藤原書店

有明海はなぜ荒廃したのか　目次

有明海はなぜ荒廃したのか

諫早干拓かノリ養殖か

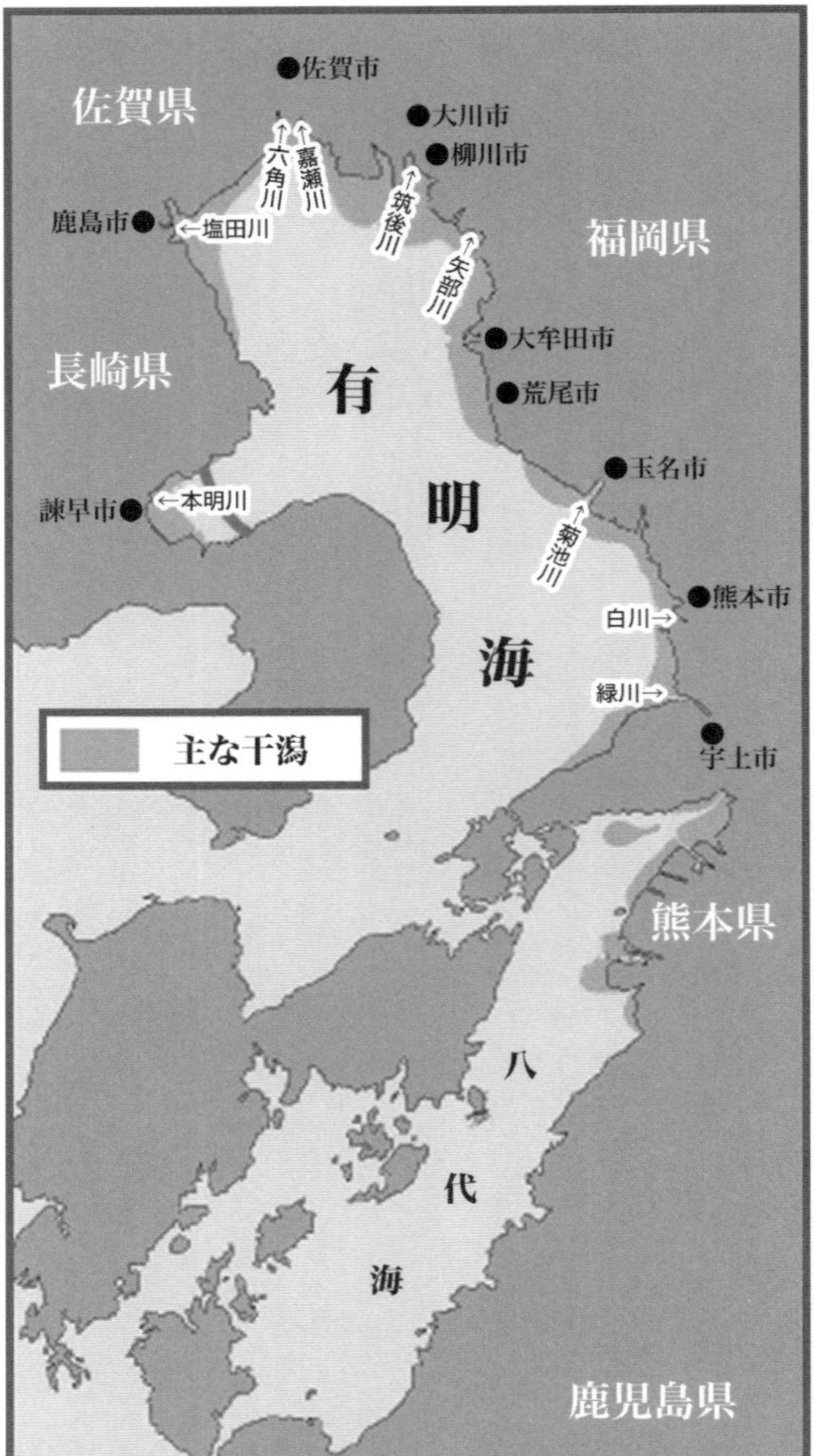

http://www.wwf.or.jp/marine/ariake/ariakehigata.htm
(© 2001 World Wide Fund for Nature Japan)を参考に作図

序

　筑後川という大河に代表される多くの河川によって運び込まれた「のろ」と呼ばれる泥土の堆積によって形作られた遠浅の海、それが右ページに図示された有明海である。この海は壮大な干満の差が見せる独特の景観、特にムツゴロウの滑稽な動作によって多くの人々を魅了して来た。と同時にその特異な海域は固有の魚貝類を育み、有明海は〝宝の海〟であった。しかし有明海はここ十数年前から病み始め、死の海への道を進んでいる。

　しかし、私はこの有明海に何の関係もなければ、水産学者やノリ養殖の専門家でも生態学者でもない。それなのに私がなにゆえ有明海の自然の荒廃を黙視できなかったのか、それを先ず話さねばなるまい。旗を掲げた数多くの漁船から〝諫早干拓反対〟を叫んでいるノリ養殖漁民の姿をテレビで見た時、自然界での物質循環の原動力が太陽光であり、有明海全体での諫早干拓地の受光面積が二％前後にしかならぬのに、いかに干潟の浄化能力が大きいからとはいえ、二％が残りの九八％の海洋環境の汚染源であると決め付けることには、素朴な疑念を抱かざるを得なかった。何かしら、人為的な裏の存在を暗示させる一方で、〝有明海固有の希少生物が絶滅の危機に瀕している〟というあってはならない報道にも接した。生命科学者としてかつて国連を舞台に「生物多様性保全条約」の起草に関わった私は、理解しがたいが放置できない問題として、この「有明海問題」に強く引き付けられたのである。

私は、東北大学在職中に国連のＦＡＯ（食糧農業機関）から、アジア地区先進国代表のコンサルタントとして直接招致され、ブラジルのリオデジャネイロで開催された第一回地球サミット（一九九二年）において「生物多様性保全条約」の一部の起草に関わった。当時、やがて到来する二一世紀に抱えるであろう地球環境問題は、国連自体だけでは処理し切れないほど大きく重大な問題であるとの認識があった。ＦＡＯもＵＮＥＰ（国連環境計画）、ＵＮＥＳＣＯ（国連教育科学文化機関）と協同して合議を重ね、国連の手に余るほど肥大化し、かつ差し迫った地球環境問題を手分けして、他の国際機関の助けをも借りつつ諸問題を順次国際社会に提起していたのである。このように、各国政府の協力を得ること無くしては、人類が直面するこれらの大問題を解決できるものではないとの認識から始まった会議が、第一回地球サミットであった。

日本も「生物多様性保全条約」を批准し、第一回地球サミットで提起された諸問題の解決進捗状態を査証すると共に、新たに深刻化し始めた地球レベルでの諸問題に対して国際社会が協力して、その解決に向かうべく昨年（二〇〇二年）南アのヨハネスブルグで第二回地球サミットが開催された。そこには多くの日本のＮＧＯ、ＮＰＯの民間人だけでなく小泉首相も出席し、日本としてもあらためて明日の地球号保全のための約束をして来たはずである。かつて日本は、佐渡や能登半島の一部にのみ棲息するまでその数を減らしてしまった美しいトキを、戦後になって特別天然記念物としてその保護に努めた。だが時はすでに遅く、今や野生のトキは絶滅し、佐渡での特別な飼育施設で中国から送られたトキとの間に子孫を遺し増やそうと必死の努力を重ね、なんとか明るい見通しが立って来たところである。しかし今度は、有明海で多くの希少生物が絶滅の危機に瀕していることを訴える市民団体の叫びや環境省からのニュースが聞こえるようになって来た。これらの報道は、「生物多様性保全条約」の起草に関わった私に、有明海の自然復元に対する科学者としての責任感を呼び覚まし、いずれは有明海の荒廃の問題を私なりに本格的に調査せねばならないことを考えさせる最初の切っかけとなったのである。

そんな矢先、私が新幹線通勤のさいに購読する習慣にしていた『日本経済新聞』夕刊の一面で、長崎県の、救いと理解を訴える広告に出会うことになった。希少生物の絶滅に何とか歯止めをかけねばと思っていた私は、あらゆるマスメディアや、薬害エイズ問題の解決に功績を上げた党首の政党さえもが、真実を調査した様子もなく一方的にノリ養殖者の立場に立って、公共投資の代表的悪例として諫早干拓をつるし上げる姿勢に違和感を持っていた。それだけに、長崎県が全国民に対して理解を訴えるその全面広告（図1、二〇〇一年三月二六日号）にもまたショックを受けた。仙台市に生まれて、津波の度に高潮の大被害を蒙る三陸海岸沿いの住民の惨状を知っている私には、長崎県の訴えには同

もっと知ってもらいたい **諫早湾干拓事業。**

長崎県は「有明海の再生」と「地域住民の生命・暮らしを守る」両立の道をめざします。

1 どうしてて諫早湾干拓事業は必要なのでしょうか。

■たび重なる水害・高潮災害の歴史

諫早湾地域の背後地域は土地が低く、台風や集中豪雨に見舞われることが多く、そのたびにこの地方は死傷者、家屋倒壊、堤防決壊、田畑流出などの大きな被害を受けてきました。

●昭和2年	高潮・洪水：3mの高潮と88ミリの降雨により本明川氾濫 死者・行方不明 60人、堤防決壊 342件、家屋全壊1,479戸など
●昭和32年	洪水（諫早大水害）：日雨量588ミリの集中豪雨で湾沿岸の全河川氾濫 死者・行方不明 760人、家屋全壊 2,248戸など
●昭和60年	高潮：2～3mの波が津波のように堤防を越えた。堤防被害 2ケ所 家屋床上浸水 18戸、床下浸水 40戸、水稲被害 1,300haなど

■干潟の拡大が諫早の水害や排水不良の原因です

それは有明海独特の潮の大きな満ち引きの差によるガタの堆積です。諫早湾は潮の干満の差が大きく、年に5cmを越えるガタ土が堆積して広大な干潟ができています。

干潟は、長い間に背後地の土地より高くなり背後地の排水ができなくなります。そのため排水を良くし、新たな農地を造るため、数百年前から約3,500haの干拓が行われてきました。この地域では「50年1干拓」といわれ、「干拓をすればその前にガタが堆積する。そして排水が悪くなる。そしてまた干拓を行う。」という、避けて通れない地域の宿命となっています。

■住民の安全で安心な暮らしを守るために

このような事情から、昭和20年代後半の長崎大干拓から南部総合開発計画を経て、昭和57年に締切面積を当初の3分の1の3,550haに縮小し、昭和61年に諫早湾干拓事業として着手されました。諫早湾の干拓は、この間、約50年の歳月が流れていますが、背後地における防災工事などは十分には実施されておりません。干拓事業は平成18年度完了予定で、すでに約85%の進み具合となっております。

諫早湾干拓事業は、潮受堤防（高さ7.0m）で諫早湾を締切り、内部に調整池を設けて、洪水時には海面の水位より低くなる背後地を高潮や洪水などの災害から守ります。干拓予定地の堤防の完成により、背後地の堤防の役割を果たします。

2 いま潮受堤防の排水門を開けたらどうなるのでしょうか。

●潮の流入により排水樋門の管理を再び始めなければなりません。（背後地には大きな樋門が28ヶ所あります。）

潮受堤防締切前

河川の出口に堆積したガタ

人力によるミオ筋の掘削

潮受堤防で締切る前は、ガタ土が対岸から潮流によって運ばれ、ゲートの前に堆積していました。このため人力等で掘削しなければなりませんでした。

潮受堤防締切後

現在は、潮受堤防で締切られたため、調整池水位がマイナス1mに保たれ、機械で容易に掘削できるようになり、ガタ土の堆積もなくなりました。

●背後地の既存堤防や排水樋門が古くなっており、背後地の農地に海水が流入することにより、農作物に塩害が発生しやすくなります。

（写真①）（長崎県諫早市）

（佐賀県福富町）

（写真②）（長崎県森山町）

（佐賀県鹿島市）

〈長崎県の海岸堤防〉

昭和39年を最後に干拓が行われていないため、現在の干拓地先堤防は低く（4.5m～5.7m）、かつ老朽化しており、災害がおこるおそれがあります。

〈佐賀県の海岸堤防〉

有明海沿岸の福岡県、佐賀県、熊本県でも同じように干拓が行われてきました。これらの県では、高潮などの被害を受けないような堤防が高く（7.5m）、強いものが作られています。

このほか次のような問題があります。

●排水門や排水門周辺の潮受堤防の補強が必要となります。
●調整池の水位が上昇することになり、洪水に対する防災効果がなくなります。
●排水が悪くなるため、野菜の栽培や施設園芸などができなくなります。
●すでに計画変更により完成予定が6年も延長されており、さらに工事が遅れるとともに、諫早湾の漁業振興も遅れます。
●諫早湾は干満の差が大きいことから、潮の出入りにより速い流れが発生して諫早湾漁場に悪影響を及ぼします。

3 いま排水門を開けたら、ノリ不作の原因が究明できないおそれがあります。

有明海の漁業不振に関して「水門を開けて調査せよ」との意見がありますが、原因がわからないままで水門を開けると、真の意味での公正で科学的な検討ができなくなります。有明海ではノリだけでなく、タイラギや魚などが獲れなくなってきています。ノリ不作の直接的な原因は、福岡、佐賀、熊本、長崎の有明4県研究機関の統一見解として、高水温や大量降雨、晴天続きなど例年にない異常気象によって珪藻赤潮が発生し、栄養塩が少なくなったためとされています。

また、諫早湾干拓からの排水量は有明海にそそぐ河川からの流入量の3%です。さらに、有明海の環境悪化の原因としては、筑後川大堰、熊本新港などのプロジェクト、旧炭鉱海底坑道の陥没、さらには、ノリ養殖の増加や酸処理問題等の要因が複合的に影響し合っているという指摘があります。これらを総合的に調査する必要があります。

諫早湾の自然的条件によってもたらされたこれまでの悲しい歴史をくり返さず、地域の方々の生命と財産を守り、安全な暮らしを未来へ手わたすために、長崎県は国営諫早湾干拓事業の早期完成をめざします。

長崎県

■この広告に関する問合せは：長崎県農林部諫早湾干拓室 電話095-822-1319

図1　長崎県が全国民に理解を求めた全国紙全面広告

2001年3月26日の『日本経済新聞』夕刊で出会った全面広告。長崎県が諫早干拓事業について、第三者委員会の潮受け堤防開門の中間答申が無意味なことを全国民に訴えたもの。

情の余地があると感じられた。その広告はまた、諫早干拓を一概に公共投資の悪例とする各種行動や漁民の行動の正当性にさらなる疑念を抱かせて、一人の専門的科学者としての視点から有明海の自然環境荒廃の原因探求の再検証に立ち上がる、直接的かつ最終的な端緒となったのである。

第一章　有明海荒廃の真因はノリの養殖法にあった

1　民主的立法を阻害する「委員会・審議会」制度

現役当時、私は東北大学で植物生理学の分野の研究・教育に従事していたが、国連から招致されて、環境問題を世界の第一線の学者と話し合う機会を度々持てるようになっていた。当時、国際社会が専門家としての私を必要とした理由は、私が植物の遺伝資源としての種子の生理学・生化学の分野において国際的に指導的な立場にあったことにあった。絶滅の危機に瀕している植物遺伝子群をいかにして未来に伝えるべきかについて意見を求めて来たのである。そこではやがて地球号が直面するであろう諸問題の拾い上げと解決のための多面的議論がなされたが、私を招致したＦＡＯの中での最優先の課題は、毎年消滅し続ける植物遺伝子を急ぎ確保すると共に、それをいかに保全して子孫に伝えるかであった。これらの議論の渦の中で、私は真の環境科学者として育てられることになって行ったのである。また多くの先進国の大学ではすでに、大学教育の初頭学習段階で進学・進級のための環境科学の学習単位が必須科目になっていることに大いに啓蒙させられた。

従来日本では環境問題となれば生態学やエコという言葉で括られ、環境科学とは生態学であるかのような錯覚を持たれて来たのである。今でもそうである。特に東北大学理学部には動物・植物の二つの生態学講座があったことから、生態学分野が充実しているかのように思われ、言葉につられて環境問題を学ぼうとする若者が受験に集まる風潮さえあった。しかし、生態学者でない私が国際社会の第一線で地球の明日を議論することになって、環境科学とは生態学で括ってはならない新しい総合的な学際分野の学問であるという認識を深め、この日本にその環境科学なるものを定着させねば、との想いを大きくすることになった。つまり、日本には環境科学という複眼的視野で問題を追究する訓練を受けた専門家が存在しないことにあらためて気付かされたのである。

当時すでに環境庁というものはあったが、それは種々の専門家の寄り合い所帯であって、政策立案に強い力量を発揮している状況ではなかった。相応の仕事はしているものの、総合科学として対応し得る体制で政策を指導できる状態にはなってはいなかった。環境科学としての教育システムが日本には存在していないための弊害が国内に満ちており、環境ホルモン問題にしても海外からの情報があって初めて重い腰を上げるといった状況が続いていたのである。つくばの国立環境科学研究所で講演を行なった際にも、幅広い分野の研究者が関心を持って学ぼうという雰囲気を感じることはできなかった。それに比して国連では、先進各国から出席して来る学者が、それぞれの国家の歩むべき指針や選択肢を提言するくらいの気概に満ち溢れていることを実感し、感心させられていただけに、環境庁という役所はあっても、日本は未だ発展途上国に留まっていると痛感せざるをえなかった。本来なら第一回の地球サミットの諸文書起草にも環境庁の専門家が当らねばならぬのに、日本は最大の出資国でありながら委員会にはオブザーバーを出しているだけであった。私が一本釣りで招致されることになった理由も理解できたのである。

そんな折、仙台市でスパイクタイヤ反対の市民運動が起き、それを実現するための審議会のようなものが作られた。マスコミが音頭を取る一方で、医者には健康被害を与えている証拠を出してもらうべく委託研究を依頼し、市会議員の代表はマスコミを引き連れ、スパイクタイヤ使用禁止の先進国であるとの理由から、ドイツに視察団を送ることになった。行政がいったんある方向で動き出しそれを実現しようとすると、ある段階で民主的ポーズを取るための常套手段として御用専門家・有識者からなる審議会や委員会が設置される。これは今や日本各地で、住民参加の手続きのポーズとなって定着しているようだ。私自身は国連でのコンサルタントとしての活動に重きを置いたので、スパイクタイヤ反対運動の成り行きは傍観していたが、案の定医学部のある教授はその運動に都合の良いデータを提供していた。犬の肺臓に古釘が入っている写真がそれだった（しかも何とその釘はスパイクタイヤの釘ではなく建築などに使用される類の釘であった）。しかし雌犬の発情を嗅ぎ取るために地面に鼻を擦りつける雄犬の振る舞いからすれば、古釘が雄犬の肺臓に入ってしまうことには何の不思議もない。また、市会議員団やマスコミから成るドイツ視察団は、かの国の多くの街路が石畳であるために道路面の摩擦係数が高いからこそ「脱スパイクタイヤ」が容易に実施できることを無視して、反対運動の宣伝に一役買う情報を流し、あっと言う間に仙台市は条例化に成功しただけでなく、それを全国に波及する運動としてしまった。また、音頭を取った地方新聞社は報道機関関係の協会から表彰されるという事も起った。都市とは多様な人々が住む場であるのに、チェーンの装着に困難を伴う弱者への思いやりもない画一的条例を、誰ももはや正面から異を唱えることのできない状況に仕上げてしまった。

私も、スパイクタイヤの弊害自体は理解できるのだが、最後の戦中派としては、戦前に経験した全体主義的風潮をどうしても想起させてしまうような成り行きには、日本の民主主義に対する不安を感じざるを得なかった。行政・マスコミ・科学者が一体となれば強大な権力になってしまうのである。

市役所玄関のホールには先述の、人間についてはそのようなことはありようもない「犬の肺臓の中の錆びた釘の写真」が掲げられ、多くのマスコミはテレビや紙上でその映像を流していた。仙台市のように坂道の多い降雪のある都市に「スパイクタイヤの禁止」が適切か否かを論じる間もなく、それどころか既存の石畳の坂道すべてを滑りやすいアスファルトで作り変えるという街づくりをしてしまい、ドイツの「先進性」を褒め称えるばかりであった。すでに自動車メーカー各社は、タイヤの改造に着手していただけでなく、雪道にも安全な四輪駆動車の販売さえ始めていた。また、実際の道路破壊者は雪が融けてもタイヤチェーンを履いたままで走る大型バスやトラックであると私は考えていたから、山の上に住む方々やどこに行くことになるか判らぬタクシー運転者には同情せざるを得なかった。正確ではない科学的な思考とその広報化による画一的な強制が行なわれている現状が語っているのは、環境問題とは何かという問いや、日本という島国も沈没しかねない地球号の一乗員であるにすぎないとの自覚の欠如であろう。

研究者・教育者として、人類の一員として真に地球号の行く末を考え行動し得る人材、環境科学の専門家を育てるための学部の必要性を感じつづけていた私は、東北大学を退く間際ではあったが、文部省の理解を得て環境生物学という講座を恐らく国内で最初に作らせてもらうことになった。その後、今年（二〇〇三年）になって私が必要性を訴えていた大学院環境科学研究科の創設も内示された。しかし、当時の私はカリキュラム構成上の理由から、生物学という名称で講義を続けざるを得ず、特に文科系、工学部系学生に教える場合にだけは、実質的には環境科学を意識した生命科学の講義を定年まで続けることとなった。

生きるとは、死ぬとは何か、そしてそのことが自然環境とどう関わるかを教えずに大学を去ることは忍びなかったのである。地球上に生きる多様な生命のありようを学ばせることを通じて、社会で起きるであろうさまざまな問題に正面から向き合える人材を少しでも育て遺すことを願ったのである。また、本来的にすべての生命体が多様であり、多様であるがために適応できる生命であり、そこに進化というものがあって、それが現代へと続いているという地球の歩みを理解することから、社会そのもののあり方にも関心を持つ若者が増えることをも願ったのである。

二〇〇二年に小泉内閣が将来の高速道路網の整備のあり方を審議させるための道路公団民営化委員会の設置に関して、その人選で大いにもめた。結局七名の侍を指名したものの、最後には国民よりも与党や財界に顔を向けた元新日鉄会長の今井委員長が委員会をサボタージュするという事件が起った。この事件は、従来のこの種の有識者からなる委員会がそれぞれの省庁や部署からの推薦による、都合の良い御用専門家から成るものであったことを、逆説的に国民に明示することができた点できわめて示唆に富んだ出来事であった。私はとうの昔に審議会とか委員会なるものは、行政の隠れ蓑であり民主的ポーズにすぎないと思っていたので、有明海の問題に関して設置されたいわゆる第三者委員会も、構成メンバーの大多数を見たところでは、実質的には御用専門家が主体を占めるものと推定せざるを得なかった。その点でも、国際的な責任を負う一人の環境科学者として、しっかりとその審議過程をフォローせねばと考えていた。幸いなことに時代は、その審議過程の大筋が情報公開制度発足のお陰で公開されるよう変化しており、私もその審議過程をインターネット上で科学的に検証し、分析することが可能であった。

２　科学的分析力を欠く水産庁選定の第三者委員会

そこで、先ず水産庁が有明海の荒廃の原因を解明するために選定した通称第三者委員会という、中立的に問題の所在を検討する委員会の構成が、どんな人物によって実際は構成されているか調べることにした。予想していた通り、政府の危機感は破局へと進む有明海の自然環境を重視するものではなく、その構成は有明海域の経済を左右するまでに成長した産業たる養殖ノリ不作の原因を主として探るためだけに設置されたとも言い得るような委員会であった。肝心の環境省からはわずか一名の委員しか派遣されておらず、縦割り行政そのままに水産庁が主体の人選で、あるいは圧力団体の力学が罷り通ったとしか思えないような利益団体からの委員も含まれており、国民共有の財産としての有明海の自然環境そのものの荒廃に危機感を抱いて設けられたものではないことは、その構成からして明らかであった。有明海荒廃の現実を総体として捉えるために議論する場ではなく、一部の漁民の利益を擁護せんがためだけの委員会（「農林水産省有明海ノリ不作等対策関係調査検討委員会」）であり、すでに日本も批准した「生物多様性保全条約」はむろんのこと、長年にわたって不漁に悩んで来たクチゾコ、ガザミ等の魚類甲殻類やアサリ、タイラギ等の二枚貝の漁獲を生業とする漁民の利害に真剣に取り組みそうな人材は見当たらなかった。

恐らくノリ不作に「等」の言葉を挿入することだけで委員会の意図をぼかそうとしたのであろうが、実際の構成メンバー（**表1** http://www.jfa.maff.go.jp/rerys/13.02.26.4.html）を見れば、委員会設置の本来の目的はほぼ誰にも想像がつくことだろう。ノリ経済に頼る漁民代表が四名も参加していても、自然保護に関わる民間人代表は見られず、ノリ生産と関わりの深い専門家や海洋科学者がいても、不漁に悩む漁民の理解者となりそうな専門家も見当たらない。環境省こそが指導的役割を果すべきと、私が直接環境省水環境部の閉鎖性海域対策室を訪ねて、環境省こそ指導的役割を果すべきであると申し入れを行なった際に、中立的委員としてただ一人ではあるが須藤隆一氏を送り込んでいるとの弁解を聞かされるだけであった。一五名の中でたった一人の専門家の発言がどれだけの重みを持ち得るかは、先の道路公団民営化委員会の七名の侍のなれの果てからも言うまでもないだろう。道路公団民営化委員会の今井委員長の立場は、国民の期待する改革とは縁遠い与党の道路族議員向けの姿勢を貫くもので、国家の未来に無責任な行動であったがために世論調査においても同情されるものではないことが明らかになった。要は委員長の立場でさえも数の前には弱いことを考慮すれば、環境省が送り込んだただ一人の委員に期待することはできないのは当然であり、水産庁の思うがままに進むであろう委員会から発せられるであろう提言は、マスコミをだますことができても科学的見解を有する人間をだますことはできず、結果としては国民を欺むくものになるであろうことが予測されるものであった。

長崎県の全国民に向けての訴えの広告を読んだ時点から、それまでの「少しおかしいぞ」といった程度の感想では済まされないという、科学者としての良心が私を鼓舞した。有明海の自然の荒廃が諫早干拓だけに起因することは理論的にあり得ないであろうとの疑問の段階に留めてあったものが、生命科学者としての論理からそれを整理し直してみる必要性の自覚へと進展したのである。先述の「生物多様性保全」の言葉が、有明海の市民団体のＮＰＯから発せられることがあっても、国際社会で責任を負うべき公的機関からもマスコミからも聞こえて来ないことに私が

農林水産省有明海ノリ不作等対策関係調査検討委員会委員名簿

氏名	役職	専門分野
東（あずま）　幹夫（みきお）	長崎大学教授	水域生態学
荒牧（あらまき）　巧（たくみ）	福岡県有明海漁連代表理事会長	漁業者代表
磯部（いそべ）　雅彦（まさひこ）	東京大学教授	海岸工学
井手（いで）　正徳（まさのり）	熊本県漁連代表理事会長	漁業者代表
川端（かわばた）　勲（いさお）	長崎県漁連代表理事会長	漁業者代表
鬼頭（きとう）　鈞（ひとし）	水産大学校教授	藻類学（ノリ養殖）
清水（しみず）　誠（まこと）	東京大学名誉教授	水産資源学
須藤（すどう）　隆一（りゅういち）	埼玉県環境科学国際センター総長	環境微生物学
瀬口（せぐち）　昌洋（まさひろ）	佐賀大学教授	浅海干潟環境学
滝川（たきがわ）　清（きよし）	熊本大学教授	海岸環境工学
戸原（とばら）　義男（よしお）	九州大学名誉教授	水環境工学
原（はら）　武史（たけし）	(社)日本水産資源保護協会専務理事	水産増殖学
本城（ほんじょう）　凡夫（つねお）	九州大学教授	赤潮、プランクトン
松田（まつだ）　治（おさむ）	広島大学教授	水圏環境学
山崎（やまさき）　龍馬（りゅうま）	佐賀県有明海漁連代表理事会長	漁業者代表

（五十音順）

表１　第三者委員会名簿

不信感を抱いていたからである。『日本経済新聞』夕刊のその広告は、私の血液中の正義感に火を点けてしまったとも言えようか。それ以降、時間があればインターネットで検索すると共に、第三者委員会の議事録をもネット上で読むこととなった。

その結果、驚くべき事の真相と共に、肝心の委員会の検証が環境科学の視点からすれば大変問題のある水準のものであることが分かった。海洋環境の汚染に関わる種々のパラメーターを真剣に拾い上げる作業はいつになっても出て来ない。そればかりでなく、最初に「公共投資は悪であり、その典型的工事が諫早干拓であって、それがノリ養殖漁民に大打撃を与えたに違いない」との前提があって、最初から調整池開門の是非についても審議する分科会を設け、ノリ養殖業者に何とか好都合な要素を探そうという姿勢さえ見られたのである。

国民にとっての問題は、有明海の生物相の崩壊にあるのに、その委員会においては、なぜノリという藻類が色落ちしてしまうのか、なにゆえに底生生物群が死んで行くのか、といったそれらの死に関連する因子すべてを等しく拾い上げるという、最も初歩的で基礎的な作業が始められることはなかった。その後になっても、動植物の死に関わる因子、各種のパラメーターを集めた上で、それらの関わり方の重み付けをするという科学的手続を踏もうとする姿勢は委員会の議事録の中には見当たらない。植物としての藻類の死に方と底生動物としての甲殻類や二枚貝の死に方の生化学的違いを知らないためにパラメーターを拾い上げる基本的作業ができなかったのか、諫早干拓を悪者に仕上げるのに必要な証拠さえ捕まえれば良いとの考えがあったためか、議事録を読んでの私の感想では、どうも両者が共に関っているように思えてならなかった。生命科学者として調査対象とすべきであると考えられる最重要なパラメーターが抜け落ちていては、まともな議論はおろか真相を解き明かすことは絶望的であることは、当初からもはや明らかであったが、そうこうしているうちに決定的不信感を抱かせる議事録に遭遇することになった。

3 「有機酸投与」を見逃した第三者委員会の基本的ミス

私が第三者委員会の作業に徹底的に疑惑の目を向けることになったのは、第六回委員会の議事録でも用いられた、「農林水産省　農林水産統計年報」から紹介された有明海沿岸四県のノリや底生生物漁獲量の推移に関するデータ（**図２**）であった。委員会では、ノリ生産量と底生生物である貝類生産量の過去三〇年近くにわたっての因果関係を中学生であっても推定できるようなデータ（ただし委員会においては、**図２**のように肝心な要素を原図から取り出して見やすい形にしたうえで討議することはしていない）を示しておきながら、有明海の荒廃をもたらした主役が、ノリ養殖技術の展開と共に活用されるようになった有機酸投与にあるとは誰も指摘していなかったのである。私も、それまでインターネットで関連事項を検索していると、有機酸使用とその使用量の増加が環境破壊に関っていると思わざるを得ない記述にであうことが多く、藻類（ノリも植物性プランクトンの仲間であれば、植物に普遍的な生理・生化学的知見からして、有機酸活用それ自体が関わることもあり得る）の色落ちの誘因である可能性を感じていたが、この抽出作業の結果現れ出た図に出会った瞬間、有明海荒廃の主役は有機酸投与をめぐる問題として解明すべきものであることが明らかとなった。直感的にも誰の目から見ても、有機酸投与が本格的に始まった途端に貝類の漁獲量が急速に減少し始め、逆にノリの生産高は暫時的に増え始めていた。しかも、その乖離が始まったのは諫早干拓が本格的に始まる一九九二年のはるか以前の一九七八年であった。およそ一四年か一五年前からすでに有明海の荒廃が始まっていることは明白であった。しかし、委員会のメンバーの中には、有明海の荒廃をノリ養殖漁民が叫ぶように諫早干拓に帰するのではなく、彼ら自身による有機酸投与の開始と関連するのではとの疑問を投げかけた人は、審議録を読む限りでは誰もいなかった。

同様な知見は、二〇〇一年一一月二〇日に神戸で開催された有明海問題を主題としたシンポジウムにも見ることができる。堤裕昭氏（文献1）は、諫早干拓が始まるはるか以前の一九八〇年代から、熊本海域ではアサリをはじめとする二枚貝類の生産量が大幅に落ち込み、それは干潟での幼生段階での死に起因すること、沖合の砂を干潟の上に敷くと幼生をへい死から救うことができることを発表しており、有明海の荒廃が諫早干拓が始まるはるか以前からの出来事であることを明らかにしていた。このことからしても、有明海の荒廃が干拓とは無縁であることは明らかであったのである。ところが、自らが有明海の異変が諫早干拓と全く無関係に始まったことを公言しておきながら、堤氏はやがて私の『朝日新聞』への意見発表（**資料1**）に真っ先に反論するという、矛盾し理解しがたい行動（『朝日新聞』、二〇〇二年三月七日朝刊の「視点」欄）に出て来たことから、有明海荒廃の原因を真に科学的

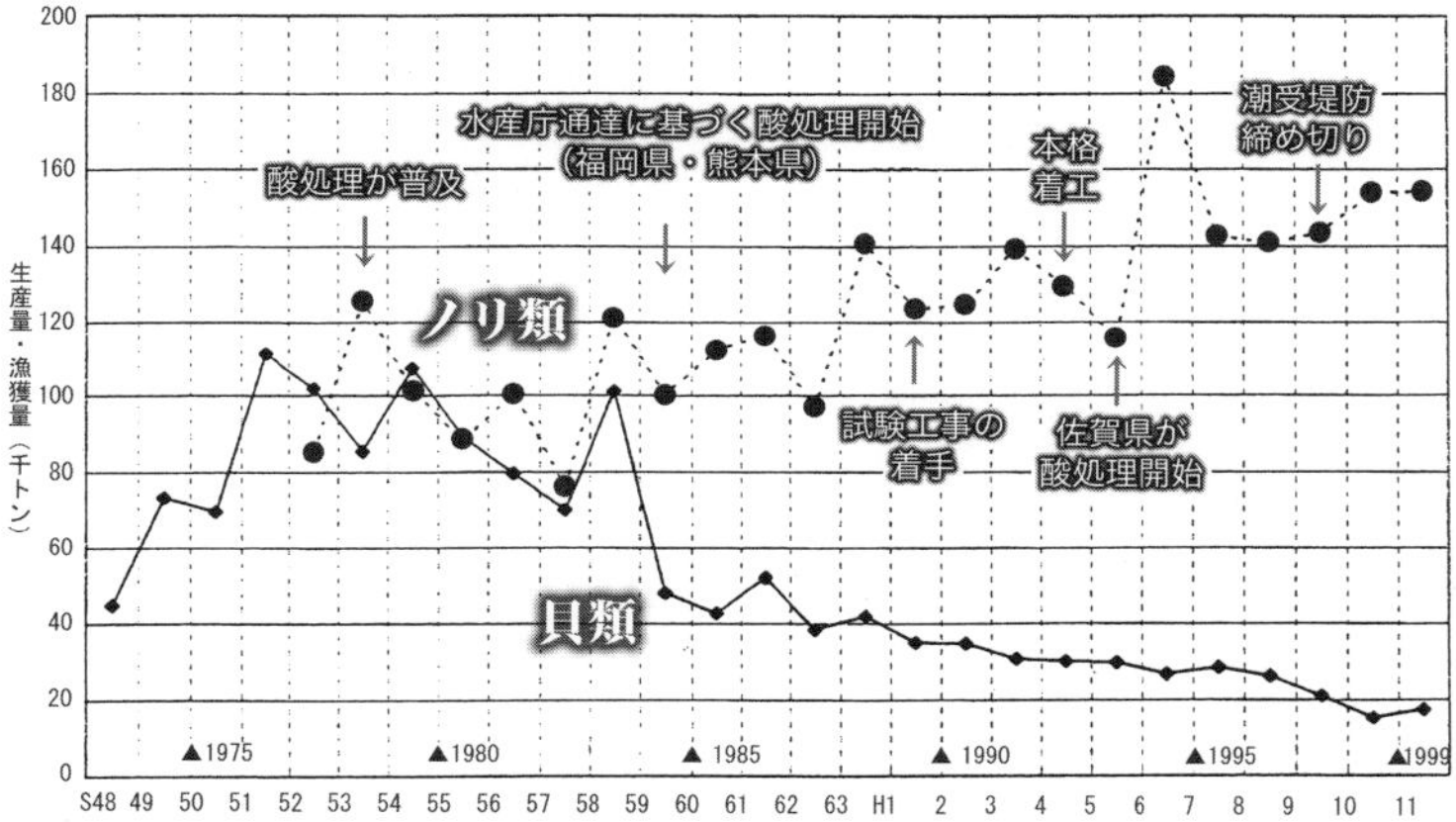

図２　有明海沿岸４県の漁獲量の推移

有明海を囲む、熊本、福岡、佐賀、長崎の 4 県の貝類漁獲量とノリ生産量の昭和 48 年（1973 年）以降の推移を理解し易く書き改めた。平成 13 年 9 月 20 日開催のノリ第三者委員会中間報告会で提出された「資料 3」の 25 ページに示された「農林水産省農林水産統計年報」の棒グラフから必要部分だけを抽出して作図し、それに、諫早干拓ほかの有明海で行なわれた主要な出来事を挿入した。

に掘り下げて解明するというよりは、「諫早干拓憎し」という一元化された雰囲気が有明海域に満ちていることを実感させられたのである。科学することを妨げる何かがすでにそこには働き始めていたとしか思えない。

それにしても、恐らく第三者委員会開催の度に傍聴するか聞き取りをし、委員会の終了後の都度、清水委員長から説明を受け質疑応答をした各マスコミ関係者が、なぜこれほど明確な資料を見ることができていて、諫早干拓よりも有機酸投与が有明海荒廃の主役ではないかとの疑問を感じ質問しなかったのか、不思議でならない。考えられる理由は、前述したスパイクタイヤ反対運動の場合と同様に、マスコミ関係者も貴重な干潟を潰す諫早干拓は悪役であると最初から思い込んで決め付けていたがために、中学生でも理解できるような当然のデータから真実を読み取ることができなかったのではなかろうか。これだけ明確な、公的機関からの情報が提供されていて、率直に有明海荒廃の原因を有機酸投与と結び付けることができなかったとすれば、委員会構成メンバーはむろん、そこで質疑応答に加わったマスコミ関係者にも、国民を惑わすことになった責任の重さを感じて欲しいものである。どうしてもノリ色落ち現象を諫早干拓と結び付けなければならない何らかの政治的力学、与党農林族が介在していたのであろうか。科学以前の常識さえも通用しないままに委員会が継続し、マスコミ関係者の多くがそこに素朴な疑問を持ち得なかった背景にも、私が科学者として追求すべき核心がありそうである。

4　水産庁通達の重大な失政——半閉鎖海洋環境破壊の元凶

図2に示されたような諫早干拓の本格工事が始まる一〇年以上も前から有明海の自然環境が荒廃し始めていたという事実は、有明海環境破壊の元凶となったのはノリ養殖業者による有機酸使用の普及に関わることを明示しているが、なぜ水圏環境悪化の指標となっているＣＯＤ（化学的酸素要求量）を高めるような有機酸使用を本格的に始めることになったのか、その理由の解明が鍵を握ることになる。逆に、この事実に、なぜマスメディア各社が率直に取り組もうとしなかったのか、あるいは彼ら

が、偏った思想の一部の科学者や生産者保護を目的に政・官・企業と癒着した専門家によって意図的に描かれたとしか思えないような構図にまんまと嵌ってしまったのかも、また解明せざるを得ない。とにかく、有明海という豊潤な半閉鎖海域の自然環境を荒廃に導いて行ったのが、諫早干拓と全く無関係であることだけは、この図２の農水省の統計から明らかとなった。問題はどうしてノリ養殖に有機酸が利用されるようになったのか、そしてなぜその利用が海洋環境の汚染を導くことになったのかを科学として明らかにすることである。

そこで先ず、日本近海に分布するノリの種類を百科事典（平凡社）で調べてみると、アマノリ属に分類されて一七〜一八種あるが、代表的なのは内湾の浅海で養殖されているアサクサノリの仲間と外海に産するイワノリの仲間に分けられるとあり、後者の代表はスサビノリと呼称され、関東以北の栄養塩の少ない海岸線にそって繁茂し、前者に比べて品質、香りや味において劣るが、丈夫で黒っぽいという特徴があるらしい。アサクサノリの日干しされて生じた紅紫色の色調は焙（あぶ）ると緑色を帯び、芳しい香りと味でわれわれを魅了する。かつては日本人の朝食の定番であったこのアサクサノリであるが、消費者が黒光りのするものの方を高く評価するとのことから、いつの間にか次第にスサビノリのいくつかの系統に置き換えられてしまった。

各県漁連は独自のノリを特産品にすべく、多収性、好塩分適応性、高色調性、高旨味性などの形質を求めて、さらに育種を続け、現在の焙らずに食べるのが当たり前の黒光りするノリが主役になってしまったのである。焙る必要性の欠落は、コンビニのおにぎりの機械化製造にも好都合であったことから、真っ黒な包み紙としてノリの消費が急速に増大することになった（有明海産ノリは全国の出荷量の約四割を占めるという）。ノリの芳しい香りとは無縁な三角形の食べ物、それがいたる所に散在するコンビニのおにぎりであり、それを今の若者は本物のおにぎりと認め愛用しているようだ。しかし、生産者も商社もこの黒光りするノリが危険な食品であることを隠し通すために、消費者への情報開示を避け、利益追求に励んで来た。有機酸処理で黒光りするノリを生産することを隠し続けても（例えば、二〇〇〇年八月一八日の全国海苔入札問屋組合協議会からの各業者への指令、**資料3**）、いかがわしいノリ養殖法によって作られたノリが市場に出回っていることが次第に知られるようになり、自然物とはいえ有機酸を活用して生産したノリを、多くの方々が食べてはならない食品、買ってはならない食品として消費者に訴える事態となっている。必死に消費者に隠し続けていたものの、日本人の伝統的食品であったノリが危険な食品の仲間入りをする事態を迎えてしまった（文献2、3、4、5）。（なお、その食品としての有害性については後述九五、二〇九ページも参照されたい）。

このように消費者に隠し通さねばならぬような事情のある食品としてのノリを、これほどまでに普及させることになった責任はまさに政府の**水産庁次長通達「海苔養殖における酸処理剤の使用について」**（**資料2**）にあることは明白である（次長は水産庁長官に次ぐポスト）。藤田氏（文献6）によれば、一九七八年頃に千葉県のノリ漁業者の平野氏がたまたまノリひびに附着したコカコーラがアオノリを選択的に駆除することを見出し、それがヒントになってやがて、クエン酸がアオノリに対してだけでなく、珪藻やアカグサレ防除にも効果的なことが分かって、ノリ養殖に酸処理効果を活用するようになった。海水のpHは八・三近辺の塩基性であり、海洋生物の大部分は塩基性を好んで成育しているので、pH３近辺の酸性の海水に曝されると、酸に敏感な生物は死んでしまうか、逃げ出してしまう。ところが、幸運にもノリの仲間だけは他の藻類やバクテリア（病原菌）と比べて比較的酸性溶液に耐性を保持していたことから、この違いを上手く利用するとノリだけを繁茂させ得ることに気付いたのである。しかし、有機酸自体が有機物で環境汚濁物質であることが分かっており、またノリであっても長時間酸性海水に浸しておけば傷害を受けてしまうことから、水産庁の指導を仰ぎながら全面的に使用する許可を得るべく、**全漁連・全海苔連**（全国海苔貝類漁業協同組合連合会）が水産庁に指導通達文書を出すように陳情して先の通達を一九八四年九月に取得することになったという。

驚くべきことは、いくら漁民の要望に応じたものだからとはいえ、この通達の幼稚さである。法律でもない単なる次官通達にすぎないとしても、彼らの望むがままにどうしてこんなお墨付きを与えることになったのであろうか。また、その後には国際法もそれに対応した国内法も大幅に改正されており（後述）、それらと整合性を持たない違法な通達であるにもかかわらず、二〇年も経過した現在も撤回されることなく生きているという事実にも驚かざるを得ない。また、消費者のための農水産省でなければならぬと、雪印ミルク事件、狂牛病事件、でたらめ表示、違法農薬使用など多くの食品問題が発生して次々に担当大臣が生産者寄りの従来の行政を改新したのに、この悪しき通達は撤廃しようとせず、生産者と、ノリ活性剤と称するこれらの薬剤の製造会社を保護する姿勢を取り続けている。ノリ業界はあげて日本各地の海洋汚染の元凶となっている事態を隠蔽しようとし、有明海荒廃が諫早干拓と結び付けられる事態になっても知らぬ振りを続けて来た。
水産庁通達の**資料2**をよく読んでいただきたい。

第一に、おいしいアサクサノリを追い払ってしまっておきながら、品質の向上を図るためという。コンビニ用の黒い包装紙を提供することが品質向上なのか。

第二に、酸処理剤の主成分は植物体にも含まれるリンゴ酸、クエン酸などだから食品として安全だという。それらの有機酸は人間も含めてすべての生命体におけるミトコンドリア（細胞内の小器官、**図8**〔**8**〕）での最終的酸素呼吸の基質（substrate：酵素の作用を受けて反応を起す物質をその酵素の基質という）である。ということは、それが海洋に生きるすべての生物、植物プランクトンの直接的エネルギー生産源となって、それらの増殖を促し、赤潮発生の原因となるのだが、そのことには何らの危惧を抱いていない。

第三に、植物起源の有機酸なら規制の対象とはならないというが、その後に国際法に準じて改正された「国際海洋汚染防止法」では明確な規制対象物質であることになるのに、未だそれを撤廃していない。それらがノリの成長や品質に悪さをする雑菌類の附着を防止するといっても、これらの自然物（有機酸）は生物にとっては最も利用しやすい物質だけに、海洋に棲む他の微生物に吸収されてどんな物質に転化し、海洋環境にいかなる影響を与えるかに全く配慮していない。

第四に、使用後に海洋中の微生物等の作用により速やかに分解されることとあるが、分解されるとは酸素呼吸の基質としてエネルギー生産源になることを全く意識していない。つまり、微生物に生体エネルギー（ATP : adenosine tri-phosphate アデノシン三リン酸。分子内に高エネルギーリン酸結合があり、生物の運動、物質の代謝・合成・運搬・貯蔵などに広く関与し、これらの直接のエネルギー源となる）を生産させるだけなら良いということは、植物プランクトンとの間での酸素呼吸のための酸素の奪い合いが起っても構わないということであり、微生物の体内で生産されたATPの一部は、条件次第では直ちに還元力（NADPH : NADP, nicotinamide adenine dinucleotide phosphate ニコチンアミドアデニンジヌクレオチドリン酸の還元型）に変換されて、微生物の細胞分裂条件を満たし、赤潮発生条件を人為的に助長させかねないことに留意されていない（これらの仕組みは後述）。

第五に、摘採されるノリには残留しないこととあるが、生化学的にそのようなことはほとんどあり得ない実情を知らないこと。有機酸という、代謝に好都合な液体に接触した途端に、秒単位でそれらの有機酸は体内に取り込まれ、一部は微生物の場合と同様に酸素呼吸でATP生産に向けられるが、他の一部は炭素骨格（有機物の基本構造）として、栄養塩と合体して各種のアミノ酸合成に活用されてタンパク質・核酸生合成（生合成とは生物体または細胞内で行なわれる同化による有機物質の合成。化学合成に対していう）に使われる。またその後に主役となった乳酸の場合には細胞壁成分として活用されうる。したがって残留しないということは科学的にあり得ない。また、植物プランクトンのある種では有毒物質の素材にさえなりかねないのである（これらの仕組みも後述）。

第六に、漁民の性善説を建前として、残液を付近の浅海にそのまま投棄することをしないこととあるが、どれだけの人々が従うのだろうか。実際にインターネット上でだけでなくマスコミも、漁民のその点におけるいいかげんな行動の実態を伝えている。

第七に、使用後の残液を持ち帰って、十分な中和処理等を行なった上で、下水などを通じ排出させる等、適正な処理・処分を行なうこととあるが、中和とはどういう作業なのかさえ水産庁次長が知らずに提出した通達としか思えない無責任さである。中和は、有機酸を構成する分子内の炭素骨格部分になんらの構造変化を与えるものでないことは科学的な基礎知識である。しかも下水に流せとは、港付近の海を汚染せよというに等しい。自然環境を保全しようと多くの消費者・生活者が努力し、国土交通省は雨水と生活廃水を分離して処理するために莫大な公共投資を行なっている最中に、漁民だけは国民共有の海洋環境を汚染しても構わないという生産者寄りの姿勢は非常識のレベルを超え、犯罪を唆していると さえ言い得る。現時点では、水産省通達は明確に国際海洋法に違反しており、破棄すべきものなのである。

先進国である日本政府の官僚の知的水準がこれほど低かったとは信じがたい。科学に無知な漁民団体の後ろにいる族議員の働きかけがあったのではなかろうか。今になってはその真実を知る由もないが、国会を通さざるを得ない法律としてではなく、こんなお粗末な恥ずべき通達を出したとすれば、大学で専門的学問を学んだ官僚が、政治的圧力なしに、単に漁連からだけの要請だけで、国際的に恥ずかしい通達を出したとはとても信じられない。いつの日か、当時の水産庁次長はことの真相を明らかにし、日本の水産業の歴史的歩みとして、その経緯を後世に遺して欲しい。と同時に、こんな幼稚な通達のもとでノリ養殖が行なわれていることを知っていた水産試験場や各地方の監督官庁が、どうしてそれを許しただけでなく、隠蔽に荷担したのか。多くの国民が自然環境を大事にしようと必死に努力している最中でさえ、業界全体の利益擁護のために、どうして事実を隠し通さねばならなかったのか。しかも、この事実を知っていてなぜ、第三者委員会は真正面から水産庁と対峙しようとしなかったのか。審議委員に選んでくれたのは水産庁である以上、反旗を翻して国民にことの実態を明かすことができなかったというのであろうか。後になって聞いたことだが、企業・水産業界と完全に癒着した水産庁出身のある大学の教授さえもが、漁業者代表以外に委員として名を連ねている状況では、これらは望んでも叶わぬことであったのである。

5　『朝日新聞』紙上での提言と反応

当時の私はこんな裏の事情も知らずに、とにかく諫早干拓は有明海荒廃の主犯でないことだけは**図2**から完全に読み取れ確信できていたので、二〇〇一年一二月一九日に第三者委員会が中間答申で「諫早干拓地の水門を全開して再調査すべき」と纏めてしまったことには驚きを通り越して怒りを覚えた。審議過程を読み、その審議過程のお粗末さを憂えていただけに、それ、とばかりにこの答申に飛びつき、答申を尊重せよとの各マスメディアの報道の不見識ぶりには、先に述べた仙台市での犬の肺臓中の錆びた釘をしてスパイクタイヤ使用禁止に持ち込んだ当時の報道の危険性をあらためて思い出さざるを得なかった。特に、テレビで見たテレビ朝日の久米キャスターの感情的発言と振る舞いは、私自身が彼の個性に好感を持っていたし、ほぼ同時刻に放映されるＮＨＫ番組と競い合う番組として評価していただけに、悲しい映像でしかなかった。その番組の折であったかどうか忘れてしまったが、「韓国では干拓を中止させる運動が実り素敵な海洋環境を保全できた」との報道もあった。当時の韓国のノリ養殖の大部分が希塩酸（これの効能については後述）を使用していることを知ってのことかどうか分からぬが、前述の仙台市のドイツ視察団が、街路が石畳でできた都市であることを隠し、現にあった急な坂道をアスファルトに切り替えた愚かさをも省みずにスパイクタイヤ反対礼賛をしたことと合い通じる報道姿勢を感じたものであった。

翌朝の『朝日新聞』の社説もまたほぼ同類の内容で、ノリ養殖法の展開が環境容量を越える有機酸投与を前提として行なわれている現実には全く触れずに、権威がないどころか、陰で業界と癒着した委員や偏った考え方の持ち主からなる第三者委員会の答申を尊重して、諫早湾干拓地の調整池を全面的に長期間開放して、私には全く必要のないと思える調査を行なうべしというものであった。他のマスコミもほぼ同様な主張であり、すべてのマスメディアが一斉に同じ方向での論説をかざす事に恐ろしさを禁じえなかった。

これまで述べて来た論理だけでなく、政府の資料を基にして作成した**図2**からしても調整池を開門する意味は全くないにもかかわらず、つまり有明海荒廃の原因（後述）がほぼ明らかであるのにもかかわらず、第三者委員会の答申がさも正論であるかのごとく受け取って、ノリ以外の産物を生業とする漁民を対立のまっ直中に置き続けることは忍びなかった。そこで私は、朝日新聞社に第三者委員会の答申を無視すべきとの論説を掲載させていただく決意を固めたのである。

　有明海を生業の場としつつも、底生生物を漁獲対象として来たがために二〇年間も不漁で苦しんで来た漁民たちと、この二〇年、収穫高を大きく伸ばし収益を上げてきたものの突然の「ノリ色落ち」でうろたえる漁民たちが共に生きる知恵を提案しあい、そして科学者もまた科学者として何らかの建設的意見を述べるべきと考えたからであった。せっかく莫大な税金を使って建設した諫早干拓地の堤防が、私の考えに照らしても無用な部分があるのならば「開門せよ」との答申に同調する余地もあるが、現時点でさえ益するものであり、間もなく到来するであろう地方分権、道州制度の時代ともなれば、諫早干拓地は九州地方全域の人々にとっての発展のための夢を内包するとさえ感じられる工事である（長崎県知事を含めて干拓関係者に地方の時代に生かそうという発想がなければどうにもならぬが）。それゆえ私は、関係者全員が幸せをつかめることになるであろう建設的内容を盛り込むための執筆を心がけた。

　それは昨年（二〇〇二年）一月二五日の『朝日新聞』朝刊の「私の視点」欄に「ノリ不作、諫早水門開放せずに解決を」という題名で掲載された（**資料１**）。その結果、感謝の電話や手紙をいただく一方で反発の意見も寄せられた（感謝の言葉をいただいた中の何人かは、その後の私の思考を深化させる源となり、多くの資料が寄せられ、現地での講演会開催を実現し、初めて有明海の東側と西側の干拓地を観察する機会が提供されることとなった）。ファクスで反論して来た人の中には、先にアサリの不漁は諫早干拓が始まるはるか以前の一九八〇年代であるとシンポジウムで発表なさっていた堤氏がおり（文献６）、彼の反論は朝日新聞社の意向で前述したように同じ欄に後日掲載された。底生生物の代表格であるアサリの不漁が干拓工事以前に始まっていたと発表した科学者が、先頭を切って私に反対して来たことに、諫早干拓反対運動をめぐる組織的背景を感じざるを得なかった。

この予感はその後に水産庁栽培増殖課を訪ねたおりの何気ない会話の片隅で、「同じような理由を述べながら貴方に反対する先生もおるでしょう」との発言から汲み取れた。少なくとも、専門として来たアサリの不漁が諫早干拓と全く無関係に起っていることを発表しておきながら、新聞紙上では後の第三章で述べるような理由で、有明海を再生させるためには水門を開放して海水の流動性を高めることが重要と、さも諫早干拓こそが有明海荒廃の元凶であるかのような発言をする矛盾には科学者としての良識を疑わざるを得ない。

私が述べたノリ色落ちの原因については、次章で詳述するとして、底生動物の獲得を生業とする人々と、下等植物である藻類のノリ養殖を生業とする人々が有明海で共存するための条件整備を考えることは、科学者の使命であろう。食物連鎖で強く結びついた藻類と魚類や貝類の採集・捕獲を目指す産業とすれば、太陽光の獲得をめぐってノリと動物群の主たる餌となっている植物性プランクトンとの競合関係を抑えることが必須要件であり、動物群のために常時高い酸素分圧を提供できるようにするためには、漁獲対象となっている貝類等は、太陽光の到達する深度に吊るして養殖することが望ましく、この点では現行の牡蠣養殖と同様な試みをしてみたらどうかというすこぶる建設的な提案を私はした。また、できるなら新しい試みに挑戦して新しい地場産業としてムール貝を導入し、フランス料理店開業や食材提供をにらんだ展開を、という地元漁民への鼓舞でもあった。

しかし、地元の専門家集団は私の科学者として分析に基づく提案を十分に検証することなく反対し、とにかく諫早干拓潰しに躍起となっているかのようであった。堤氏のように以前はまともな発表をしていた研究者さえも心変わりさせてしまうほど、科学とは無縁な状況になってしまっていたのである。驚くべきことに日本生態学会までが、インターネット上ではあったが、諫早干拓を中止せよという声明を出していることを知り、「お前までもか」と慨嘆せざるを得ない状況ができてしまった。恐らく、科学研究費を申請しても、諫早干拓反対に関わっていなければ研究費をもらえない状況が生まれ、堤氏も立場を変えたのではないかと推察させられる事態にまで来てしまっていたのである。多くの事柄の隠蔽工作がまさに成功していたのではないか。

第二章　ノリの不作と有機酸処理の深い関係

1　第三者委員会における第一回会議での酸処理剤検討がその後を決めた

第一章4節において水産庁通達が有明海荒廃の元凶であり、それを見逃して来た科学者・専門家の責任が重大であると指摘したが、第三者委員会もすでに第一回委員会で水産庁増殖推進部栽培養殖課提出の「資料4―7・8」においてその取り扱いを審議している。しかし、そこではノリ養殖上の有効性に目を向けるあまりに、むしろ宣伝に終始し、私が先に指摘した水産庁の通達を分析・評価し直した跡は一切見られない。

反面、科学的視点に立てばいまさら特に問題にする必要があるとは思えないような事柄には留意している。例えば、有機酸は一〇〇倍にも希釈して使用するし、それらは弱酸で海に戻しても海水の大きな緩衝能のために急速に海水のpH8付近に戻ってしまい、海産動物やその幼生（動物性プランクトン）にはほとんど影響しないから問題にする必要はないと言うのであるが、これは当然に予測されることで、そんなことが有明海荒廃に関わりようもないのは当然である。（緩衝能 buffer capacity とは、緩衝容量などとも言われるが、溶液のpH変化を引き起こすために加えねばならない酸または塩基の量に関わる表現で、添加量が多いほどその溶液の緩衝能が大きいということになる。海水は大量の炭酸ソーダを含む緩衝能の大きい塩基性の溶液のために、そこに多少の酸を加えたところで海水のpHを大きく変えることは容易でない。また、酸性あるいは塩基性の溶液に、塩基性溶液あるいは酸性溶液を加えて中性pH7.0に近づけることを中和と言う)。

塩基性ではあるが海水の保有する高い緩衝能からすれば、むしろその種の事柄に税金と労力を使うのは無益であって、こんな事からは因果関係は解明できないと、彼らが議論を簡単に済ましてしまったことに異論はない。恐らく、水産庁には漁民から有機酸の使用許可の申し出があった時、それらが酸素呼吸の直接的な基質であるからには、有機酸が当時すでに世間の関心を集め始めていた環境ホルモンに変貌することにはなりそうもないので（有機物の海洋投棄にはなるので好ましいことではないが）、直ぐに海洋微生物によって分解されてしまう事情からして環境汚染源として騒がれることはなかろうという安易な判断が先にあったのではなかろうか。

有機酸の使用が、第一章４節で指摘したような七点にもおよぶ問題を抱えていることに、水産庁の専門家自体が気付かなかったものと推定される。そのうえ当の資料では、各県で漁民への指導体制を敷いているので、有機酸処理から問題が発生するとは考えられないとしている。つまりここまで来ると、先に推察したような族議員の介入があって安易に通達として出されたのかさえ怪しくなって来る。

海洋環境保全の立場やまともな地方の担当者の立場からすればとんでもない愚かしい説明からなるものであっても、本省が出した以上は地方の担当者が口を挟むべきでない、といった現在の官僚体制に由来する欠陥が、疑問を持ったであろう地方の担当者を黙らせ諦めさせてしまったと想像される。だとしても、本来はその道の権威者として推挙された第三者委員会の各委員さえもが、水産庁の説明に何らの疑問を持たず、それに対して苦言を呈することもしなかったのはなぜか。その責務からして問い糾さざるを得ない。拙宅に届いた内部告発者からの手紙は、単に利害関係者だけでなく、ある有力メンバーは最大の有機酸製造メーカーとある癒着関係にあることを知らせて来ており、委員会そのものも国民が信頼をおける中立的な解析力を備えた構成とはなってはおらず、関係企業の効果宣伝を鵜呑みにする立場で、ノリ漁民の好都合な結論を出しかねないものとなっていたことが判ったのである。

それにしても、委員会提出資料（「資料4」）の八ページには疑義を含む三種の重大な言葉が述べられている。

第一に水産庁通達（**資料2**）の中では酸処理に関して述べてはいるが、栄養塩投与を許可していないにもかかわらず、酸処理剤の中にリン酸態物質が含まれていることを是認し、たとえば主婦が無リン洗剤を使用して水圏環境の富栄養化抑止のために努力している時代に、「栄養成分について、都市排水または河川水からも高濃度にリン酸態リンが検出されるので、有明海におけるリン酸態リンの負荷には酸処理剤中のリンは関わりがない」と述べていることである。市民が環境保全のために努力し、各洗剤メーカーもそれに応える製品の提供を心がけている時代に、水産業者であるならばリンという栄養源の投下が許されるという農林水産省の姿勢が許されて良いのか疑問である。

第二には、有機酸にノリ網を浸漬する時間は五分間程度で、直ちに網は海中に戻すのだから問題がないという判断である。秒単位で体内に導入されるような有機酸を五分間もノリ葉体に漬けていれば、除菌作用があるとしても相当量が取り込まれて、酸素呼吸の基質（ATP の生産）になるだけでなく、種々の炭素骨格として細胞壁やアミノ酸の生合成に寄与することは生化学的に明白であることを完全に無視している。それこそ、同じ仕組みは植物プランクトンの増殖にも当てはまることで、赤潮発生の誘発に手助けしていることを否定できないということでもある。

第三には、一九九九年度販売実績では、全国でおよそ五九〇〇トンであるのに対して、有明海という遠浅の半閉鎖海洋だけでその半分以上の二九〇〇トンも使用されているという驚くべき実態を把握しておりながら、その総量が単位海水量当りにすればきわめて高濃度になることへの危惧をさほど抱いていないことである。クエン酸や乳酸も無機酸と同様に国際海洋汚染防止法対象物質（施行令別表第一有害液体物質（D類））に指定されている物質であることを無視している。私が農水産省の関係部局にこの通達の撤回を求めに訪れた時にも、「国際法は船舶などからの廃棄を対象とした法律であり、有機酸を水産業に利用することを制約する法律ではないので、撤回する必要はない」と頑張り続けた。実際の通達文（**資料2**）は、残液は港に持ち帰り、中和して下水に流すことが適正な措置という非常識な認識の基に書かれているのだから、漁民・企業との癒着の上の言い逃れ発言としか言いようがない。

実際は、インターネット等での記載などを見ていても大部分の漁民は使用済有機酸は現場で廃棄し身軽になって帰港しているというのだから、実態は法律に違反した振る舞いをしているわけであり、警察が取り締まらずに放置していることもまた問題視せねばならないことなのである。しかも、持ち帰った有機酸は中和して下水に流せというのだから、水産庁自体が国際法を無視せよと法律違反を奨励しているようなものである。農水省の担当者とのやり取りを通じて、彼らは聞く耳を持たず、実際に漁民が持ち帰らずに現場に捨てているということを示す証拠を持ってこない限り、この通達は国際法に違反するものではないと頑張り続けた。どうも、中和して下水に流すことが、船舶から廃液を流す作業と同質の行為であることさえも理解できないようであったが、本音は恐らく関連企業を守らねばとの思いから私に反論し続けたのであろう。

実は、この時点では私の論説が『朝日新聞』に掲載されていたことから、私を励ましてくれる方々が現れており、かねて有機酸成分に疑いを持っていた私は、各企業が販売している有機酸の成分について調査を依頼することができるようになっていた。そしてやがて、全国漁連・全国海苔漁連が内部資料としていた各メーカーの製品の驚くべき成分表を入手することができており、実際には、法的にも問題のある水産庁通達さえも無視して各企業は植物全般にも通用するような、特にノリを含む藻類の人工培地にも等しい成分構成からなる、名目的にはノリ専用の有機酸製剤を全国に売りさばき、日本の沿岸海洋を汚染していてもそれを黙認している水産庁の生産者保護の姿勢が浮かび上がっていたのである（全漁連・全海苔連発行「平成一三年度酸処理剤組成一覧表」（既存製品））（**表2**、詳しくは後述）。

この成分表を入手した段階でも、農水省を訪ねて、「前任者ではあったが、この実態を行政側は知っていて、有機酸処理を認めているのか」と糾したが、栄養塩を含む各種の添加剤を混入していることは知らなかったとして逃げられていたのである。水産庁は、単に無知・無責任で、海水総量が限られた半閉鎖海洋である有明海において培養基に等しい有機酸複合剤の使用を認めていただけではなく、それらが環境破壊の主犯と指摘されることがないように配慮し、それらから危険性が現れるような実験を避け、必死になってノリ養殖関連産業を守り続けて来たのである。にもかかわらず、なにゆえに私が有機酸処理が有明海荒廃の主犯であると確信を持つようになったのかは、後の問題としよう。少なくとも二度にわたって水産庁の担当者に、証拠を示し、また生化学的に海洋環境の破壊に繋がる道筋を示し、水産庁通達を直ちに撤回すべきと進言したが、一部の利益取得者の権利擁護ではなく、国民さらには人類共有の自然環境の保全と矛盾しないような手法で水産業を育てようとの認識は全く認められなかった。ただ、日本が批准した「生物多様性保全条約」を国家の責任において遵守すべきであるとの水産庁での私の一貫した主張が、それなりの影響を与えたことは、第三者委員会の議事録がある時点から少しずつではあるが変化し、有機酸処理の効果や環境への影響の再確認作業を行なう契機を与えることになったことから窺える。

水産庁の役人を含め、ノリ養殖業関連団体が有機酸処理に、海洋環境汚染との関係で何かしら後ろめたい問題があることを感じて行動していたことは、ノリ流し網方式（後述）での栽培に関する一切を国民の目から必死に隠し、万が一の場合のQ＆Aを作っていたことからも窺える。すべては国民を欺かざるを得ない事柄であるだけに、業界を挙げて隠蔽せざるを得なかったのであろう（**資料３**）。これらの隠蔽工作の実態は、私が懸命に調査して少しずつ明らかにされて来たが、隠蔽工作が成功していたがために、各種の自然保護団体や自然を愛する市民団体は、有明海の自然を破壊したのが水質浄化作用を行なう干潟を埋め立てた諫早干拓工事にあると思い込まされたのも自然な成り行きであったろう。そのうえ、他の三県では認めていなかったものの、佐賀県だけは場合によっては栄養塩類だけ

表２　酸処理剤組成一覧

平成１３年度酸処理剤組成一覧表（既存製品）

全漁連・全海苔連
No. 1

番	メーカー名 / 製品名	酸性主成分(%) リンゴ酸	クエン酸	フマル酸	グルコン酸	フィチン酸	酢酸	乳酸	合計	T-P g／100g	T-N g／100g	ph (100倍)	その他の添加物(%)					
1													塩化アンモニウム		リン酸ナトリウム		デキストリン	
	①グリーンカット4号			○					50.0	0.0	12.0	2.3	50.0					粉体
	②グリーンカット4号Z		○						15.0	3.9	2.4	1.86	10.0		11.0			アミノ酸類15.0　微量要素3.0　純水46
	③グリーンカット10号L		○						16.0	3.9	3.0	1.75	20.0		11.0			アミノ酸類22.0　微量要素3.0　純水28
	④グリーンカット新5号SP		○						10.0	3.9	3.3	1.74	25.0		11.0			アミノ酸類20.0　微量要素3.0　純水31
	⑤グリーンカット10号SPX		○					○	12.0	3.9	3.0	1.68	20.0		11.0		10.0	アミノ酸類21.0　微量要素3.0　純水23
	⑥グリーンカット10号ウルトラ		○					○	12.0	3.9	3.0	1.69	20.0		11.0			アミノ酸類26.0　微量要素3.0　純水31
	⑦グリーンカットニューライガー		○				○	○	11.0	3.9	3.0	1.55	20.0		11.0			アミノ酸類28.0　微量要素3.0　純水27
2													塩化アンモニウム		リン酸1ナトリウム	塩安・硝酸ソーダ		食＝食用海藻抽出液 糖＝糖類ビタミン類
	①グローゲン	○	○		○	○			15.0	3.0	2.2	2.0			11.0	10.0		食10.0　アミノ酸0.2　糖0.6
	②グローゲンS	○	○		○	○			22.5	3.0	1.4	2.0			9.5	7.0		食10.0　アミノ酸0.2　糖0.6
	③カルファ	○	○		○	○			18.8	3.6	2.2	1.9	8.4		13.9			
	④ブライトX						○	○	14.8	2.7	1.7	1.9	6.5		10.5			食5.0
	⑤グローアップ	○					○	○	11.1	3.6	2.7	1.9	10.3		13.9			転化糖4.3(ブドウ糖、果糖)
	⑥Gクイック						○	○	45.0	3.9	1.7	1.9	6.5		15.0			アミノ酸液10.0
	⑦のり太郎						○	○	18.8	3.6	2.6	1.8	8.0		13.9			アミノ酸液12.0
	⑧Gクイックプラス						○	○	42.0	3.6	1.7	2.0	6.5		13.9			グリセリン脂肪酸エステル0.5
	⑨たから1号						○	○	13.0	3.6	0.7	1.8	2.7		13.9			転化糖1.3(ブドウ糖、果糖)
	⑩たから2号	○			○		○		15.0	3.8	0.7	1.9	2.7		14.7			転化糖1.3(ブドウ糖、果糖)
3													塩化アンモニウム			リン酸アンモニウム		
	①Wクリーンソフト B型	○	○						30±2	0.5±0.1	0.5±0.1	2.5	1.0			2.0		アミノ酸抽出液・発酵液8.4
	②W－300	○	○					○	27±2	3.8±0.2	0.7±0.2	1.9	1.0	硫酸アンモニウム		3.5		アミノ酸抽出液・発酵液8.4
	③W－350	○	○					○	24±2	3.8±0.2	1.0±0.2	1.9	1.0	2.0		2.5		アミノ酸抽出液・発酵液8.4
	④W－600	○	○					○	23±2	3.8±0.2	0.7±0.2	1.8	1.0	1.0		2.0		アミノ酸抽出液・発酵液8.0
	⑤W－700	○	○					○	25±2	3.8±0.2	0.7±0.2	1.8	1.0	1.0		2.0		アミノ酸抽出液・発酵液8.0
	⑥WカットG		○						20±2	3.8±0.2	0.7±0.2	2.0	1.0			3.0		アミノ酸抽出液・発酵液8.2
	⑦Wダッシュ	○	○				○	○	42±2	3.8±0.2	0.7±0.2	1.9	1.3			3.0		アミノ酸抽出液・発酵液8.0
	⑧Wアクセル	○	○				○	○	33±2	3.8±0.2	0.7±0.2	1.8	1.0			3.5		アミノ酸抽出液・発酵液9.0
	⑨Wダッシュ3000	○	○				○	○	50±2	3.8±0.2	0.2±0.1	2.0		リン酸ナトリウム　2.0		1.0		アミノ酸抽出液・発酵液4.0
	⑩WクリーンFX	○	○					○	33±2	3.8±0.2	0.7±0.2	1.9	1.0			3.5		アミノ酸抽出液・発酵液8.0
	⑪WクリーンFZ2000		○				○	○	62±3	2.6±0.2	0.2±0.1	1.9	1.0			2.0		アミノ酸抽出液・発酵液4.0
4													塩化アンモニウム		リン酸アンモニウム			
	①スーパーブラック	○	○				○	○	16±2	3.8±0.2	0.7±0.2	1.7	1.0		4.0			アミノ酸抽出液・発酵液8.2
	②ブラック2000	○	○					○	16±2	3.8±0.2	0.7±0.2	1.8	2.0		2.0			アミノ酸抽出液・発酵液8.0
	③Wターボ	○	○				○	○	25±2	3.8±0.2	0.7±0.2	1.7	1.0		3.5			アミノ酸抽出液・発酵液8.0
5															リン酸ソーダ	硝酸ソーダ		
	①のりファイン		○						10.0	3.1	3.4	2.1			12.0	5.0		アミノ酸溶液60.0　ブドウ糖5.0　水8.0
	②のりファインL		○						15.0	3.9	2.7	2.0			15.0	6.0		アミノ酸溶液40.0　ブドウ糖2.5　水21.0
6					ピログルタミン酸	レブリン酸							塩安		リン酸ナトリウム	硝安		
	①みのり一番		○		○	○	○	○	10.6	0.09	5.5	2.0	5.2		1.0			酸性アミノ酸8.0　中性アミノ酸7.5　水67.7
	②みのり一番スーパー		○		○	○	○	○	10.6	3.05	4.7	1.7	11.0		13.5	2.0		酸性アミノ酸6.5　中性アミノ酸4.0　水52.4

全漁連・全海苔連
No. 2

[redacted]	メーカー名 / 製品名	リンゴ酸	クエン酸	フマル酸	グルコン酸	フィチン酸	酢酸	乳酸	合計	T-P g／100g	T-N g／100g	ph (100倍)	その他の添加物(%)					
7					モノフマール													
	①デプレA-100				○				99.5	0.008	0.33	3.5						水0.5
	②デプレB-100		○	○	○				99.5	0.008	0.33	2.8						水0.5
8													塩化アンモニウム		リン酸ナトリウム		12%アミノ酸水溶液	
	①ニューハイパー500		○					○	38.0	3.8±0.2	0.3±0.1	2.0	2.0		8.0		10.0	ブドウ糖2.0　カラメル1.0　水39
	②ニューハイパー100		○					○	15.0	3.8±0.2	0.3±0.1	2.0	2.0		8.0		10.0	ブドウ糖2.0　カラメル1.0　水62
9													塩化アンモニウム	硫酸アンモニウム		リン酸ナトリウム		
	①浅草#201	○	○				○		18.4	2.0	4.3	2.8	9.9	8.1		9.0		33%果糖液17.6
[redacted]0													塩化アンモニウム			リン酸アンモニウム		
	①P－1ひょうご	○	○				○	○	40±2	3.8±0.2	0.7±0.2	1.9	1.3			3.0		アミノ酸抽出液・発酵液8.0
	②P－2ひょうご						○	○	26.1	3.8	3.2	2.2						硫安15.0　リン酸1ナトリウム14.7
[redacted]1													塩化アンモニウム		リン酸アンモニウム			
	①有明K－1	○	○				○	○	42±2	3.8±0.2	0.7±0.2	1.9	1.3		3.0			天然アミノ酸抽出液・発酵液8.0
	②有明K－2	○	○					○	16±2	3.8±0.2	0.7±0.2	1.8	1.0		4.0			天然アミノ酸抽出液・発酵液8.2
	③有明K－3	○	○					○	32±2	3.8±0.2	0.7±0.2	1.8	1.0		4.0			天然アミノ酸抽出液・発酵液8.2
[redacted]2													塩化アンモニウム	硫酸アンモニウム	リン酸ナトリウム			
	①みのりアップ		○						40.0	2.1	0.5	2.0	2.0		4.0			植物活性ミネラル液5.0　並塩7.0　水42
	②あさひ		○						13.0	3.7	0.6	2.1	10.0	10.0	7.0			アミノ酸液30.0　並塩7.0　水23
[redacted]3															リン酸アンモニウム			
	①ハイグロ		○				○		20.0	0.64	1.0	3.3			2.5			水分75.5

平成13年度酸処理剤組成一覧表（新規製品）

全漁連・全海苔連
No. 3

‡	メーカー名 / 製品名	リンゴ酸	クエン酸	フマル酸	グルコン酸	フィチン酸	酢酸	乳酸	合計	T-P g／100g	T-N g／100g	ph (100倍)	その他の添加物(%)					
1													塩化アンモニウム		リン酸1ナトリウム			食＝食用海藻抽出液 糖＝糖類ビタミン類
	①グローゲン2号	○	○		○	○		○	19.0	2.9	2.2	1.9	8.4		11.2			
	②ノリアクト2000		○				○	○	21.8	0	0	1.9						塩化第二鉄5.8
	③Gクイック2				プロピオン酸	○	○	○	33.6	3.8	3.2	2.2			14.7	硫酸アンモニウム	15.0	硫酸アンモニウム15.0
	④Gクイックプラス2						○	○	51.0	3.5	1.7	2.2	6.5		13.5			グリセリン脂肪酸エステル0.5
	⑤たから10号				プロピオン酸	○	○	○	37.6	3.8	3.2	2.2			14.7			硫酸アンモニウム15.0
	⑥たから20号				プロピオン酸	○		○	35.0	3.8	0	2.2			14.7			
2													塩安		リン酸ナトリウム			
	①みのり一番ソフトⅡ		○				○	○	11.0	1.1	0.5	2.0	1.5		3.8			酸性アミノ酸0.2　中性アミノ酸0.1　水83.4
3															リン酸ナトリウム		リン酸アンモニウム	
	①P－3ひょうご	○	○				○	○	50±2	3.8±0.2	0.2±0.1	2.1			2.0		1.0	アミノ酸抽出液・発酵液4.0
4													塩化アンモニウム		リン酸ナトリウム			植＝植物活性ミネラル
	①海力AAA		○						13.0	3.7	0.6	2.0	2.0		7.0			アミノ酸液30.0　植7.0　並塩7.0　水34
5													塩化アンモニウム		リン酸2水素ナトリウム			
	①大宝1号		○				○		31.8	0.4	0.5	2.6	2.0		2.0			カラメル0.1　水63.9

の海上散布さえ認めていたのである。第三者委員会がこれらの事項について説明を受けた時に、これらの諸点にどうして注目しなかったのか、残念でならない。ある企業と結託していると思えるある有力委員に遠慮したのだろうか。

どうも第三者委員会の多くのメンバーにも有機酸製剤の成分等は極秘にされていたようで、有明海荒廃の原因を探るための試験研究の課題も自ずと的外れなものになって行った。第一回委員会でも環境省提出の「資料7」で有明海の水質モニタリングが提案されているが、主管となった水産庁の情報操作から、その内容は真実を明かすにはほど遠い、ありきたりの環境指標調査（有機汚濁指標としての化学的酸素要求量（COD）や富栄養化の指標とされる全窒素・全リン含有量）となってしまっている。もし、全委員がすべての情報を共有していたならば、自ずと調査項目も変わって、今頃は事の真相が確実に証明されていたに違いない。少なくとも、ラジオアイソトープで炭素をマークした有機酸をノリ葉体に与えて、海水温度、日照量、pH、投与時間の違いでそれがどんな挙動を取るか、それにリン酸イオンや硝酸イオンかアンモニアイオンが添加された時に、その取り込みと各種の体内成分にどんな割合で分布することになり、それがためにノリの品質向上とどう関係するかという実験が主役となっていたはずである。有機酸類は比較的低分子であるために、細胞質からミトコンドリア膜を通過して直接的酸素呼吸の基質として機能し、秒単位で生体内に取り込まれて代謝過程に導入されて行く事は生命科学者にとっては常識であったからである。ノリに取り込まれて生体エネルギー（ATP）創出に貢献し、一部は生体構成物質中の炭素骨格となっているということは、他方において同じ海域に生きる各種植物プランクトンの増殖にも寄与していることを証明することになり、有明海荒廃の大筋が各委員に見えることになったはずである。現在、各メーカーは、有機酸をノリ活性剤と称して自社製品を宣伝し、競って販売しているが、まさに当初のアオノリや病害菌除去を目的とした有機酸処理の目的がいつの間にか、水産庁との甘い癒着構造のためにノリ葉体の成長促進剤に化けてしまったのである。

2　干潟の機能の正しい理解こそが希少生物の絶滅を防ぐ

多くの人は全国各地で行なわれている干拓が日本の沿岸自然海洋の荒廃をもたらしていると考えている。最近ではその保全運動の一つが、千葉県における三番瀬の埋め立て中止となって実った。実際に海面から顔を出す面積も小さいだけに、三番瀬の水質浄化作用は有明海の遠浅の干潟と比べようもないほど低いと推定されるが、それでもなお野鳥の生活の場や棲家をも与えることができたのは結構なことである。一般的に言えば、確かに干潟の水質浄化能力には場所やその形態、広がりによって違いがあるが、自然との共生を夢見る市民生活に日常的憩いを与えるオアシスの役割を果している点では同じである。諫早干拓への風当たりが強い背景には、その干満の大きな差から広大な有明海独特の干潟であっただけでなく、前述のようなノリ業界あげての隠蔽工作が成功して来たことの上に、干潟の水質浄化能力を過大に評価する研究者の無責任な発言も関っているように思える。そこで、干潟の機能の理解のためにその基本的仕組みを説明しておこう。

そもそも日本全国の多くの美田には干潟を埋め立てて作られたものが多く、有明海域でも防災を兼ねながらいく度かの干潟の埋め立てによっていたる所で農地の拡張が図られ、結果として逆に古典的なノリ養殖法を適用する場を狭め、それを駆逐して来たという歴史がある。つまり、戦後においては商品としての経済的価値はノリよりも米や野菜の方がはるかに勝っていたがために、ノリ養殖面積が減少することにさほどの抵抗はなかったように思われる。むろん、当時においては干潟の有する環境科学的価値を評価する学問はなかった。干潟の減少がノリ養殖法の新たな展開を生む原動力となり、その結果が半閉鎖的海域の海洋汚染をもたらすことになった経緯は後で述べることにしよう。

干潟は遠浅の海岸に当てはまる言葉であるが、一般的には河川の河口に形成されるのが普通である。ただ、大河であっても河口が外海に開いている場合には、大雨の際に吐き出されて来る大量の土砂は海流で遠くまで運ばれてしまうので、干潟と呼称されるほど沖合にまで広がるような遠浅の場は生まれない。しかし、河川が小さくとも、河口が内海など海流の流れの遅い場に開いていると、次第に土砂が河口から広がるように堆積し、いわゆる干潟という大小の水鳥の休憩所を作って行く。流入する河川が急流であれば砂質からなる干潟を作り、ゆったりとした大河ならば汚泥（浮泥）をも含むことになって、極端に言えばヘドロ的な干潟を作ることになる。有明海の優れた自然環境は両者の性格の混ざり合いの程度が異なるために、堆積土壌の粒径の異なるさまざまな干潟を作り、そこに棲む生物相に独特な生き物を適応させ、浄化機能にも違いをもたらして来た。やや専門的な説明となるが、一般的には、土砂の粒径が大きければ、酸素を含む割合が多くなるだけに酸化還元電位も高くなり、酸化的な性格が強い干潟では運ばれて来る有機物を酸化分解する傾向が大となる。逆に粒径が小さくなるほど、干潟に酸素が入り込む余地が少なくなるために酸化還元電位は低く、より還元的性格の大きいものとなって分解される程度は小さく海底に堆積させてしまう傾向が大きくなる（還元とは酸化された物質から電子を受け取ることで、酸化と還元は相伴っており、二つの物質間に電子の授受がある）。要するに、そこに棲む生物相は両者で全くと言って良いほど異なって来るだけでなく、干潟の水質浄化能の起動力は太陽エネルギーであることから、取得できる絶対光エネルギーが著しく異なり、浮泥が多く濁った海水が覆う干潟と砂質の澄んだ干潟での水質浄化能力は昼間ではきわめて大きく違って来る。海底表層にへばりついていて、昼間に光合成で繁茂する藻類を主たる餌とする動物群が棲み付く干潟と、河川から流れ込んで来る有機物や海面を漂う藻類を主たる餌とする動物群が棲み付く干潟では、単にそこで見られる食物連鎖の様式が違って来るだけでなく、夜間での浄化能力にも大きな違いが生じて来る。換言するならば、干潟の浄化能力を決めているのは太陽光からの光エネルギーを海底でどれほど受け止め得るかに掛かっているとも言い切れる。つまり海底に沢山の藻類がへばりつき、時には地上に顔を出したり、太陽光を受け止め得るほど透明度が高くて、光合成を通じて海水中に溶け込んでいる各種塩類や金属イオンを自らの成育に利用することが出来て、はじめて水質浄化作用が成立するのであり、干潟に期待される水質浄化作用の起動力はまさに太陽光そのものである。干潟で始まる食物連鎖の出発点は太陽エネルギーがどれほどの有機物を生産できたかであり、その量が多いほど豊かで多様な干潟の営みが始まることになる。

河川の流速が早い河口に発達する干潟では、一般的に酸素の取り込みが多いので有機物の酸化分解が進んで水の透明度が高くなり、比較的深いところまで光が入射して動物群の餌となる藻類の繁茂が顕著で、光合成の第一段階での明反応に附随する酸素発生もあってきわめて好気的で稚魚にとっても格好な棲家を提供することができ、また豊富な酸素の存在によって有機物の酸化的浄化能力が大きいという特徴を備えることになる。そのような干潟は、稚魚育成の場となるだけに「稚魚の揺り籠」としても沿岸漁業の生産力を支える要素となる。他方、大河で流速がきわめて遅い河口に発達する干潟では、堆積土壌の粒径が小さいだけでなく、河川水が河口に達するまでに河川中で有機物が互いに吸着・凝集しながら浮泥になるものも多く、透明度のきわめて低い干潟を形成することになる。透明度の低下は海底での藻類の発達を阻み、浅い場所でだけ動物群の餌となる藻類を提供できるにすぎないことから、水質浄化能力は前者に比べてきわめて小さく、還元的性格が大きいために脱窒反応が一般的となる。(脱窒反応とは、嫌気的な条件下になり易い海底や泥内では、硝酸 NO_3^- や亜硝酸 NO_2^- が脱窒細菌によって還元されて窒素ガス (N_2) として再び大気中に戻される自然界での窒素循環の一過程)。どちらかと言えば直接日光に曝される場が小さい三番瀬は後者に属する。したがって、両者の干潟に棲む動物群も異質なものとなり、好気的動物群と嫌気的動物群の棲み分けが見られることになる。それらを水鳥が餌として捕食し、あるいはそれらすべての動物群の糞をも餌とする細菌類が繁殖し、干潟の物質循環系は完結する。

有明海の干潟の優れた特徴は、潮の干満差が五～六メートルときわめて大きいために、筑後川という大河に作られた後者（透明度のきわめて低い干潟）に属するような干潟であっても、太陽光の日射を海底が直接受け止めることになり、藻場面積がきわめて広大となり、藻類生産供給量がきわめて大きく、それだけ水質浄化能力が巨大となって莫大な第一次生産物としての餌（藻類）の供給能力を備えることになり、結果として多様な動物群を多数育てることが可能であり、それに見合う高い物質循環能を有する干潟を形成しているということである。言うまでもなく、浄化能を決める直接的な最大因子は太陽光であり、それが直射光として広大で遠浅の有明の干潟にへばり付く藻類の成育を可能にした。それ故にこそ、筑後川を初め多くの河川が生活排水や農業排水を有明海に運び込んでも、さほどの赤潮を生むこともなく負荷と浄化のバランスの取れた豊潤な海として高い水産資源生産力を誇ることができたのである。つまり、太陽光を基に藻類の生育速度が環境容量（環境が水循環・生物循環によって浄化できる汚染の許容量）を決め、有明海に流入する生活排水や農業排水に含まれる有機物・栄養塩類（窒素・リン・加里・鉄等）とちょうどバランスが取れていたのが一九七〇年代までの有明海の姿であり、まさに豊潤という言葉で象徴される有明海の自然を形作ってきたのである。

つまり、熊本県側の比較的粒径の大きな砂質からなる干潟（アサリ、ハマグリ、タイラギ等）、有明海の主役とも言い得る筑後川河口から佐賀県の六角川、嘉瀬川にかけて広がる浮泥が沈下して形成された粒径の小さな汚泥とも言い得る堆積物からなる広がりのある干潟（アゲマキ、ムツゴロウ等の魚類以外にアゲマキガイ、ミドリシャミセンガイ等の貝類）、そして潮位差が大きいことから直射日光に触れることのできた干潟は、三番瀬のように干潟面積が小さく直接的に太陽光に曝されることの少ない干潟とは違って、有明海に広がる太陽光を存分に受け止めて、性格の異なる土砂からなる複合的性格を有する干潟であったことが、有明海固有の多様性のある動物群をも育てることのできる背景となったと言えよう。しかし、以前はノリの養殖も、流入する塩類や有機物の分解から生じる低分子化合物を吸収・利用し、食品と化して陸上に戻すという一つの循環系に関わり、干潟に生きる他の藻類や海面を漂う植物プランクトンと全く同様の水質浄化作用の一翼を担っていたと評価できた。ところが、ノリ養殖量を増やして利益を増やそうとの過度の欲望が、自然な栄養塩類の流入と食品としての排出の均衡を「有機酸＋栄養塩＋アミノ酸等」（**表2**）からなるノリ活性剤を賦与することで均衡を破ってしまったのである。酸処理なるノリ養殖法の急速な普及が、処理し切れないほど環境容量に大きな負荷を与えるならば、それは植物プランクトンの異常発生、つまり赤潮発生を惹起することは必至であるのに、水産庁に通達の撤廃を要請しても、ノリは海洋から栄養塩を吸収する点では汚染海洋における環境修復植物であるかのような宣伝をもってノリ養殖漁民の漁法の正当性を擁護し、大多数の国民やマスメディアさえだまして来たのである。

水産庁が環境汚染よりも生産者重視の政策を続けるばかりに、今もって**図3a・b**に見るような酸処理剤がノリ活性剤として漁民に売り続けられている。聞くところによると、各県のノリ養殖漁連は水産庁の通達にお構いなく独自の銘柄の商品をメーカーに委託生産・販売し多額の利益を貪っているそうである。**表2**や**図3a・b**はその動かしがたい証拠であり、海洋環境破壊者である点からすれば犯罪

図３ａ

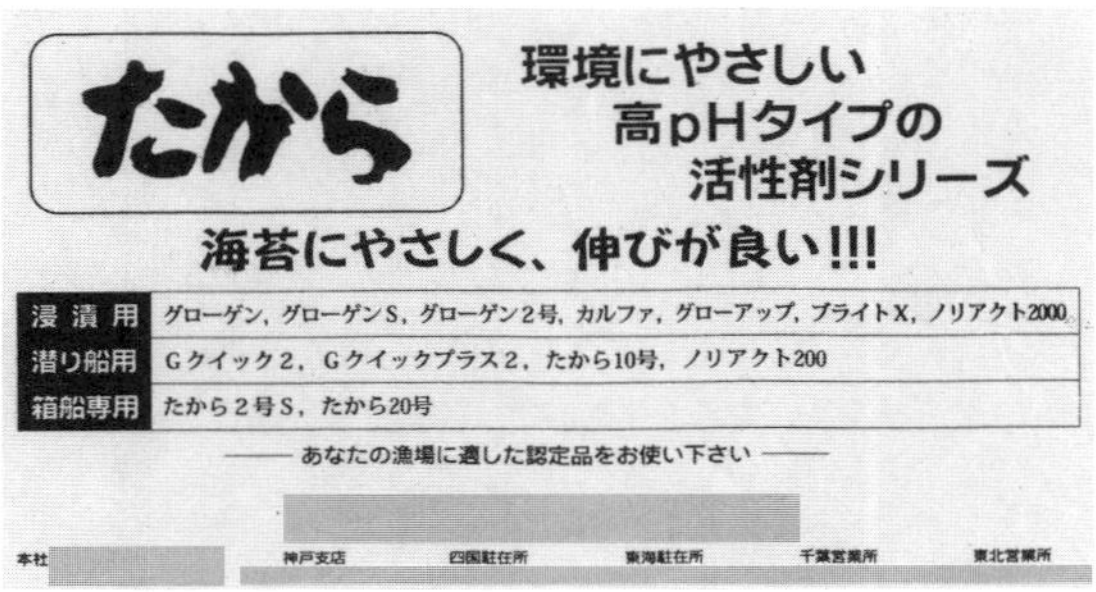

図３ｂ

図３ａ・ｂ　代表的有機酸剤製造会社の広告

有機酸剤の主要な企業であるＦ社が種々のノリ生長栄養剤を含む 14 種の有機酸剤を販売し、中でも環境に最大の負荷を与える乳酸の使用を特許をとって採用していることを宣伝している（**図ａ**）。自然環境汚染物質に特許を与える特許庁のあり方にも疑問を持たざるを得ない。また、**図ｂ**からは、全国に支店が設けられており、全国的な問題であることが分かる。

とさえ言い得る。農林水産省が第三者委員会に提示した資料でさえ総量二九〇〇トンであるが、恐らく、各県漁連は競って生産量を上げるために、有明海の干潟の水質浄化能などを考慮することもなく、各種の人為的藻類成育剤を添加した有機酸を販売し続けて、干潟に耐えがたい負荷を与え続けて来たのであり、隠蔽工作（**資料3**）の成功のために自然保護団体を含めた消費者をだまして来たのである。

右に述べたように、ノリが海洋から栄養塩類を吸収する環境修復植物であるのは事実であるとしても、その能力以上の有機酸剤という環境負荷を与えておきながら環境保全者であるかのごとき偽善者に仕立てあげたことに、ノリ養殖関係者のみならず一部の科学者も加担していたことはすこぶる残念である。私も立場上、絶滅種の存在に関する報道や諫早市民の叫びに接することがなければ、まさかこれほどまであくどい生産法の採用によってノリ御殿と言われる建物が作られるほどに金儲けに成功し、情報の隠蔽工作とあいまって有明海域で突出した経済力を築いているとは思いもよらぬことであった。それにつけても、水産庁はかくも長期間、自らが出した通達に違反する業界を黙認し続け、その結果として底生生物の捕獲を生業とする漁民の経済力が小さいからといって彼らを蔑ろにして来た責任もまた大きい。

国際海洋汚染防止法との整合性はむろん、小泉首相があらためてヨハネスブルグで実行を約束して来た「生物多様性保全条約」をも水産庁は反故にしようとしているのだろうか。環境負荷に耐えられなくなった有明海では赤潮を多発させ、**表3**に見ることのできるほど多種の有明海固有の海産動物を絶滅の危機に追い込んでいる。しかも、卑劣なのは、有明海を破局に追い込んで来た原因を、まさに理論的には取るに足らぬほどの影響しか与えていない諫早干拓工事に転嫁する戦略を取ることで、自らの行為の隠蔽戦略としていることである。多くのマスメディアはノリ養殖漁民の派手な干拓工事反対作戦に隠された真相を見抜くことができずに、報道することで犯罪行為の一翼をも担うことになってしまった。

絶滅の危機に瀕しているのは動物群に限られる

日本政府には国際法「生物多様性保全条約」を守る責務がある

日本政府のノリ養殖漁業者への誤った行政指導、過保護政策は有明海に生きる稀少生物種を絶滅をさせかねない。環境省は責任を回避してはならない。

希少種	種　名	
有明海特産種	エツ	
	アリアケヒメシラウオ	
	アリアケシラウオ	
	ハゼグチ	
	ムツゴロウ	
	ワラスボ	
	ヤマノカミ	
	オオシャミセンガイ	
	ハラグクレチゴカイ	
	アリアケゴカイ	他 23 種
有明海準特産種	ヒラ	
	コイチ	
	メナダ	
	ススキ	
	コウライアカシタヒラメ	
	シオマネキ	
	クマサルボウ	
	ハイガイ	
	スミノエガキ	
	アゲマキ	
	チゴマキ	
	ウミタケ	
	ミドリシャミセンガイ	
	ビゼンクラゲ	
	ワケノシンノス	他 49 種

「有明海を育てる会」会長　近藤潤三氏資料より

表３　危機にある有明海固有の海産動物

後で知らされたが、事の真相を正しく把握して報道していたのは『週刊新潮』（二〇〇一年六月七日号）ただ一つであった。他に盲従することなく、新潮社の一記者が独自の調査に基づいて真相を報ずる一方で、他のすべてのマスメディアは、第三者委員会構成を真の中立的委員会と認知し、公共工事の代表的悪例と決め付け、ノリ漁民のデモ行動の裏を読めずに、時流に乗って有明海荒廃の主犯が諫早湾干拓工事であるかのような報道を続けることになってしまったことは残念でならない。特に、気になるのは私と接触して真実を理解し、上司を説得して真相を書かせてもらいますと意気込んでいた若い第一線の記者たちが、定期移動であったのか知る由もないが、その種の記事が日の目を見ることがないままに次々と他の部局に転出させられてしまった事例が存在したことである。『週刊新潮』の記事よりもより詳しく科学的に予測される荒廃のシナリオを説明し、委員会が当然なすべき解明を怠り避けているがために、曖昧にされているところに現状があることを、ある全国紙をはじめとする何人ものデスクは無視したのではないかと思わざるを得ないのである。第一章で述べた恣意的な記事の選択・強調が、この有明海の環境破壊でもなされているように感じられたが故に、この本の書き出しを審議会のありようから始めたのである。真相を国民に知らせることがきわめて困難な状況は現在も続いており、福岡県の二枚貝漁業者のある方々から、ノリ業界に裁判で決着を付けようとしても援助を申し出てくれる弁護士を探すこと自体が大変であるのだと聞かされると、依然として日本には民主主義が健全に定着していないのではないかと、不安でならない。

国家的財産である有明海の自然を破壊し、固有の希少生物を絶滅の危機に陥れている関係者は、有明海という半閉鎖海域に湯水のごとく有機物や栄養塩を結果として投下していることになるノリ養殖関連団体と水産庁であることに間違いはない。さらなる問題は、それを地元の科学者が証明しようとしないばかりか、させまいとしているようにさえ感じられることだ。日本では国内外から信頼される真の環境科学が発展する基盤があるのだろうかという疑問さえ持たれる。日本における環境科学が人類のためにではなく、一部の利益団体のために悪用されるとか、地域の政策を地球的視点から是正できないような無力な存在にしかならない単なる政策達成のための手続に終始するように感じられ、祈るような気持でこの日本に環境科学という学問が育つ土壌を、つまりそのための高等教育・研究機関の設立を図らねばとの焦りさえ感じるのである。

3　日本生態学会は物質循環の駆動力太陽光を無視してなぜ諫早干拓に反対するのか？

そのような焦りさえ感じさせるのは、残念なことに日本生態学会という科学的権威もあり、学術会議においても一定の発言力を有する科学者集団が、真相を知ってか知ろうともしなかったのか分からぬが、有明海の自然の破壊者を諫早干拓と決め付けた声明を出したことをインターネット上で知ったが故である。そもそも「序」で述べたように、私が有明海問題に疑問を持った最初の情報は、生態系における物質循環における最大の駆動力が太陽エネルギーであるのに、新聞紙上では有明海の海面のわずか二％にしかならぬ諫早干拓地の海域が——いかにそこに優れた水質浄化能が備わっていたとしても二％の受光面積が——残りの九八％の海域の環境破壊を誘致することは理論的にあり得ないという素朴な疑問であった。

図４　水 (H_2O) と酸素 (O_2) にたくす生命

生きるための電子を他の酸化物に求める細菌類を除くと、藻類を含む全ての動植物は共通の仕組で**生体エネルギー** (ATP) と**還元力** (NADPH) を取得して命を燃やし、タンパク質や核酸を生合成して自らの体を大きくしているだけでなく、子孫も増やすことをまとめた図。光合成をし得る自養的な藻類を含む高等植物の場合には、光を受け止める色素であるクロロフィル a は光によって励起されると、H_2O を分解（光合成の**明反応**）して電子供与体（$2H^{+}$ $+2e^{-}$）を取り出し、２段階で ATP と NADPH を一挙に供給すると共に、O_2 を放出する。ATP と NADPH が供給されると、植物は環境中から二酸化炭素 (CO_2) を吸収して酵素反応（**暗反応**）で炭水化物（澱粉、砂糖など $C_nH_{2m}O_m$ 形式のもの）を作り、光合成と言われる全過程が終了する。しかし、自然界では供給される ATP や NADPH 量に見合うだけの充分量の CO_2 が存在するとは限らず、水から取り出した電子供与体は CO_2 だけを還元するとは限らない。多くの場合には、大気中に公害物質として存在し酸性雨を降らせる源になる窒素酸化物 (NO_2 など) や硫黄酸化物 (SO_2 など) をも還元してアミノ酸にしてしまうので、これら一連の反応を司る葉緑体を保有する緑葉（森林・街路樹）は大気浄化作用として、藻類は水圏の浄化作用として重視されている。そんなこともあって地球温暖化と挑戦せざるを得ない 21 世紀は「水の世紀」とか「森林の世紀」と呼称されている。なお、酸性雨の源であるこれらのガスがアミノ酸にまで形成されるのは、光合成で作られた糖類が分解する過程で生じる、より低分子の糖類や有機酸にこれらの酸化物を還元して組み込むまでの酵素群をも葉緑体などが保有しているからであり、アミノ酸はやがて全ての生命体を構成している主要成分であるタンパク質や核酸（RNA, DNA など）だけでなく各種ビタミンやホルモンをも準備できるようになる。

一方、全ての動物と夜間の植物、昼夜を問わず土の中の根系も H_2O を飲んだり吸ったりして命を支え、成長している。間違ってならないのは私達人間もご飯を食べたり、魚や肉を食べて生きているが、それらを燃焼させた時に生じるような熱エネルギーによって生きているのではない。この図の下部に描かれているように、緑色植物が日中は光を用いて H_2O から電子供与体を得ているように、夜間の植物や動物は H_2O から電子供与体を得るために動物は食物（太陽光に対応）を食べ、昼夜を問わず根系は、また夜間の地上部は（藻類なら体全体）昼間に光合成で貯め込んだ有機物を利用して、酸素呼吸（有機酸サイクルでの補酵素 NADH の酸化、**図５**参照）に際して ATP を生産する一方、糖類の一部をペントースリン酸経路を介して NADP を還元して NADPH とし、緑葉がなすのと全く同じ作業をして命を支え、子孫を遺す働きをしている。

本図からの流れとして引き続き**図５**を参照されたい。

地元の漁民が、干拓の開始と同時に魚が捕れなくなったなどと答えているインタビューは耳にしたが、それは常識的に言えば有明海全体に適用されるべき事柄ではない。工事自体に附随して生じる堆積汚泥の舞い上がりなどが、局地的な不漁の原因となったことは当然考えられるが、その局地的な出来事を無理矢理に、また無原則に有明海全

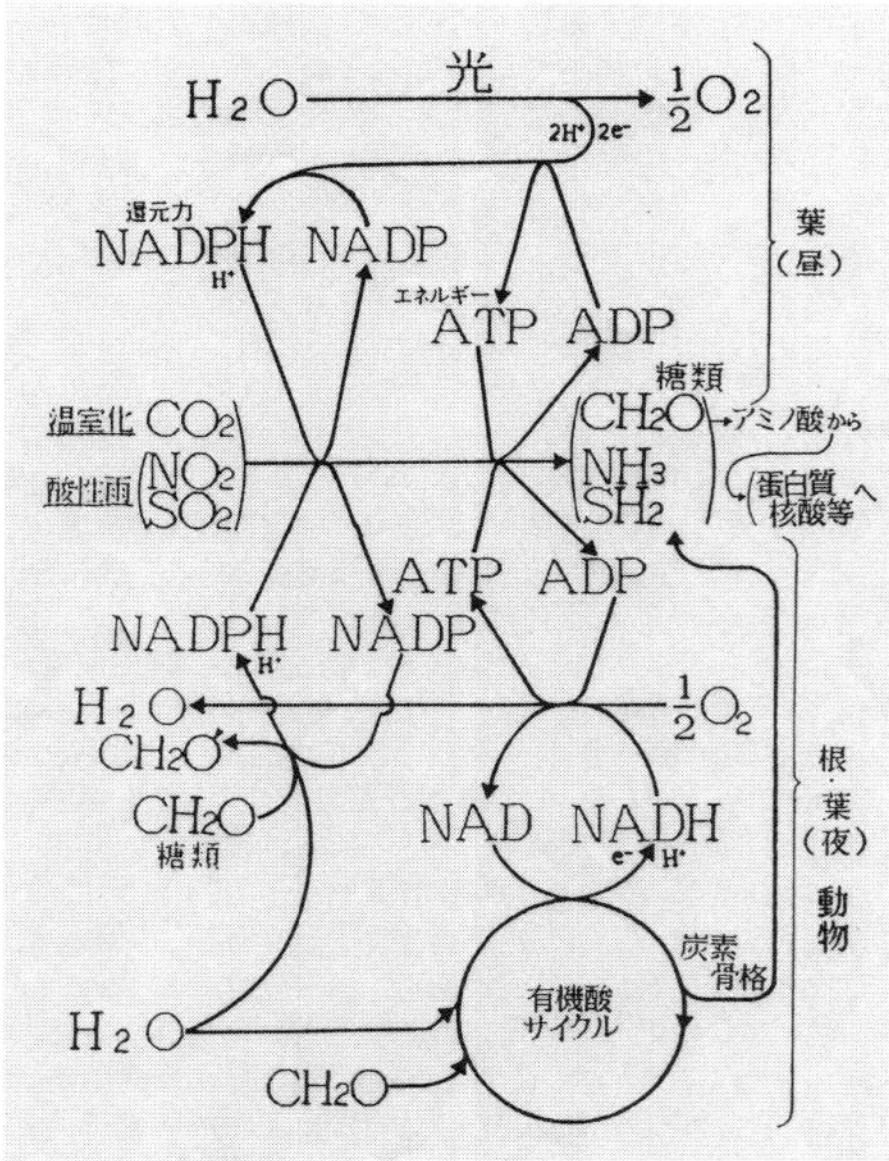

図４

域に適用して説明しようとする風潮に危惧を感じていたのである。

生命体が生きるための前提条件は動植物を問わずに共通のものである。電子の供与体――高等動植物では共通に水（H_2O）――と電子の受容体――高等動植物では（O_2）植物では稀に（NO_3^-）――で両者の電位差の大きさに対応して生体エネルギー（ATP）量を生成し、ATPが余ると（図中では$2H^+$, $2e^-$の流れ）有機物質を作るための還元力（元素と元素とを結びつける役割を担うNADPH）を作り得ることである（文献７）。したがって、動物と同様に植物も長い夜間を通じては命を水と酸素に託すことになるが（**図４**）、ノリ等の藻類（および植物性プランクトン）の場合には干潮時を除いては水中で育っているので、これまた動物同様、海洋に溶け込んでいる酸素量（DO）が生命活動を支配することになる。

この溶存酸素量は他の気体（ガス）と同様に水温によって大きく異なって来る。一般的には、水温の上昇と共に低下するが、ガス成分によってその変化率は異なって来る（**表４**では ml/1,000ml 単位で炭水化合物には澱粉、蔗糖、草食動物の食糧であるセルローズなども含まれ、これら全てが同じ代謝経路で分解されて行く。また、脂質やタンパク質も分解の最終段階ではこの道筋の最後の TCA サイクルのお世話になっている。澱粉から出発するとすれば、環境中に電子受容体として O_2 が存在するか否か、存在しても利用し易い状況にあるか否かで違って来る。充分に O_2 が存在するときには、**解糖系**と言われる加水分解や加リン酸分解の過程を経て有機酸の一つ**ピルビン酸**に到達するが、ミネラルとしての Mg^{++} (マグネシウムイオン) の存在下でビタミン B1 (チアミンピロリン酸)、補酵素 A (CoASH: パントテン酸と ATP の結合物質) および補酵素 I （NAD:ニコチンアミドアデニンジヌクレオチド）の協力を得て、**アセチル CoA** となる。この化合物は極めて重要な物質で、脂質が分解された時にも、ここに到達してから酸素呼吸系に入って行くし、また逆に脂質の合成の出発物資であり、種々のホルモンなど機能性物質などもこれを基にして作られる。なお、解糖系は O_2 のあるなしに関係なく細胞質で進行する。

重要なことはここまでの道筋は**可逆的反応**であるが、アセチル CoA から先のまさに酸素呼吸への突入過程は**不可逆的**で元に戻りえない過程であるということで、ここから後出**図 8** のミトコンドリアに入り込むと、縮合酵素（別名、クエン酸シンターゼ）が働いて**オキザロ酢酸**に H_2O（①）を付加させながら**クエン酸**を合成することになる。こうして、**TCA サイクル**（クレブス回路、クエン酸回路）が回転し始めて酸素呼吸系が始まる。CO_2 と H_2O になるだけだからと、ノリ養殖に際してその使用を当初に水産庁が認めたクエン酸、フマール酸、リンゴ酸もこの回路中の物質であるが、全ての生物はミトコンドリア内で H_2O から電子を取り出すためには、最初に作った**クエン酸**に再度 H_2O（②）を付加して *cis* -アコニット酸を形成し、最後に**フマール酸**に H_2O（③）を付加して**リンゴ酸**を合成し、この回路が一回転する間に 3 個の H_2O を取り込み、3 個の NAD に対する電子供与体として働き、それらを還元して 3 個の NADH を提供することになる。これら 3 個の NADH は 3 種の脱水素酵素の働きを介して、次**図 6** の呼吸鎖に電子を放出し、NADH は NAD に再酸化されて、再度回路の回転に利用されて行く（矢印を往復運動のイメージで表したのはこの事情による)。ミトコンドリア内で起る TCA サイクルこそ食べ物（炭水化物をはじめとする有機物）に含まれる発熱量をあたかも太陽光のようなものとして、H_2O から葉緑体で行なった明反応に対応するように電子を生み出す術であったのである。全ての高等動植物は全て等しく、昼夜を通じて H_2O を電子供与体として生き、子孫を遺す生き物であり、植物だけは太陽光をも利用し得るために葉緑体 (**図 8**) をも細胞内に持っているに過ぎない。

ただし、もし NADH から電子を受け取る O_2 に不自由するような場合や、逆に O_2 が存在しない環境を好む生き物では、ピルビン酸を醗酵という過程に持ち込まざるを得ないことになる。この場合には ATP 生産効率は極めて低いので高等動植物にとっては好ましい環境ではない（関連事項は**図 11,12** 参照)。しかし、産業的にはこのような環境を好む微生物を活用することは極めて重要で、日本は醗酵工業の分野でも先進国であるが、どの発展途上国でも何等かの素材を用いてアルコール作り、愛飲している。**図 3a** で特許を得たとして他社とは違うのだと宣伝している乳酸という有機酸も醗酵産物で、人間の場合にも筋肉内に O_2 が充分に行き渡らないような過労な運動の際に蓄積する。エタノールと同様にピルビン酸の還元産物である。

したがって、ノリ養殖漁民が使用している有機酸でもミトコンドリア内に存在するものは、完全に酸化されるには 3 個の NADH の電子を O_2 に渡せばすむが、乳酸の場合には 5 個の NADH の電子を処理せねばならず、しかもその内の 2 個は細胞質中で処理するか、あるいは NADH となってミトコンドリア膜を通過して処分せざるを得ないことになる。また、ピルビン酸に戻らざるを得ないことから、他の有機酸とは違って細胞内の種々の状況によっては解糖系を逆流することもあり得ることになる。

図５　炭水化合物の代謝

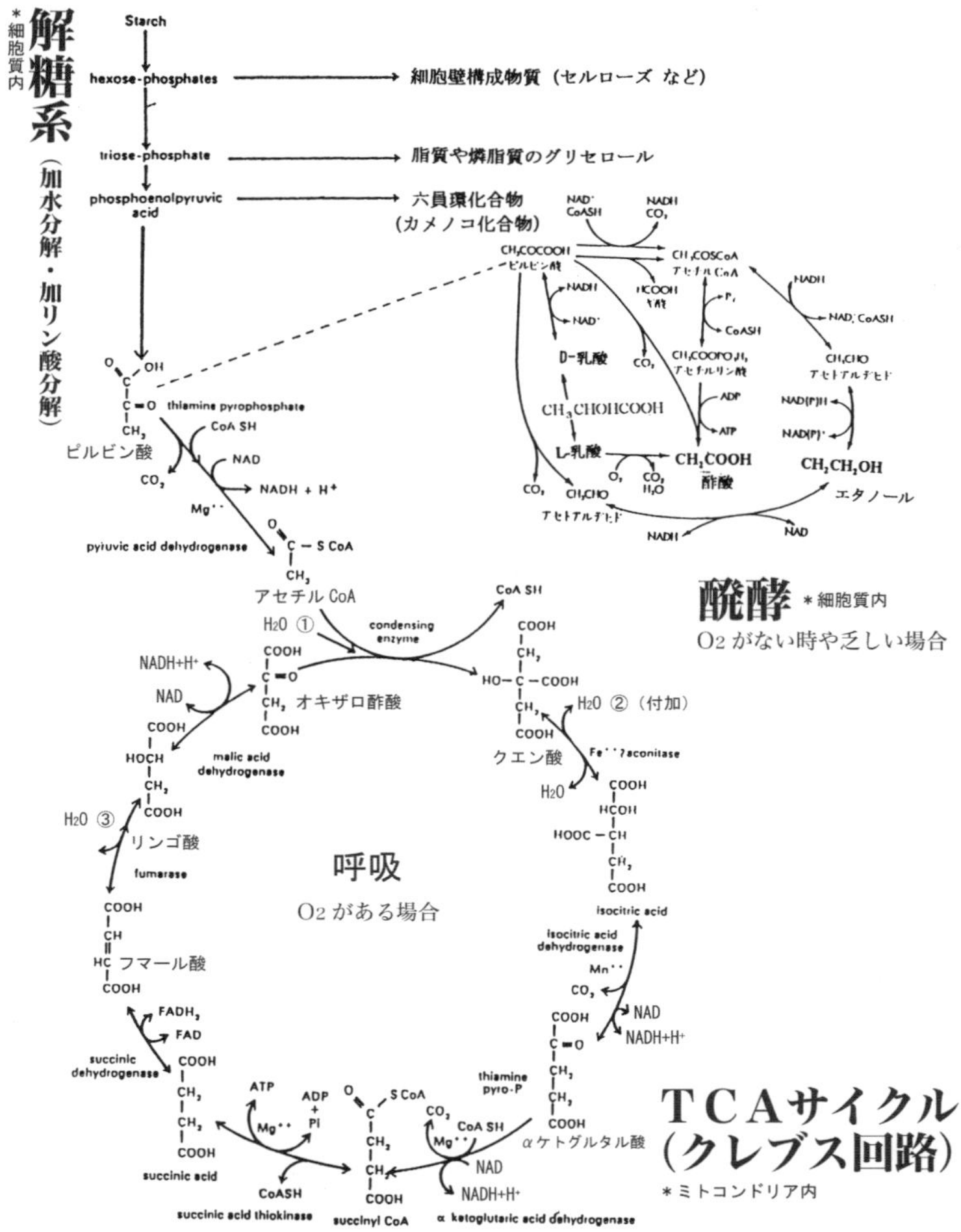

＊細胞質内
解糖系
（加水分解・加リン酸分解）
Starch
hexose-phosphates
細胞壁構成物質（セルローズ など）
triose-phosphate
脂質や燐脂質のグリセロール
phosphoenolpyruvic acid
六員環化合物
（カメノコ化合物）
thiamine pyrophosphate
CoA SH
ピルビン酸
NAD
NADH + H+
pyruvic acid dehydrogenase
アセチル CoA
CoA SH
condensing enzyme
H2O ①
オキザロ酢酸
NADH+H+
NAD
malic acid dehydrogenase
クエン酸
H2O ②（付加）
aconitase
isocitric acid
isocitric acid dehydrogenase
NAD
NADH+H+
αケトグルタル酸
α ketoglutaric acid dehydrogenase
succinyl CoA
succinic acid thiokinase
CoASH
ATP
ADP + Pi
succinic acid
succinic dehydrogenase
FADH2
FAD
フマール酸
fumarase
リンゴ酸
H2O ③
呼吸
O2 がある場合
D-乳酸
L-乳酸
CH3CHOHCOOH
CH3COOH
酢酸
CH3CH2OH
エタノール
醗酵
＊細胞質内
O2 がない時や乏しい場合
TCAサイクル
（クレブス回路）
＊ミトコンドリア内

水温（℃）	O_2	H_2S	CO_2
0	48.7 ml/l	?　ml/l	171.3 ml/l
10	38.0	339.9	119.4
20	31.0	258.2	87.8
30	26.1	203.7	66.5
40	23.1	166.0	53.0

注：空気中の酸素濃度（209 ml/l），二酸化炭素濃度(0.033 から 0.038 ml/l にこの半世紀で上昇)
藤田秋治著：「検圧法とその応用」より

表４　酸素、硫化水素、二酸化炭素の水への溶解度と水温との関係

示す)。常温下ではDOはおよそ8-9ppm（mg/1,000ml）程度であるが、夏季になって海水温が上がって来ると、DOは急速に低下するので、ちょっとしたことで酸欠を起すことになる。ただ、微生物（藻類を除く細菌）の場合には電子の供与体は「H_2S, $H_2S_2O_3$, NH_4OH, NH_3, HNO_3, H_2, CH_4, 以外にCH_3COOH（酢酸）等の低分子有機酸」となり得るし、電子受容体には「S, H_2SO_4, H_2S, NO_2, $Fe(OH)_3$, CO_2, CH_4, 以外にCH_3CH_2OH（エタノール）等有機物」も含まれるので、常時酸欠が起っているような場所、海ならば海底の汚泥などを好んで棲家とすることになる。しかし、それらの間の酸化還元電位差はH_2OからO_2との間の電位差、一・四ボルトと比べるとはるかに小さいので、電子供与体が水の場合には三個のATPを産出できるのに対して（**図6**）、その他の場合の電位差はきわめて小さいのでわずか一個のATPしか作ることができない。したがって、このような電子供与体との間で電子のやり取りからエネルギーを作り出している生き物には大型のものはなく、すべて微生物（細菌）ということになる。しかし問題なのは、このような細菌類が海洋中に沢山棲んでいて、しかも酸素が乏しくなるにつれて彼らが主役に躍り出ることになって、海洋における物質循環の一翼を担い、水圏の浄化作用をすることになるので無視できない働きをなしていることである（後述）。

ところで、干潟での物質循環は昼夜を問わずそこで生きる海洋生物の食物連鎖の賜物であるが、その原動力となっているのは光合成産物を創出する藻類であり、それを育むのは昼間の太陽光である。太陽光からの海面に達する照射エネルギーの絶対量はその地域の緯度によって異なり、また、乾季や雨季という季節によって変化する雲量によって支配されるだけである。ただ、生態系にとっては、その光エネルギーをどれほど有機物に変換し得るかが重要であり、その場の水温（光合成過程における明反応に続く暗反応と言われる酵素反応速度を律速すると共に、各種ガス成分の溶存量を支配）がどれほどで、どれほどの透明度を有していてどの深さまで減衰（波長によって異なる）しながら光が届くか、どれほどの受光色素（中核はクロロフィルａ）を保有する藻類が存在するか、生産された炭水化物を直ちにアミノ酸に変換する要素（栄養塩類やミネラル量）や仕組みがどれほど整っているかに掛かって来る。透明度が高ければ、やや深くまで光合成に有効な光成分たる赤色光が届くが、いくら透明であっても波長の長い光は水に吸収（水温を高めるように働く）されて海底に達するのは短い波長の光だけとなり、海中は短波長光の青い世界を演出することになる。むろん、さらに深くなれば一切光は届かず、暗闇の世界が広がるにすぎない。したがって、光が届く範囲ではそれぞれの深さに対応して光合成中心のクロロフィルａに光エネルギーを集中させるには補助的な光受容体としての他の補助的集光色素を備えるという適応戦略をとっている（後述）。それぞれの藻類がその深さで生存できるということは、昼間に起る光合成と夜間で起る酸素呼吸の均衡（補償）点以上になる光量が届く深さでなければならず、その深さは夜間に起る酸素呼吸の速度を左右する水温が高ければ、補償点はきわめて浅いところに移ってしまう。

いずれにせよ、受け止めた光エネルギーを実際に動物群の捕食対象物としての有機物、つまり藻類や植物プランクトンとして増殖させ得るか否かは、単に光量だけでなく、その海洋中にどれほどの炭素骨格となる二酸化炭素 CO_2 や夜間であれば電子受容体である酸素が溶け込んでいるかに関わることになる。しかし、自然界では CO_2 の方は、実際に大気から溶け込む量よりも海水中にもともと大量に存在する重炭酸塩、HCO_3^- が CO_2 の貯蔵体となっていて光合成の制限要素とはならない。そのような海洋で、もし有機酸のような各種の低分子で容易に有機物の生合成の原料として使用できる物質が漁民によって投与されるならば、それらは直接的に生体エネルギー源として利用できるだけでなく、乳酸のように還元されて形成された有機酸までもがノリ養殖の主役に躍り出るようになると、以前のようなクレブス回路上の有機酸使用の場合と大きく異なる状況をもたらしてしまうことになる。クエン酸やリンゴ酸ならば、完全に CO_2 と水とに分解するために、三個の NADH (NAD, nicotinamide adenine dinucleotide ニコチンアミドアデニンジヌクレオチドの還元型) の酸化に三個の酸素分子を必要としたのに (**図6**)、単に乳酸を完全酸化するだけでも五個の NADH の酸化に五分子もの多量の酸素を消費 (**図6**) し、夜間の溶存酸素量を低めるという悪さをするが、事はそれだけですまなくなってしまった。

他の有機酸の場合と違って、乳酸は直接的な光合成産物と同様に細胞壁の形成 (珪藻の場合には珪素含量も関与) にも寄与することになり、単に除菌作用やノリ葉体の生長促進に貢献するだけでなく、細胞壁構築にも貢献して (後述) 丈夫なノリの生産にも関わることになる。ということは、このよう

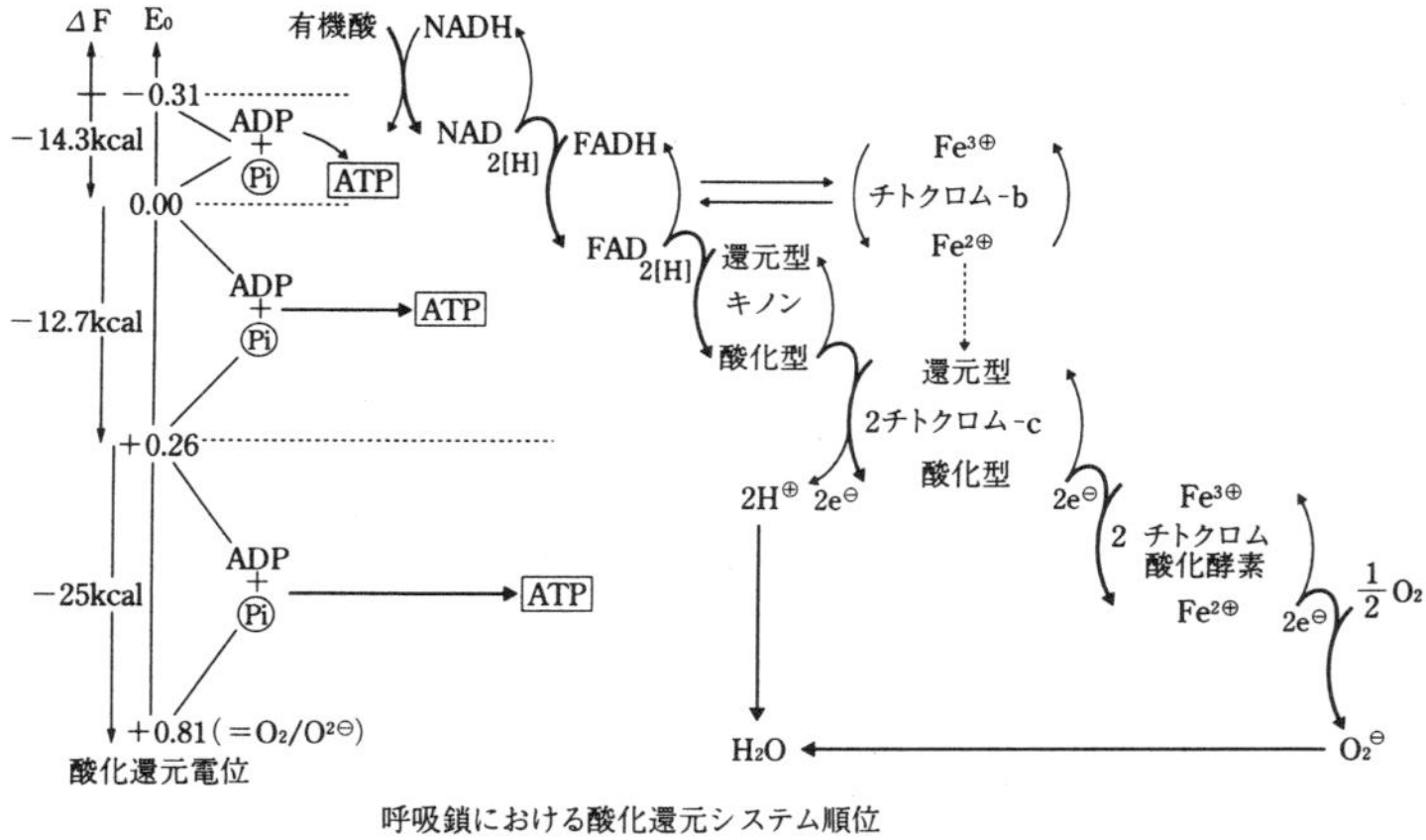

図６　呼吸鎖における酸化還元系と ATP 産出

ミトコンドリアにおける呼吸鎖で起る電子の流れは NADH(-0.322V) から O 2 (+0.81V) までの大きな電位差（Δ1.13V）に従うことから、ADP と無機リン酸（Pi）から 3 段階で 3 分子の ATP を作ることができる。このミトコンドリア内での酸化還元反応で生じる遊離エネルギーを用いての ATP 生産系を酸化的リン酸化と言い、H_2O の放出で終るのに対して、葉緑体（クロロプラスト）中の明反応での ATP 生産系を光リン酸化として区別しているが、電位差に基づく電子の流れに介在する主要な電子伝達体も鉄イオンを含むチトクロームと呼称される物質群であることから、本質的には同じ機構で ATP が生産されると考えて良い。海洋の生産性も鉄イオンの有効性によって左右される大きな原因となっている。なお、チトクロームはシトクロームないしチトクロムとも言われ、全ての生物の細胞内に存在するタンパク質であり、その構成中核となっているヘム（鉄イオン）が $Fe_2^+ \longleftrightarrow Fe_3^+ + e^-$ の可逆的反応を行なって、電子伝達系の構成成分となっている。酸素呼吸の場合には、末端で電子（e^-）を O_2 に渡す役目を担うチトクローム酸化酵素が働いて H_2O を生成することになる。チトクロームタンパク質には多くの種類があるが、全てが Fe を含むために、私たちの血液中の赤血球が赤いように赤いタンパク質となっている。

しかし、電子受容体は O_2 ではなく、他の酸化物である NO_3^- や $SO_4^=$ であっても良いが、その場合は電位差は小さくなるので 1 分子の ATP しか作れない。このケースは嫌気的な環境下に棲む硫黄細菌や水素細菌で専ら見られるが、それらの反応は細菌膜で起る。電子受容体が CO_2 になると生産物はメタンガス (CH_4) となる。それは天然ガスそのものであるだけでなく、H_2O から得られる H_2 ガスと共に化石燃料枯渇後の人類の生存に欠かせない資源循環型社会成立のための主役となると予想される。

なノリ養殖法の展開は赤潮の発生頻度をも高めることも当然の帰結となる（詳細は後述）。また三大栄養塩類（窒素N、リンP、加里K）に加えて、前述の酸素呼吸や光合成の明反応過程で電子の移動に関った鉄（Fe）やマグネシウム（Mg）等の金属イオンがどれほど利用しやすい状態で存在しているかによって、アミノ酸生成からペプタイド（ペプタイド〔ペプチド〕結合によってアミノ酸二個以上が結合した化合物）形成、さらにはタンパク質・核酸の生合成の速度も変わって来る。余談になるが、例えばアサクサノリが河口付近の豊かな浅瀬を好むということ、また海洋に注ぎ込む河川水が沿岸漁業を支えていると言われるのは、多くの金属イオンの生体にとっての利用効率が酸性から中性域の水質で大きく、鉄に例をとると海洋のような塩基性の水の中では間もなく水酸化鉄（$Fe(OH)_2$からさらには$Fe(OH)_3$へ）となって海水に不溶で藻類にとって利用しがたい姿に変わってしまうからである。**表2**のような、何でもありの藻類培養基を漁民が有明海に廃棄するに等しい行動をとっていることは、有明海の環境容量を越える負荷を与える行為そのものであり、これを見逃しておいて諫早干拓を中傷する日本生態学会の声明は科学者集団としては恥ずべきことであり、声明の取り消しを求めたい。

日本生態学会にも理性を失わしめた事情には、なんらかの力が働いたとしか思えない。もし、二%の太陽エネルギーが九八%の太陽光を受光している海域に壊滅的打撃を与え得るとすれば、二%の海域から有明海全体を富栄養化するような負荷を人為的に与えられることがなければならない。諫早市近辺で生活する住民の生活排水が諫早湾に流れ込む本明川（ほんみょうがわ）を通じて有明海に流れ込むとすると、その流域人口は二%程度に過ぎないのだから（**表5**）、九八%の海域に生活排水を流し込む人口は九八%程

河川名	県名	幹川流路延長	流域面積	流域内人口
本明川	長崎県	21 km	87 km2	54,000 人
六角川	佐賀県	47 km	341 km2	131,000 人
嘉瀬川	佐賀県	57 km	368 km2	131,000 人
筑後川	福岡県	143 km	2,860 km2	1,000,000 人
矢部川	熊本県	61 km	620 km2	188,000 人
菊池川	熊本県	71 km	998 km2	220,000 人
白川	熊本県	74 km	480 km2	130,000 人
緑川	熊本県	76 km	1,100 km2	500,000 人

表５　有明海に流入する主要な河川

度ということになり、この観点の推論においても諫早湾干拓が有明海荒廃を誘発した主犯であり得ないことは**表５**からだけからも明らかである。もし、どうしても諫早干拓に環境破壊の責任を押し付けるとすれば、諫早市内に有明海全域を富栄養化させるほどの栄養塩類や可溶性廃棄有機物を排出するような工場なり事業所が存在しなければならないことになるが、その種の企業もない地方の小都市である。つまり、二％が残りの九八％の海域を破壊するには、大量に溶存酸素を低下させたり、大量に赤潮を発生させるような栄養塩類に匹敵するなんらかの負荷物質を人為的・意図的に諫早湾内で流さなければならない。しかし、いくら流したところで、有明海の海水は基本的には反時計回りでの海流に乗って流れるのだから外海に排出されることがあっても、地勢的に海流に逆らって湾奥から全域にまで流れ込むことは絶対にあり得ない。

結論的に述べるならば、物質循環の最大の駆動力は太陽エネルギーであり、その駆動力を抑止して、ある海洋環境を荒廃させるとすれば、酸化的分解力の極端な減衰しかないが、二％の海域から九八％の残りの海域全体の酸化的分解力を低めることは、自然界では考える余地もないということである。再度糾弾するが、これらの事実を前にして、なにゆえに日本生態学会ともあろう相応の権威のある専門家集団が、有明海の荒廃を安易に諫早干拓に結び付けて反対し、「全面開門せよ」などという科学的論理に整合性のない声明を出してしまったのか。かつてのソ連邦においてミチューリン遺伝学のようなあやまった学説が世間を賑わしたように、ある種のイデオロギーが日本生態学会内では依然として科学を超越して蠢く体質を内包しているのかとの念さえ禁じえないほどである。深く適確に調べ考えるでもなく、彼ら科学者集団の発した声明が、マスメディアの理性を失わせ、国民を惑わし、今になっても事の真相の解明を遅らせる遠因になっており、税金をどぶに捨てるがごとき無益な研究を続けさせることになっていることは残念でならない。

さて、これからノリ色落ちの仕組を理解する前に、藻類を含む全ての高等動植物に普遍的な酸素呼吸とはどんな仕組みで作動しているものか、有明海問題を完全に理解するにはどうしても必要な事柄なので、学校で生物学をあまり真剣に学ばなかった読者にも理解が得られるようにもう少し解説しておきたい。ノリ葉体も赤潮植物プランクトンも基本的には全く同じ代謝機構を保有しており、日中の光合成においては太陽光の獲得を巡って競合しているだけでなく、夜間の酸素呼吸で生きる場面でも栄養塩の争奪を巡って競合し、結局は競合に敗れてノリ葉体は壊死して行くことになる。ところで、水産庁はそんな厳しい生活が自然界では起るとは考えずに、ノリ養殖漁民からの陳情に応えて、クエン酸やリンゴ酸という**図5**の TCA サイクル上の有機酸なら、酸素呼吸で分解して H_2O と CO_2 とに分解されるだけだから何も悪さをしないだろうと安易に判断して、一定の指導の下にならば彼らがノリ養殖に使用することを認めても良かろうと考えたのであろう。その結果が有明海の悲劇の始まりとなった。これらの有機酸の酸化的分解は発熱反応で熱を発生する以上はその熱が何かをするに違いないと思い至らなかったお粗末さが海洋環境破壊に導くことになってしまった一つの理由である。

そこであらためて水産庁が使用を認めた有機酸がTCAサイクル上のどの部分に位置するか、図５の上で確認して欲しい。私たち人間を含めて、高等動植物は細胞内にミトコンドリア（図８〔８〕）という細胞小器官を持ち、そこでこれらの有機酸から生体エネルギー（ATP）を取り出すTCAサイクルが作動するのである。その際、特に重要なことは化学反応での燃焼で熱を取り出すのとは違って、水（H_2O）を付加し、酸化型NADを還元する際にH_2Oを解裂して電子（H^+・e^-）を取り出し、還元型NADHとして、同じミトコンドリア内の違った場所（内膜）に存在する電子伝達系に電子を流すことでATPを取得することになる。NAD→NADH→NAD→という補酵素の可逆的な酸化還元に働くのは脱水素酵素と言われ、TCAサイクル上には三種がある。最初に働くのが、イソクエン酸脱水素酵素、次に来るのがα―ケトグルタル酸脱水素酵素、最後にリンゴ酸脱水素酵素が作動して、付加した三個のH_2Oから三個の電子を還元型補酵素NADHという形で取り出すことができる。植物の場合には葉緑体（図８〔８〕）で最初の明反応と言われる光化学反応においてH_2Oから電子を取り出す役割を果したことに対応させるなら、TCAサイクルは葉緑体における明反応に匹敵する働きをしていることが理解できよう。換言するなら、私たち人間もご飯を食べて生きているのではなく、水を飲んで生きているのであり、ご飯は太陽光に該当するに過ぎないことが分かるだろう。

さて、それでは NADH からどのようにして、実際に ATP を創出しているかと言えば、それは前出のミトコンドリア内膜に存在している電子伝達系において、**図6**に示した酸化的リン酸化とも言われる一連の過程として行なっているのである。酸化型 NAD^+ と還元型 NADH 間の pH7 における標準酸化還元電位（E_0）は**図6**に示されているように-0.31V であり、最終的に NADH の電子を受け取ってくれる酸素 O_2 の標準酸化還元電位+0.81 との間には 1.12V にも達する大きな電位差がある。**図6**に見るようにこの間の電位差は三個の ADP をリン酸化させて三個の ATP を形成するが、それは自由エネルギー（ΔF）に対応させることができる。つまり、約 0.3V 程度の電位差（約-13kcal 相当）があれば ADP を ATP という生体エネルギーに変換させ得ることになるが、O_2 を NADH からの電子受容体とする一連の過程が酸素呼吸と言われ、TCA サイクルを一回転する間に三分子の水から三個の NAD を還元するに必要な三個の電子を供給する点では H_2O は植物における光合成の場合と同様、酸素呼吸では電子供与体となっている。動植物にかかわらず命が水によって支えられる所以である。ただ、動物は常時ミトコンドリアに水を供給し続けざるを得ないのに対して、植物は根系は動物と同じであるが、地上部は夜間だけミトコンドリアに依存し、昼間にはミトコンドリアもそれなりの働きをしているものの、ATP を大量に獲得する場は葉緑体に移行してしまう。なお、最近普及し始めた乳酸はこれまでも**図5**で触れてきたが、クエン酸やリンゴ酸と簡単には比べようもないほど複雑で、環境科学の上からは危険な働き方をするので、もう少し理解してから学ぶことにしよう（後述）。

4　ノリの色落ちを考えるためにノリの一生を学ぼう

若い頃の私の友人に山本海苔店研究所でノリのライフサイクルを研究している方々がおり、当時の私の研究テーマが発育生理学の分野でもあったことから、彼らとは、「ノリも高等植物とは本質的には同じ仕組み、つまり環境応答で生涯を送っていること」に話が進んだものである。（環境応答とは、自然環境の内の何らかの因子の変動に感応して植物側でも体制転換をはかること。代表的なのは日長の変化に対応して生殖器官（花芽や塊茎）を形成する短日植物など）。余談だが、今回ノリ問題に関心を持たざるを得なくなって、インターネット上の諸サイトを見ると、当時友人の一人として話相手であった大房氏の名前に接することが多く、かつて私が助手であったころに得た知識が、今になってノリを私の身近な存在にしてくれたことになつかしさと不思議な縁を感じるのである。

当時私は日長が短くなると花芽を分化させるウキクサと、逆に日照時間が長くなると花芽を分化させる二種類のウキクサを研究材料としており、共に生殖生長（生長とは生物学では生体の量の増加を指し、形態形成あるいは形態変化に対していう）と無性的な栄養増殖をする点ではきわめてノリに近い生活史を営むものだけに、ノリの研究者たちとは親しく付き合わせていただくことができた。ノリ以外にもワカメやコンブなどの代表的褐藻（光合成の補助集光色素として黄褐色をしたキサントフィル類色素を保持する藻類の一群）の生活環（個体の一生で、生活史やライフサイクルと同じ意味）にも親しみを感じていた。また、ウキクサを用いての実験はすべて無菌培養で行なっていたために（文献8、9、10）、ノリ活性剤として業界あげて販売している**表2**の代物に接した時、企業が水産庁通達に便乗して、まさにノリ培養基そのものとも言い得るものを漁民に提供し、大げさに言えば有明海そのものを希薄な培養基とするにふさわしい振る舞いをしているのには驚かされた。と共に、漁民の利益を守るためには自然環境を保全せねばという国際社会の動向はむろん、国民共有の日本の海さえないがしろにする水産庁の姿勢に怒りを感じざるを得なかった。まさに、ノリ養殖漁民はそれに甘え、そのうしろには各県のそして全国の海苔漁連が控えていて、各自の利権を確保するのに好都合な薬剤をメーカーに製造させていることに驚かされたのである。

江戸時代に始まったノリ養殖は、その原型であるノリひび（小枝の多い竹や幹）建養殖法として戦後まで続いて来た。しかし、比較的最近になって**図7**に示すことのできるようなノリの生活環（史）が科学的に明らかになったが、私が助手であった一九五〇年代初期には山本海苔店研究所でも、合理的養殖法の開発よりもその基礎となるノリの一生の解明のほうが研究の中心であったように思われる。私もそのような未知の研究の渦の中に巻き込まれていた。ノリ（アサクサノリはほとんど絶滅しスサビノリ養殖に転換）の一生は、他方において私が東北大学の農学研究所（当時の名称）の助手に採用される前の大学院生時代に研究材料としていた、多くの家庭の庭の片隅に植えられていた園芸植物であるシュウカイドウの一生とも共通点があった。こうした事情もあって植物の生活環の制御機構を研究目的としていた若者同士の共通の話題となっていたのであろう。シュウカイドウも花芽を着ける有

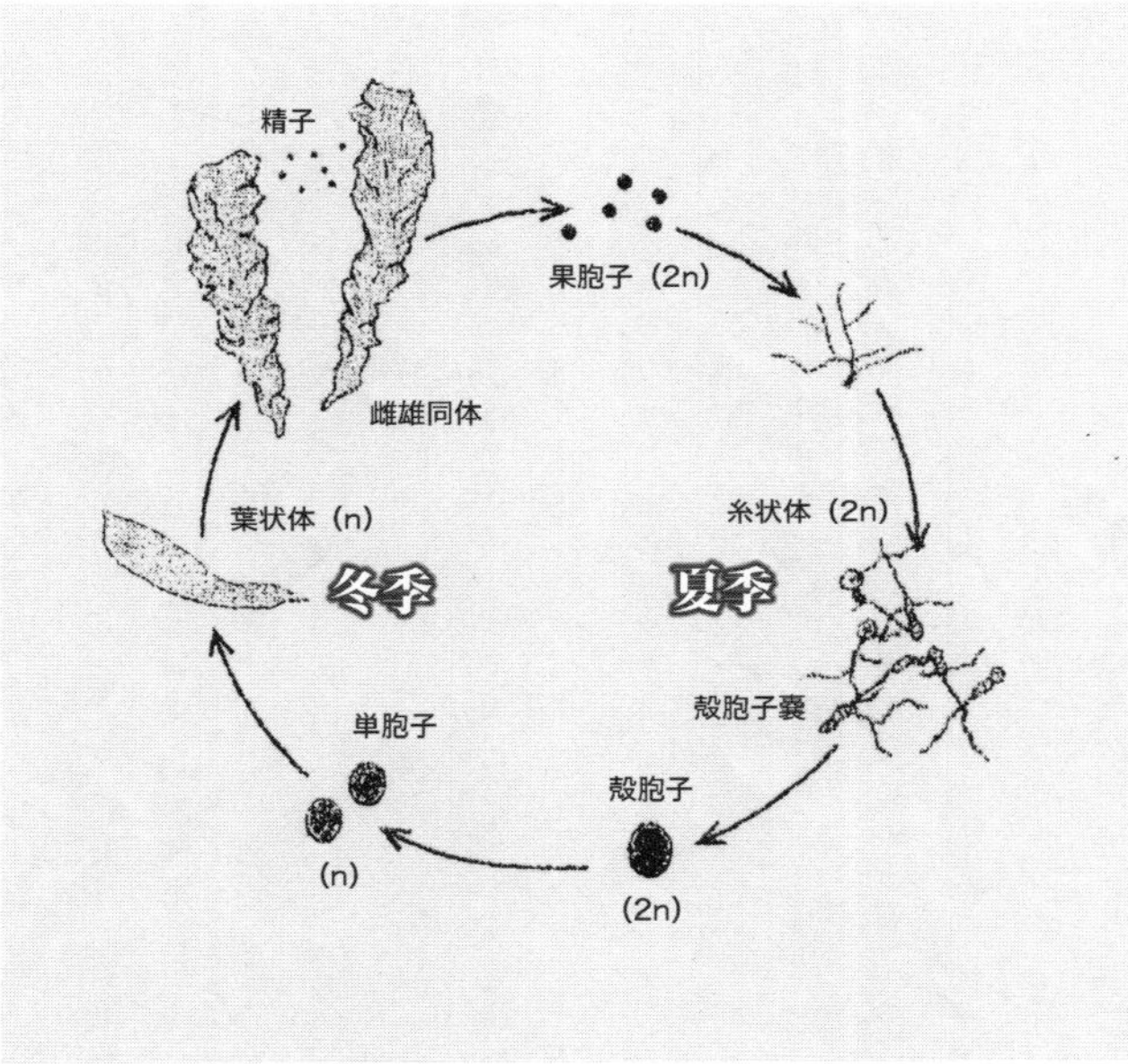

図７　スサビノリの一生

江戸時代から昭和にかけて生産されたアサクサノリはほぼ絶滅したと思われており、現在は色の黒い北方産のスサビノリの仲間が主に生産されている。私達が食品として利用しているノリの世代は夏季の終わりの殻胞子内で起る減数分裂の結果生じた単胞子が生長した半数（n）期の葉状体で、春が来て日長が長くなると有性生殖を始め合体して果胞子（2n）を作るようになると、養殖期は終る。ノリの生活環を動かすシグナルも、海水温度の変化に先行する光の長さの変化と考えられる。

性生殖以外に無性生殖で成長点を塊茎化させて子孫（むかご）を増やす点ではノリと同じ生活史を辿っているとも言えたのである。ただ、その成育相が来る時期が気温の変化が早く始まる地上の植物と、水温低下が遅れて始まる海洋のノリとでは違って始まる点で違うように思えたものである。ただ、問題はそれらの成育相の転換の引き金が、共に植物だけあって、どうも同じではなかろうかというところに私たちを惹き付けるものがあったようだ。

例えば、ノリでは夏季から初秋にかけて生長した糸状体中で殻胞子嚢を形成し、その中から飛び出した殻胞子は減数分裂しながら発芽して、次々に中性胞子（単胞子n世代）を放出し、それが何かに附着し生長して葉状体（n）となり自らの体形を大きくする様（**図7**）は、ウキクサが陸上植物の枝葉のように栄養繁殖で子供を増やすことに対応している。日が短くなると花芽を分化（生殖生長）させる方のウキクサの振る舞いは、ノリにおいては単胞子自体が大きな葉体に生長（ノリという食品）してから短くなる日照時間に感応して生殖生長を始めることに対応するように感じられた。つまり、短日植物として行動する方のウキクサは、秋が来ると栄養繁殖を止めて花を着ける生殖生長に移行するが、その時期が海水温度の低下が遅れて来る分だけノリでは少し遅れて配偶体を形成する生殖生長がやって来ると見なすことができたのである。シュウカイドウの場合はと言えば、授精の手助けをしてくれる昆虫類の活動も衰えるほどに気温も下がり日長も短くなる頃になって、無性的繁殖器官として地下にも地上にも塊茎やむかごを作ることになったが、その引き金も光周性反応であり、その仕組みはいわゆる高等学校の教科書に載っている花芽形成のための機構と何らの違いもなかったのである。有性生殖という減数分裂をし、授精して多様な遺伝子の組み合わせを行ったあげく種子となって子孫を遺すことも、無性生殖という体細胞分裂だけで子孫を遺す手段も、太陽の動きをシグナルとする点では同じであり、ただシュウカイドウのような特性を持つ高等植物が意外に少なかったために、植物の生活環を制御する機構の普遍性に気付かずに来たように思えたものである。

要は、シュウカイドウの生活環を支配しているのも、ノリなど藻類の生活環の切り替えに関わっているのも光周性現象らしいという点ではどうも同じようであった。それらが花芽の形成に際して良く知られた光周性とどうも共通の仕組みで制御されているらしいことに若者らしい興奮を覚えたのである。間もなく、これらの研究成果は国際的に認知されて今や国外の教科書ではすでに、光周性現象が花芽の形成に限られた発育現象でないことは当然のように記載されているが、残念ながら日本で現在採用されている高等学校用教科書の多くでは（普遍的現象と紹介しているものも中にはあるが）、未だに光周性現象とは開花ホルモンを作って草花の生涯だけを支配しているかのような、四〇年以前の知識のままの記述が放置されている。執筆者はむろんのこと教科書検定委員の怠慢が生命現象の普遍性、法則性という視点を欠いているのでは、学ぶ子供たちが可哀想であるだけでなく、科学という学問を博物学化させかねない点できわめて遺憾なことでもある。

光周期性現象は花芽形成に限らず、藻類の生活環の調節にも、塊茎形成やいくつかの種の種子発芽にも、昆虫の蛹化や野鳥の移動などにも見られるという点では、多くの動植物に普遍的な仕組みとして理解すべきものであろう。日本の初等生物学教育において、ＤＮＡレベルでは普遍性・法則性が強調されていても、他の事柄へは互いにつながりのない個別的事項（単元教育）として学ばせられるのではかなわない。生物多様性保全条約の起草に関わった立場から言うと、生命体が生きるには共通の原理原則があることを前提にしなければならない。それが長い歴史の過程で種々の環境に適応した結果、さまざまな遺伝子群に変化を来たし、進化を惹起したのである。その変貌の過程で出現した各種の遺伝子を子孫のために保全し、そこから学び、未来につながるものに利用し発展させることに期待を込めて多様な遺伝子を子孫に伝えるのが、現代に生きる科学者の使命である。ノリ学そのものに全く無縁な私が、ノリ養殖に由来する有明海荒廃を論ずることができるのも、原理原則においては、ノリもまた生命体として共通の仕組みで生き、そして子孫を遺す定めにあるからに他ならない。ただし、植物における光の長さの変化を感受する仕組みと、動物の、光そのものを感受して行動し得る眼という器官を持つ場合の仕組みとが、全く同じということはないだろう。ただ太陽系の下で長い長い進化の過程で植え付けられた二四時間周期の内生リズムの影響下にあることだけは両者に共通である。植物も動物も、生育したり生存する緯度の違いや、肝心の水分に恵まれない乾燥地帯に生きざるを得ないかどうか、夜行性か否かなどの条件の違いによって、実際の光のシグナルの出現に対して内生リズムの振動の好光相と嫌光相との繰り返しをどのように活かして生育・生活しているかに違いがあるだけである。

図7に示すように、ノリの場合には翌春になって日長が長くなって来ると、雌雄同体であった葉状体（n）が配偶体と化し、そこで性の分化が起り、造卵・造精子細胞が形成されるようになり、精子の放出を待って有性生殖が始まり、授精すると果胞子（2n）となって再び海中に飛び出して行く。これは海水温度が高くなり棲みにくくなる夏季を生き延びるための戦略と見ることができようが、私の学生の頃にはまだ果胞子の行動は未知の世界にあった。この謎を解いたのが英国のドリュウ女史で、一九四九年のことである。彼女の業績があってノリの人工養殖技術はさらに発展し、成育の各段階を

考えることができるようになった。彼女によれば、有性生殖の結果生じた果胞子は夏季の間に海底の貝殻内に糸状胞子体となって穿孔して越夏、休眠しているが、やがて日長が短くなり始め、海水温度も下がって来ると、休眠から覚めて本格的な糸状体に生育して殻胞子嚢を形成するようになり、水温が二五℃くらいまで下がって来ると糸状体は次々に殻胞子を放出するようになる。高等植物の有性器官である花器内で雌雄組織がそれぞれ減数分裂するように、殻胞子も生長の過程で減数分裂をし、単胞子として浮上して固着発芽するということで生活環を一周することになる。

現代ではノリの一生を把握できるようになったために、各段階に人工養殖の手段が採用され、今日の糸状体培養から採苗、育苗、網展開、冷凍網、摘採、人工加工にいたる一貫した生産システムが見かけ上は完成することになった。養殖の最終段階はノリ葉状体（以下葉体とする）をいかに大量に摘採し、乾燥加工してノリという食品として世に送り出すことができるかにかかっていた。これら一連の作業を適当な干潟・浅場で行なえた時分には、適切な深さの潮間帯に支柱を立ててそれらの間に「すだれひび」（縄状構）を水平に張り、発芽しながら浮上して来る単胞子を附着させてノリを育てる支柱式養殖がごく標準的な方法であった。この方法を採用した場合には、ひび網が潮間帯に張られることから潮の干満によって毎日二度は干上がることになるが、網の水位を変えることによって網の大気への露出乾燥（干出）時間を調節することが可能となり、ひび網に余計な藻類（アオノリ、珪藻）の附着を防止したり、雑菌を死滅させることができて病気（白腐れ病、壺状菌病、赤腐れ病、どだ腐れ、穴腐れ）を防止して有機酸処理等といういかがわしい処理をしなくとも良質のノリを出荷できていたのである。つまり、これらの藻類や病原菌はノリよりも酸に弱いという性質を活用しなくとも、紫外線を含む太陽光そのものに当てることさえできれば、良品質のノリとして生産でき、香り豊かな、風味のあるノリを食卓に供給できていた。

ところが、全国各地でノリ養殖に適した干潟・浅場が埋め立てられるようになって、養殖適地が減少すると共に、一定のノリ生産量を確保するためには支柱を立てることもできないような深場でもノリを養殖するための技術開発をせねばならなくなって来た。その結果生まれたのが、**浮き流し（流し網）方式**である。この方法では、ノリは常時海水中に漬かっている。ノリ葉体の成長速度は細胞の吸水程度に比例するので、病気に罹りさえしなければ大量生産を可能にするという長所を有することになる。しかし、ひび網が常時干出されずに海中に放置されていると、その結果として、品質低下を惹起する、乾燥に弱い他の藻類をも附着させることになり、また干出によって日光に曝されることも無くなったことから病原菌によって被害を受けるようになり、なんらかの防除策が必要となってきた。有機酸処理はまさにそれに応える方策であり、全国漁連が水産庁に使用許可を願った結果取得した通達というお墨付きなのである（文献6）。

しかし、有機酸だけでも植物プランクトンや細菌にとってはご馳走である。また、水産庁がいうところの「単に分解されて二酸化炭素と水に分解される自然物だから」といった安易な考えが、結局それら有機酸を分解するのは微生物であるがゆえに、それらのATP生産を高めてしまうのである。さらにまた、還元力の増大をも附随させて赤潮発生頻度を増やすという大きな過ちを犯しかねない。こうした一連のことに水産庁が気付かなかったとは、信じがたいことである。

それだけでなく、水産庁通達を良いことに、栄養塩やビタミン類まで添加した製品までもが罷り通る養殖法を消費者の目から隠しながら続けることを、水産庁は見て見ぬ振りをし続けて来たのである。しかも、この流し網方式を採用するようになって、人為的作業に係わる手順が大幅に増えてしまい、労力を賄うこともできずにノリ養殖の各段階のために高価な機械を借金しても購入せざるを得ないという状況をもたらしてしまった。また、食品としてのノリ生産の機械化に際しては、その効率を高めるための薬品をも添加しているとの話を聞いている。関心のある方々は是非加工工場に出向いて、どんな工程で生産され、どんな薬品が活用されているのか実際に調べてみて欲しい。私の聞くところでは、ノリが機械から綺麗に剥がれやすくするために、食品とは全く無縁なシリコン系の物質が導入されているとのことである。どうもコンビニなどで売られている真っ黒なノリで包装された「おにぎり」はとんでもない食品らしい。何せ、昔の干し出し法で生産されたノリであれば、成育中に限らず、製品化の段階でも天日に曝されていただろうから、附着している大腸菌数が皆無ではないとしても相当少ないと想像されるが、太陽光に直接曝さらされることもなく、機械加工で生産されたノリは、高温乾燥（四〇〜八〇℃）に曝されただけなので、さほど殺菌されることもなく海水中に住んで附着していた莫大な大腸菌類数がそのまま付き纏っている可能性を捨てきれない。それが「おにぎり」や「寿司」になっているわけである。通常の細菌学実験で容器や培養基質を完全に滅菌するとすれば、一二〇℃で長時間乾燥加熱するか、あるいはオートクレーブという圧力釜内で加熱せねばならないのである。理容院でさえ、お客のための使用器具は紫外線照射のオゾン発生器内に一度は置かれるものである。

ところで、ノリ養殖は採苗段階でひび網に附着したノリ葉体をそのまま成育させて晩秋から初冬までに収穫する「秋芽作」と、採苗段階で幼い葉体が附着したひび網を冷凍庫に貯蔵しておいて、「秋芽作」の後に次々に解凍して一二月以降にノリ養殖を続けることができる「冷凍作」がある。後者は海水温が上昇し始める三月下旬から四月上旬まで二毛作・三毛作として続けられるが、この場合にはノリスリープという解凍剤も使われている（**資料5b**）。解凍剤としては聞くところによると、融雪剤の塩化カルシウムを販売している会社もあるとのことであったが、融雪剤や北国で自動車の霜取り用に愛用されているカーボワックス（ポリエチレングリコールで分子量は数千に達するものもある有機高分子化合物）を販売している会社があり得ないという証拠はない。もし、これが解凍用に多用されているとすれば、それこそ生分解しがたい有機物を多量に海洋に排出することになる。これまでの私の調査では、解凍剤としては塩化カルシウムしか浮かび上がっていないが、カーボワックスの方が倉庫の腐食などの防止に有効である、あるいは高分子化合物であるため生体内に浸入しがたいことなどの長所から、この物質が隠れて使われている可能性は捨てがたい。洗浄してもなかなか泡が消えない性質を有しているので、関心のある方は是非ひび網冷凍倉庫近辺の下水で、泡の様子を調べていただきたい。何せこれまで検証したように、水産業を守ろうとする水産庁にとって大事なのは、それを支える企業であり漁民であって国民ではないことや、彼らの利益を守るためだけに働く水産科学が働いているだろうことからすれば、やりたい放題でノリが生産されていると考えても間違いなさそうである。

さらに問題は、先に文献２〜５で農薬まみれのノリについて記載した書物を紹介したが、その著者たちは、有機酸と同時に防腐剤・殺菌剤が併用されていることを全く知らずに、それでもノリという食品が購入に値する食品であるかに疑問を持ち執筆しているのである。例をＤ社のパンフレット（**資料４ａ・ｂ**）に取るが、そこに見るように「秋芽作」であろうと「冷凍作」であろうと、有機酸を中心とする活性剤なる薬剤と同時に、ここではKC1000とかKC300なる殺菌剤の購入併用を推奨しているのである。同様な殺菌剤の併用販売はＦ社からも「Ｗクリーン」説明会資料パンフレットとして配布されており、成分を明かさぬままに、使用上の注意として最後に、「漁民は使用に当って厳重な注意を払うべきこと」を書いている。パンフレットには成分も明示せずに、目に入った場合や、飲み込んだ場合には医者に行けというのであるから驚きである（**資料４ｃ**）。まさに、消費者は農薬漬けのノリを食品として買わされていたのである。これらの事実も、消費者保護のための法的観点からノリという食品がこのまま販売が許されて良いものなのか、水産庁の対応の現実からすると、もはや食品すべては監督官庁下で野放しにしてはならず、厚生労働省の取り締まり対象商品として目を光らせねばならぬ段階に来ていると言わざるを得ない。

５　ノリの色落ちの科学的検証

ここまで薬漬けにしてノリの生産性を高めても、どうしても色落ちし、商品価値をさらに失う羽目になることがしばしば起る。それを案じて、いくつかの有機酸メーカーはノリ栄養剤とか活性剤の名目で栄養塩やアミノ酸から糖類までも混入してノリ養殖業者に購入を勧めているが、それでも足らずにすべての有機酸商品には（表向きはビタミン添加のつもりなのであろうが）ノリに黒い艶が得られるようにと、原液には醱酵液やカラメルまで添加されている（**表2**）。どこの会社の製品かは不明だが、より安価にノリ製品を黒光りさせるために、黒色人工色素を有機酸原液に添加させている会社の製品も出回っているとの噂が伝えられている。**資料5a**には大手のF社の商品のカタログの一ページを示したが、黒く染色する本体は不明であるものの、製品の評価には染色性もあることは事実のようである。

私も、二つの企業が販売している有機酸原液を現地で見せていただいたが、有機酸・栄養塩類・アミノ酸の混合溶液からだけで発現するとは思えないような真っ黒な液体であった。思いたくはないが、予め予測されるノリ色落ちによる入札価格低下の防止策として原液に混入させ、黒光りするノリが品質が良いとの消費者の勘違いに便乗したのであろう。

写真1はNPO「有明海を育てる会」の会長をなさっている近藤潤三氏から送っていただいたもので、有機酸処理開始後三日目くらいから捕獲できる、消化管が黒変したエビの写真である。時間と共に身の方にも色素が移行し、身も発色してエビは紫色に変色するそうで、商品価値もなくなってしまう。彼は佐賀県の水産試験場にエビを持ち込み調査を依頼したが、「エビが黒いノリを捕食したがために起ったのでしょう」と簡単にあしらわれたそうである。もし、エビが天然の真っ黒なノリ葉体を常時餌として食べているのだから当然というのなら、有明海産のノリのシーズンに漁獲されたエビはす

べて、そして常時黒紫色をした得体の知れないものとなるはずで、納得できる説明にはなっていない。この説明で、漁民が有機酸剤を与えた時にしか表われないという素朴な質問に答えたつもりでいるとしたら、水産試験場の技官は有明海産エビは常時他の海域産のものと違って真っ黒なのが普通であるということを述べるに等しいことになろう。ノリ自体が保有する天然の黒い色素であるならば、消化器官内で分解され、肉にまで色素が滲出して行くことはまずあり得ない。また、一般的にエビの餌が植物プランクトンであることを考えると、この事実は、ノリ養殖で普及した有機酸処理剤中の多くのノリ成長促進物質が、植物プランクトンの餌となってそれらの増殖をも促し、赤潮発生を誘発させている証であるとも言えよう。処理剤に人工色素が含まれるからこそ、分解されずに身にまで染み出して行ったと考えられるのである。とすれば、私たち消費者の食べている真っ黒いノリという包装紙に包まれた食品の多くは、人工色素による染色食品である可能性がきわめて高いことになる。色落ちノリを利用した安価なノリの瓶詰めが人工色素で染められているように。

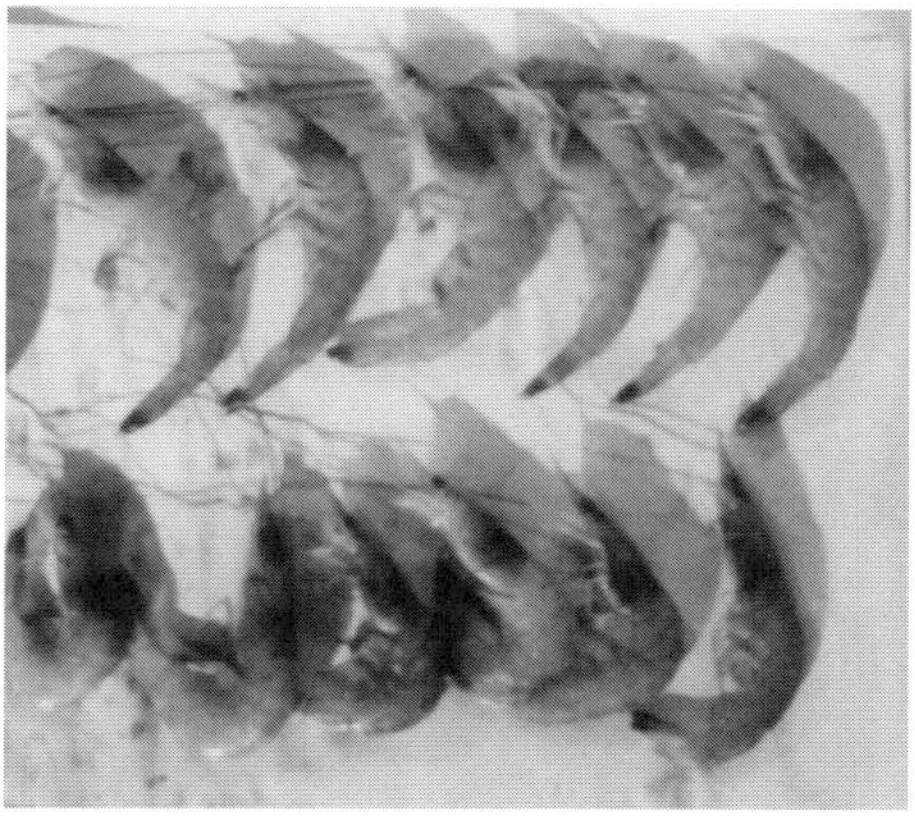

写真１　消化管が黒変したエビ
（「有明海を育てる会」会長・近藤潤三氏提供）

私が見た不気味なあの黒い有機酸剤原液は、聞くところではノリ養殖漁民が有機酸処理に際して、原液を海水で希釈して適切なpHの溶液を調整するための省力を目的とし、その希釈目安として原液に着色することから始められた知恵であるとのことであるが、**表2**にも見られるように今や醗酵液体やカラメルとして有機酸剤に添加されているのが通例である。しかし、先の有機酸処理後三日目から始まるエビ体色の黒変と色素の身への移動は、実際の商品に採用されている黒色色素が安価な人工色素であろうことを示唆している。それはまた流し網方式での養殖者に普及しているだけでなく、聞くところでは最近は古来の干出し方式(黒いノリを生産することはできない)でも採用されるようになり、高い値の付く真っ黒なノリをめぐるコンビニ向けの「おにぎり戦争」が起っているとのことで、おにぎりや寿司好きの私にとっては背筋の凍る思いをさせられる。このような事態を惹起させることになったノリの仲買人たちの責任もまた見逃せない。

甲殻類の餌は各種の植物性プランクトンである以上、エビが黒く染色されたのはノリ葉体を食べた結果であろうなどという理屈で簡単に済まされてはかなわない。ノリ自体が作り出した自然色素であれば速やかに消化され身に入り込むとは考えがたいが(タイなどでは鱗片などの特殊な組織に蓄積することは知られている)、もし人工色素の添加であれば、金魚の餌に人工色素を入れて金魚を化粧するように、黒光りのするノリを消費者に高い値段で販売するのもノリ商社にとっては収益を上げる手段であったろう。近藤氏から依頼され佐賀の水産試験場でも、実際にエビから色素を抽出し、その光吸収スペクトルが確実に黒いノリ成分と一致するか否かを調査するくらいの、技師としての責任感をもって欲しかった。しかしそうした疑問が、少しずつノリ業界の裏の部分を私に見せてくれることになり、日本の水産行政の姿を明らかにしてくれた。やはり真の科学的検証を大切にしなければならないのである。

ところでここで本論に入ろう。第二章3節で述べたように、高等植物（藻類を含む）が生きるための生体エネルギー（ATP）取得は、日中であろうと夜間であろうと、水から取り出す電子の流れに依存している。その様を高校の教科書のように、光合成はグルコース（ブドウ糖）を作り、酸素呼吸もグルコースの酸化に始まることとして簡単な化学式で表現すると左記のように描くことができる（文献7）。

$C_6H_{12}O_6+6O_2+6H_2O \longleftrightarrow 6CO_2+12H_2O$ つまり、矢印の下方から上方へは光合成反応であり、二酸化炭素を水分子中の水素で還元してグルコースを作るが、その際には光合成の明反応と言われる過程で水を分解して取り出した水素（電子）を用いてなされている。これは太陽エネルギーがクロロフィルを励起する光化学反応で始まる。それに対して、上方から下方への過程は酸素呼吸を示しているが、ここで重要なことは酸素呼吸で得ているエネルギー（ATP）は左側にも水分子が関与していることから推察されるようにグルコースから得ているものではないことである。グルコースは単にある段階で（光合成の場合と同様に）水から水素（電子）を取り出す役割（TCAサイクル〔トリカルボン酸サイクル〕、**図5**参照。発見者クレブスの名に因んでクレブス回路として紹介される場合もある。後述）を果すに過ぎず、植物にしても私たち人間にしても、水を吸い上げるなり飲むなりして補給しなければ、ご飯を食べても生きて行けないことを示している（植物は夜間を通じて、根系は常時）。グルコースはその保有するカロリーを水の分解のために使う点では、太陽光そのものと同じ役割を果たしてしていることになる。ということは、生きるという営みの根源にあるのは水であり、TCAサイクルで水から得た電子で補酵素NADを還元してNADHとし、それからの電子を受け止める分子が酸素である時に、両者間の電位差が大きくなるために三個のATPを生産し得た（図6）。他方、太陽光の内でクロロフィルaの吸収波長域に相当する赤色域と青色域の両者が十分に保証されているならば、原則的にはそれらのエネルギー量に比例してATPと同時に、還元力（NADPH）をも形成してしまうために、受光量に見合った量のグルコース（有機物）を生産できることになる。植物細胞内には区画化された種々の細胞内器官が存在するが、前ページの反応で上方から下方への反応の場はミトコンドリア（図8〔8〕）内で起り、逆に下方から上方への反応は葉緑体（図8〔6〕）内で起る。葉緑体中で光を受け止め、光合成反応の第一段階である明反応で光のエネルギーを利用してH_2Oを分解して電子を取り出す役割を司るのはクロロフィルaだが、藻類のように生きる場が海洋の場合には水によって、白い太陽光の内の長波長の方から順に、赤外線（熱線）、赤色光、黄色光と吸収されて行き、一〇メートル以上の深さの海底には短波長の青色光しか届かないという青い空間となってしまうので、受光し得る光波長は深さによって異なって来る。したがって、クロロフィルaに光エネルギーを集めるには棲息している水深それぞれによって異なる補助色素を保有し、深さに対応して異なる色彩の藻類が繁茂することになる。海面表層に生きる緑藻では高等緑色植物と同様にクロロフィルbだが、珪藻などの植物プランクトンになるとクロロフィルcとなり、やや浅い場所を棲家とする褐藻類ではキサントフィル（前述）を、

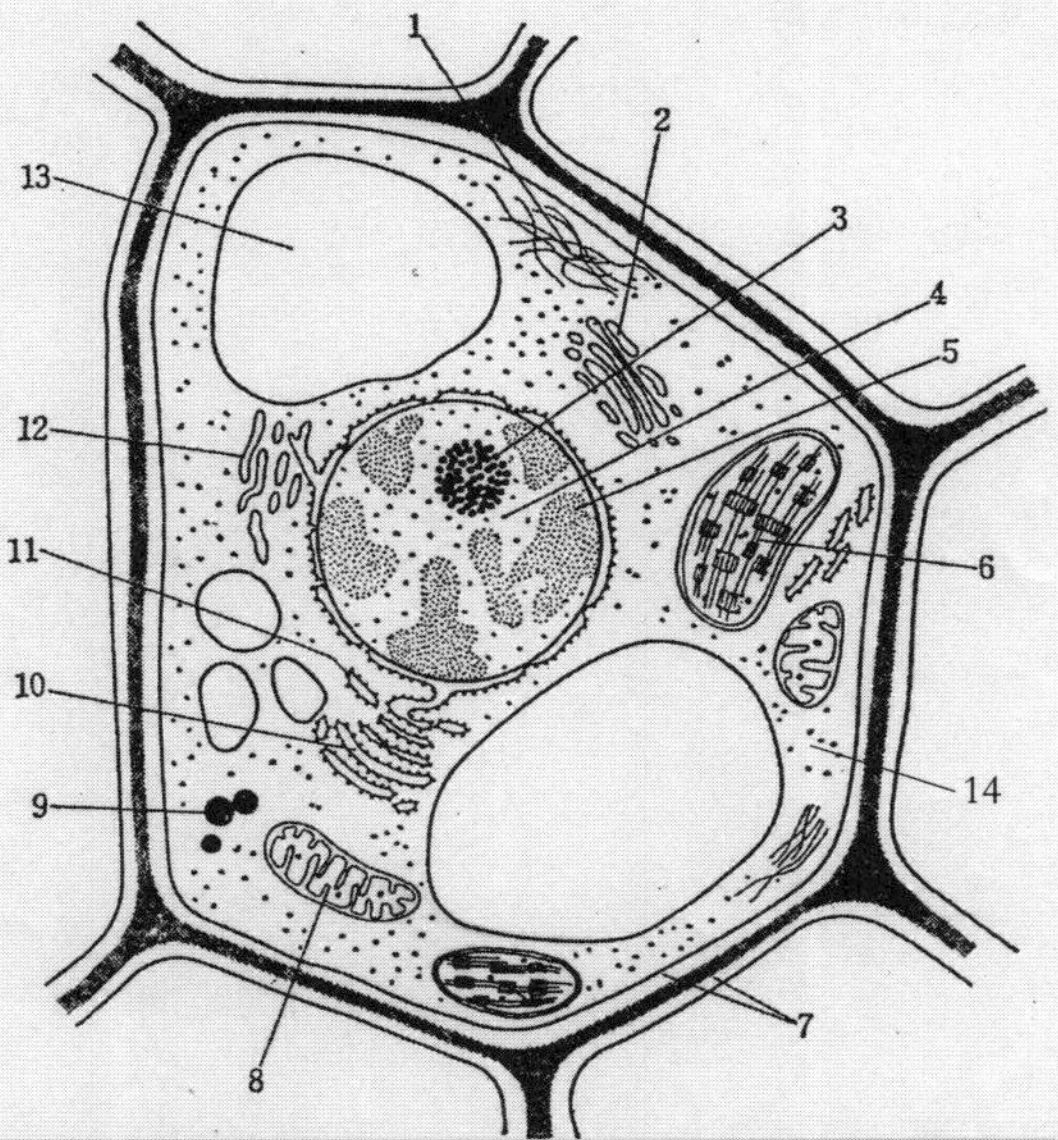

1：微繊維　2：ゴルジ体　3：仁　4：核　5：染色糸　6：葉緑体　7：細胞壁　8：ミトコンドリア　9：油滴　10：粗面小胞体　11：リボゾーム　12：滑面小胞体　13：液胞　14：細胞質

図８　植物細胞の基本構造

動物の細胞との基本的違いは、昼と夜の両方で ATP を生産するための葉緑体（クロロプラスト、6）とミトコンドリア (8) の両細胞内器官を植物細胞は保有する点にある。運動する能力を持たないために細胞膜以外に体制を確立するための細胞壁（高分子炭水化物などが主成分）を持つが、植物プランクトンのような単細胞植物の場合には細胞同士を結びつけているペクチンを作らなかったり、直ぐ加水分解してしまい多細胞化しないだけである。高等植物のイネの仲間でも、芝草では分枝したランナー（走枝茎）は加水分解することがないので地上を緑の絨毯のように被うが、浮草ではランナーが分枝して間もなくペクチンの加水分解が起るので、遺伝子は全く同じであるいわゆるクローンであっても、違った仲間のように短期間の内に水面を被ってしまう。ただし、後の**図16** で理解できるように、運動できない植物のミトコンドリアは動物のそれと違った機能を生きるがために保持せざるを得ない。

さらに深い海水中に固着して生活する紅藻類ではフィコビリンを補助色素として保持している。紅藻類に属しながらウシケノリ科の食用ノリの仲間だけは海面上層部で育つのに、クロロフィルａの補助色素として葉緑体に含まれているのはクロロフィルｂ・ｃではなく、フィコビリンに替わっている。

ところで、古典的な「干出法」をそのまま採用している場合にだけ、アミノ酸に富んだ芳しいノリができ上がるのは、日に二回は少なくとも何時間か空中に置かれることによって、単に余計な藻類や細菌から身を守ることになるだけでなく、その期間を通じて乾燥（生体における水の利用が制限される）に遭遇することになり、生体内での代謝に一種のブレーキをかけることを意味する。高等植物の場合には、この水の制限を農業手法に巧みに取り入れて来ており、例えば、種子の発芽力を高めて一斉に同調発芽させるための方法に取り入れられている。この場合には、一定期間だけ溶質（無害な塩類や前述のカーボワックス、別名ポリエチレングリコールなど）を溶け込ませた浸透圧の高い水溶液に漬け、それによって吸水を抑えながら一定時間だけ吸水させて置いて、後に乾燥させ、種子内の代謝をある段階で停止させたままにしておく。そうすることで種子の乾燥貯蔵中に休んでいたミトコンドリアの活動を促して酸素呼吸活性をある段階まで発達させた後に、その段階に止めてしまったことを意味している。その結果、その後に畑に播種された種子は一斉に急速に吸水を始めることになり、発芽過程が同調的に勢い良く進むことになる。それは農作物の初期生長を促して生産効率を高め、短期間で高い収穫を可能にしてしまう技術となっている。あるいは、トマトの栽培では給水を制限するならば、トマトの方では厳しい水環境の土壌中から水分を吸い上げざるを得ないために、体内の溶質濃度を高める戦略を取らざる得ないことになり、果実は小型にはなるが糖度が高くおいしい、トマト本来の独特の香りに満ちたものとなる。逆に、根系に過剰とも言い得るほどの水分を与えるならば、根系での酸素呼吸不全を惹き起して根系本来の機能を引き出すことができずに、地上部を枯らしてしまうことになる。しかし、その際に、過度とも言い得るほどの酸素を根系に供給し続ければ、地下の暗闇の世界で根系は地上部から送り込まれる炭水化合物を基質にして高い酸素呼吸能を持続し、次々にATPを生産し、余ったATPはNADをリン酸化する酵素活性を働かしてNADP（NADにリン酸基が一つ付いたもの）を形成し（後述）、さらにNADPHという還元力をも創出してアミノ酸合成から核酸・タンパク質生合成を促すようになる。まさに、地下の世界で光合成と変わらぬ営みが行なわれる所以でもある。もし、そのような条件下で日射量を確保し、気温をトマトが好む温度変動内に保つならば、地上部は冬が来ても成育し続け一万個以上もの果実をつけ、幹は樹木と変わらぬものに成育させることができる。私が以前につくば科学万博に際して、株式会社協和の社長野沢重雄氏の相談を受け万博の目玉となった「木になるトマト」を作ることに成功した理論的背景はここにあった。ただ、根系に常時酸素を充分に供給し続けるためには水耕という方法を採用するしか取るべき術はなかった。

小さくてわずかの果実しか収穫できないが、しかし本来の甘酸っぱい味がして香りの強いトマトを消費者に提供するか、それとも大きくて酸っぱいだけで水っぽい沢山のトマトを消費者に提供するかの違いをノリ養殖法に当て嵌めれば、「干出法」と「浮き流し法」の違いに対応すると言ってよい。常時海水中で育てるということは、酸素にさえ満たされていて、日中に十分量の炭水化物なり脂肪なりを蓄えることができているならば、冬季の長い夜間を通じてもATPとNADPHを供給し続けることができて、日夜を問わずノリ葉体を生長し続けさせ得ることになる。したがって、単位海面面積当りのノリ生産量は「浮き流し法」において格段に大きくなり、有明海に限らずこの方法が採用されるようになって、一九七五年から日本のノリ生産額は飛躍的に増大することになったのも当然であった。しかし、ノリ葉体が常時海水中に没しているということは、葉体の水ぶくれをさせるに等しく、細胞の膜や壁の生合成に同調しない拡張生長の誘発だけにひ弱な葉体にすることになる。その結果は、単に、葉体が他の藻類の浸入を受けて品質低下を招くだけでなく、各種の病原菌に罹病する機会を大きく増やしてしまい、それらを駆除するための有機酸処理があたかも必須条件であるかのような錯覚を抱かせることになってしまったのである。先に述べたように、わざわざ黒い艶のあるノリを作ろうと黒い人工色素をも添加した有機酸剤を使おうものなら、それらの色素は肝心の太陽光（長波長域）をも吸収することになり、光合成に必須の波長域での光エネルギーの葉緑体への到達を妨げて、その利用効率をも減らしてしまうことにもなり、冬季の短い昼間のか弱い光をますますノリ葉体から遠ざけてしまう。その結果は、さらに昼の間に長い夜間を酸素呼吸で過ごすに耐えるだけの十分量の炭水化物や脂質を生産させなくしてしまっているだけでなく、細胞壁も薄いひ弱なノリ葉体としてしまう。細胞壁が薄いということは水ぶくれと等しいだけに、後の加工段階での加圧（ミンチ作成段階）に負けて原形質（細胞の中身）を吐出してしまうスミノリ現象などという被害をノリ養殖漁民に与えるのも当然ということになる。

『海苔タイムス』二〇〇三年四月一一日号を送ってくださった方がいるが、おかしなことに水産庁と結んで当の有機酸処理法を宣伝してきた鬼頭教授が「スミノリは人災か」と反省しているかのような長文を寄せている。有機酸処理法に関していくつかのパテントを取り、関連企業を育ててきた人物が自らの責任であることに気づかずに書いているのか、「今年のノリ生産の反省」という題で、植物生理学的には当然予測される現象である原形質吐出に、「人災」と、ひと事であるかのような記事を書くのでは無責任と言わざるをえない。自らが普及させたノリ養殖法が過ちであったと反省し、今後の養殖法は海洋環境保全のためにも「網流し法を止めましょう」というのが筋というものだろう。科学的に当然予測される一連の事柄の最終段階で加工の機械化に対応できないことを他人ごとであるかのように発言するということは、自らも関わって開発させて来たノリ養殖法を、何も分かっていないままに宣伝し普及させて来たということなのだろうか。このような養殖法にすがる以上は、細胞壁や膜の薄いノリ葉体を作り上げてしまうことは必然であって、それが加工段階の圧力で細胞を破裂させてしまい、原形質を汚い黒い液体として流し出してしまうことは、当然の帰結である。「人災」とはまさに自らの指導が招いた過ちではなかったのか。

しかし、それ以上に全国民にとって無関心でいられないことは、このような浮き流し法によって育てられたノリ葉体は、一日中海水に漬けられているために吸水しやすく、見かけ上は大きくなるが、細胞壁が薄いがために軟らかい葉体となってしまって、ノリ葉体が病害に罹病しやすいきわめて軟弱なものになるために、生産性に不安定さをもたらしてしまったことである。したがって、有機酸活性剤なる薬剤をノリ品質向上という目的を掲げて発展させて来たつもりが、アオノリ、珪藻などを剥離させることには成功したとしても、脆弱な葉体としたがために殺菌剤をも常用せざるを得ない状況をもたらしてしまった。その結果、有機酸活性剤なるものを製造・販売している企業は**資料4a・b・c、5a**に宣伝されているような、他の防腐剤・殺菌剤と併用することなしには、まともな葉体を摘み取れないというジレンマをもたらしてしまったのである。

私は、これら一連のパンフレットを送ってくれた方が、日本の沿岸海洋の薬害汚染だけでなく、防腐剤入りの食品としてのノリが市場に蔓延する事態を深刻に危惧していたことから、直ちにそれらのコピーを持参して水産庁・環境省・厚生労働省の関係部局を訪ね、今やノリは食品として法的に許可され得るものではなくなっていることを指摘し、水産庁と企業との癒着がこの状況を許しているのではないかと詰問し、直ちに製造の中止と、この種のノリ養殖法を規制させるように懇願した。水産庁の担当部局ではその時点まで、自らが通達として指導した間違った漁法を上手く運営していくために、泥縄方式に次々にとんでもない手法を普及させ、その大部分が隠密に進められていたことに見て見ぬ振りをしたのである。しかし、私のような人物にまで多くの内部書類だけでなく、かかる宣伝パンフレットさえもが渡っているとは思っていなかったようであった。

ここにいたって水産庁もことの深刻さにやっと気付いたようで、ある方の電話によると翌週には水産庁から各県海苔漁連になにがしかの指令が発せられたそうであるが、第三者委員会には報告されずにこれらの実態は闇に葬られてしまったようである。私は第三者委員会の最終報告書は、中間報告の場合とは違ってなんらかの形でこれら一連の有機酸活性剤の評価に触れずには済まされないであろうと注目していたのだが、海洋での防腐剤使用に関する討議の痕跡を見出すことはできなかった。水産庁の隠蔽工作は完全に成功したのであろうが、いずれにせよこのような添加物の規制と、使用した漁民への罰則だけは（たとえ漁民を保護する役所の立場であろうとも）課すべきだろう。後ろにいて利潤だけを求める海苔漁連をたしなめるためにも。

その後他の方が、防腐剤として有機酸剤と併用している薬剤が（会社によっては異なるが）、後に**表9**（二一〇ページ）に示すようなパラオキシ安息香酸とその誘導体であることを教えてくれた。それこそ、大量の光エネルギーとそれ由来の還元力を用いて植物にしか作れないベンゼン環（炭素原子六個から成る平面正六角形の環）を骨格としているが、厚生労働省が食品添加物として適正濃度範囲で使用を許可している物質群であった。ベンゼン環を有するアミノ酸は多くの動物にとっては、自からの体内で生成できないために必須アミノ酸と言われる重要な物質群であるが、ソーセージなどに代表されるタンパク質主体の食品には添加物として許可されている防腐剤であっても、光合成能力を有する緑色植物体に添加する際の薬害が検査された上で、使用が認可されている農薬であるのか、水産庁で把握しているようにはとても思えなかった。どうも、その原因には、文献11の七五ページに示された「いずれにせよ、処理剤の開発にあたっては、作用の中心になる成分が食品添加物であること、できたノリが安全であること、……」のような考え方が蔓延していることがありそうだ。どうもその本の著者は、食品添加物として許可されている物であっても、その種の人工物質が光合成反応過程に一度入り込めばどのような変形や重合反応を経て、有害物質に変貌しかねない危険性をはらむかを考慮しなかったとしか思えない。それこそ、著者はこの種の人工物質が植物プランクトン体内では、ある種の未知の環境ホルモン的作用、つまり微量で悪さをする物質とか、アルカロイド（主に高等植物体中に存在する窒素を含む複雑な塩基性有機化合物の総称）や有毒ポリペプタイドのような毒物に変貌する可能性を見落としていたのではなかろうか。

有機酸以外に栄養塩やアミノ酸等の種々の添加物を与えた上に防腐剤処理をも組み合わせて大事に育てても、ノリ葉体はなぜ色落ちして養殖漁民を大騒ぎさせたのだろうか。最近の各社のテレビニュース（二〇〇三年四月一五日）で、有明海を囲む各県の何も知らない一九名の漁民たちも、違った立場から第三者委員会の構成に疑問を感じ、国の公害等調査委員会に漁業不振と諫早干拓事業の因果関係認定を求めて原因裁定を申請したことを知った。もたれ合いの業界を作って来たのが、ノリ養殖漁民から利益を得ようとした全国海苔漁連や、また企業であり、それを保護することこそが水産庁の役割であるかのような錯覚がなしたことが、国際法さえ無視して来た水産庁という政府機関が公的に裁かれる契機となるならば結構なことである。しかし、私に言わせれば、これまで述べて来たことからも明らかなように、有明海の疲弊は諫早湾干拓とは全く因果関係はなく、原因を隠蔽しながら拡大し続けた有機酸剤使用を主体とするノリ養殖にあることは明白である。要は、隠蔽、癒着、保護などを別にしても、環境科学の教科書レベルの知識をもってまともに原因調査さえすれば、荒廃の誘因は容易に予測され、とうの昔に原因解明が済むはずのことだったのである。拙著が、今回の裁定にも明確な解答を引き出すヒントを与えることになるだろうし、環境省に設置された新たな委員会も間もなく常識的な環境科学の解析手法によって明快に結論を引出すことになろう。

まさに、全漁連・全海苔連の主導下に各企業が便乗して行なって来たことは、日本の沿岸海洋全域での環境荒廃に一役買って来たことになる。ただ、有明海が半閉鎖的である上に遠浅で単位面積当りの海水量が少なかったがために、そして日本列島の南端に位置して海水温度が高かったために、他よりもDO（海洋に溶け込んでいる酸素量）が低くなり、全国的に販売されている有機酸活性剤の弊害が顕著に象徴的に現れたにすぎない。各企業は支店を全国的に張り巡らし、私の住む仙台市にも該当企業は支店を構え、松島湾を初め各地のノリ生産現場に売り込みをかけている。有明海での環境破壊に近い現象は瀬戸内海でも、お隣の八代海でも見られているが、有明海ほど典型的に有機酸剤の弊害が現れなかったにすぎない。外海に近かったり（東北地方の海岸線）、湾内が深くて単位面積当りの海水量が多かったり（東京湾）、開口部が複数に分かれている（瀬戸内海）ような場所では、有機酸活性剤の効果は比較的短時間に薄められたり、流れ去ったりしてしまって、目だった赤潮の発生を見ることもなく、漁連と企業が結託して採用して来た養殖法の弊害が顕著に現れなかっただけである。

ここまで述べて来た事柄からも想像できるように、ノリ葉体の色落ちとはノリ自体の壊疽とも言い得る生理的な症状であり、病気でも何でもない。それを招いたのはアオノリや各種病害菌から防御するために大量に使用して来た有機酸を主体とする薬剤の多用による有明海の環境汚染、富栄養化と、商品価値を高めようとの思惑で光合成を妨げることをも厭わずに黒色人工色素を添加するなどという愚かな手法を採用したことに起因する現象である。不幸なことにノリ葉体の生育期は年間を通じて日照時間が最も短い冬至を中心とする時期に重なる。単に日照時間が短いだけでなく、太陽光の入射角度は低くて弱く、昼間中に葉体内に蓄えることのできる光合成産物は正常な海洋環境下であってもさほど多量とはならない。逆説的には、環境が不適切であったり、他の光合成能を有する藻類と競合するような場合には、冬季の長い夜間を通じて生きるためには、本来は翌朝までの酸素呼吸で消費し切れないほど十分な光合成産物を残すことが必須要件であったのだが、それをすることを難しくしてしまったということである。藻類は陸上植物と違って、細胞内にさえ貯蔵器官らしい構造体を保有せず、冬季においても葉体は次々に単胞子を分化し、子孫を増やすための戦略に没頭する性質を持っているらしい。植物プランクトンのような単細胞ならば、細胞分裂によって増殖を、多細胞のノリのような場合なら細胞自体の吸水による拡張生長と新たな細胞の分裂に光合成産物を主に利用する。という事は、短い日照時間で生産した光合成産物は翌日までの呼吸基質として残すことよりは、ともすれば葉体自身の展開や単胞子形成のために消費してしまう特性を備えることになっている。つまり、正常な環境下で育ったノリ葉体でさえ、日が沈む頃になっても葉体中には翌朝を迎えるに必要な炭水化物や脂質を蓄えているだけで、余分な蓄えを持たないのである。

「干出し法」による場合には、少なくとも夜間にも一度は海面から離れ、水分に満たされぬ期間を経験することになる。ということは、余分な水分がないために葉体での酸素呼吸活性は低くなり、また細胞が吸水して生長することもできないので、昼間に作った光合成産物を明日に繋ぐため十分残すことができることになって、色落ちとは無縁となる。それが毎日連続するために、余分な光合成産物をアミノ酸合成にとどまらず二次代謝にも回すことが可能となり、香り成分を含む豊かな栄養価に富んだノリという食品を生む。したがって、水分の制限に付き纏われるこの方法で養殖している限りは、色落ちに遭遇する機会は理論的にはないと言って良い。言いかえれば、有機酸剤依存の「浮き流し法」による養殖はノリにおける光合成補償点を海面にまで上昇させてしまったと見なすこともできる。結果として、ちょっとした条件でノリ色落ちを招くことは不思議ではない。

したがって、色落ちによって甚大な被害を与えることになるのは、「浮き流し法」によるノリ養殖の場合に限られると推察できる。何せ、「秋芽作」であろうと「冷凍作」であろうと養殖期間中を通じて海中に浸されたままに育てられる。そこに、**表２**に示されたような微生物の培地同様の有機酸を主体とした混合栄養剤がノリ活性剤や生長促進剤として短時間でも葉体に与えられている。となれば、単にノリ葉体に附着しているアオノリや珪藻などの邪魔者を振り落とすだけでなく、その溶液中の成分は低分子の物から順に秒単位でノリ葉体に取り込まれ、それこそ栄養源として働くことになる。いくら生体膜が半透膜であろうと、それは単に高分子化合物を通し「にくい」というだけで、相当の高分子化合物であっても時間をかけさえすれば生体内に取り込まれて行く。製薬企業がノリの活性剤や栄養剤として売り込んでいることは、有機酸剤に含まれるすべての成分が遅かれ早かれノリ葉体に取り込まれ利用されることを知っているからに他ならない。

高等学校の生物学で教えられるように、**表２**の中に示された有機酸の内、クエン酸・リンゴ酸・フ

図9　全生物でのアミノ酸に共通な炭素骨格は有機酸

動植物に共通のTCAサイクル（クレブス回路）と主要アミノ酸生合成の関係を図示したが、基本的には網線に示した有機酸由来の炭素骨格にアミノ基が結合した形をしたのがアミノ酸である。**表2**で各社が販売している有機酸を四角で囲んだが、**図5**に見るように、乳酸はこの回路に入る前に一度脱炭酸され1分子のCO_2を放出するが、回路に入ってからは他の有機酸と同様に2個所で脱炭酸され炭素6個からなる有機酸から最後には4個からなるコハク酸になりオキザロ酢酸となって再度アセチルCoA+H_2Oと縮合してクエン酸に戻る。ところで、最初に炭素骨格となる有機酸はα-ケトグルタル酸に限られ、還元力（NADHあるいはNADPH）の存在下でアミノ基を結び付けてグルタミン酸を生産する。このグルタミン酸から各種のアミノ基転移酵素によって種々の有機酸にアミノ基が移されて、タンパク質を構成する主要なアミノ酸の全ては作られる。この図から理解できるように、水産庁が有機酸は酸化してCO_2とH_2Oに分解されるだけだから無害と称する無知には驚かされる。細胞分裂・生長の主要構成要素の全てを生産する基本物質であるアミノ酸の源となっていることを無視していれば、有明海に限らず有機酸投与の海洋の全てで、赤潮を誘発させる海洋環境汚染物質を投下させるに等しい指示を漁民に行なうという過ちを犯したことは明白である。

なお、ベンゼン核を有する人間にとっての必須アミノ酸だけは、光合成産物あるいはペントースリン酸経路中の中間物質の関与なしには生産できず、食物から摂取する以外に獲得できない。

マール酸の大部分はミトコンドリアに取り込まれて早速TCAサイクル（クエン酸回路、**図5**）の稼動を促して、この回路にH_2Oを取り込み、H_2Oの中から電子（e, H+）を取り出して補酵素NADをNADHに還元し、還元型NADHの電子を酸素に渡してNADに戻す工程（酸素呼吸）で、前述したように両者間の電位差が大きいために三個のATPを生産（**図6**）し得る。と同時に、吸収された有機酸の一部は一緒に吸収された栄養塩の中のNH_3^-を素材としてアミノ酸生合成のための絶好な炭素骨格となって、アミノ酸生合成を加速することになる（**図9**）。**図9**から分かるように、水産庁が使用を認可したすべての有機酸は直接・間接にアミノ酸に化けて行き、有機酸はペプタイドから各種のタンパク質へと、あるいは核酸合成前駆体であるプリン（ノリの旨み成分と言われるイノシン酸やグアニル酸もその仲間）やピリミジンの形成を介して次々にRNAやDNAという核酸

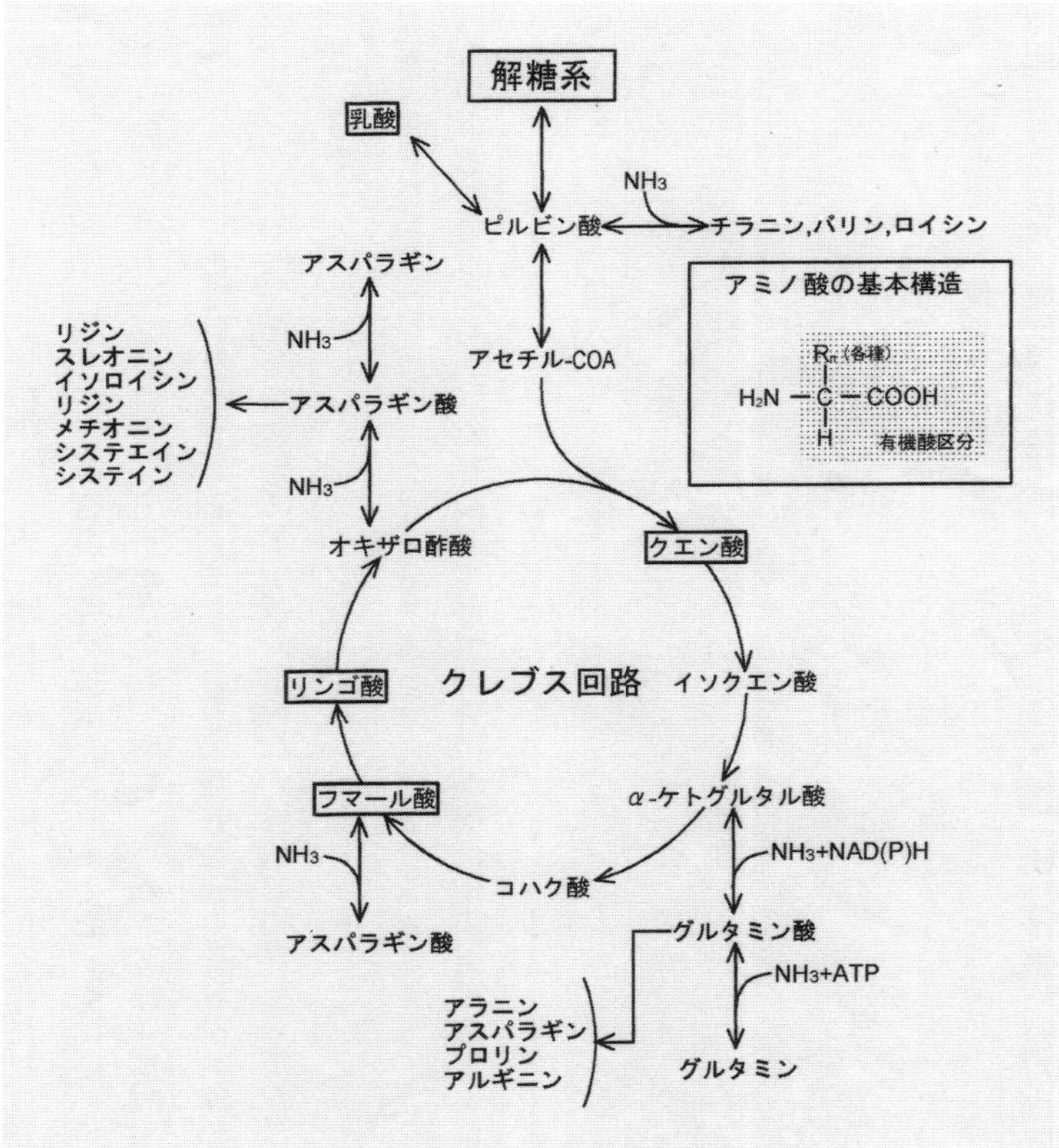

図9

の生産にも貢献することになる。タンパク質はすべてアミノ酸がDNAの指令に従って連結した高分子化合物であるが、肝心のDNAもRNAもアミノ酸を素材とし重合して生合成される物質だけに、結果としてノリ葉体は急速に成長することになる。まさに、各企業はそれゆえに、ノリ葉体の有機酸処理は建て前は余計な藻類や病原菌駆除を目的であるかのように宣伝する一方、水産庁が有機酸の使用を法律ではなく通達という曖昧な形で許可していたことに便乗して、有機酸が完全に酸化されることがないことを知りつつ、それにその効果を高める種々の物資を添加し、ノリ成育促進作用がきわめて高い栄養剤とか活性剤の名称を与えた販売戦略に打って出ていたのである。また、各県の海苔漁連もそれをもって利益を得る味を覚え、独自のブランド名の付いた商品の委託生産販売を行なう現状を招いてしまった（**表2**）。

ところで、ノリも植物プランクトンも同じ藻類であるからには、ノリのために与えた有機酸栄養剤は瞬く間に植物プランクトンの増殖をも惹起することになってしまった。しかも、水産庁の指導（それ自体無意味ではあるが）を無視して、大部分の漁民は使用後の残渣を現場に捨てて帰港（例、NHKの一九九二年二月一日放映）してしまっている。インターネット上で調べていても、持ち帰る漁民はごくわずかで、購入した有機酸栄養剤のほぼ全量がノリ養殖シーズンの短期間内に有明海に捨てられたに等しい状況を生み出してしまった。ごく最近までは例の愚かしい通達に従えば、持ち帰った残液も中和して下水に流すことになるのだから、有明海域で販売された有機酸剤のすべては、ノリ養殖のためだけでなく、すべての植物プランクトンもそのご馳走に与ることになった。たとえ、水産庁の指導に従って、残液を港に持ち返りタンクに溜めておいたとしても、中和して下水に流せということからすれば、有機酸剤の販売全量が有明海に廃棄されるに等しい状況をもたらしていたのである。まさに、廃棄物海洋投棄禁止の国際法を無視してまでも漁民を保護して、今に至っていると言えよう。

第三者委員会に提出されたデータで二九〇〇トン、『朝日新聞』の九州地方版二〇〇一年一二月一五日付によると、「九六年度までは一五〇〇トン程度で推移していたのに、諫早湾締め切り以降は、九七年度で二二五九トン、九八年度二三三六トン、九九年度は二〇九一トンと増加の一途を辿っている」とある。どうも、堤防締め切りという好都合な口実ができて、それまでは環境に負荷を与える良くない養殖法であることを十分に予測していて恐る恐る使っていたものを、利潤追求のための絶好のチャンス到来とばかりに使用量を急速に増やし続けた実態がそこに窺える。その結果は、本来は太陽光が強く海水温度が上昇する夏季にしか発生しないはずの赤潮を、自然界では起りようもない冬季に惹き起すことになってしまった。各県の海苔漁連がここまで不埒な行為を行なって来て、有明海の荒廃の原因となっている赤潮発生が、有明海で環境負荷を削減する働きをしていた干潟を諫早湾内のわずかの受光海域で潰した結果であると騒ぎ立てるとはまさに卑劣極まりない。

水産庁の迂闊な通達がとんでもない状況を育む原因を与えてしまったことは確かである。私が**資料２**に示した通達のどこにも、水圏環境汚染物質の中でも最も気を付けねばならないはずのリン酸塩の使用を禁じた文章は見当たらず、事実上はその使用を黙認し、今になって有機酸活性剤中のリン濃度を二〇〇二年度からは、五％から四％に引き下げるように指導したことを強調したと、先の新聞記事は書いている。家庭では必死に日本の水圏環境を保全すべく無リン洗剤を使用し、三洋電機（株）は洗剤不要の洗濯機を販売する時代に、リン酸塩の使用を公的に認可しているとはいかなることなのか。そしてまた、環境省はこれらの実態をどこまで把握し、水産庁をどう指導して来たのかについても国民には知らされていない。水産庁が不勉強であったがために、いつの間にかこのようなありさまになっていたとすれば、企業が**表2**のような有機酸以外に、とんでもない非常識な栄養塩類やアミノ酸から糖分までの何でも含むような薬剤をノリ活性剤として販売する行為や、漁民が栄養塩不足を理由に硫安等の化成肥料を直接海洋に投与する行為までも、見て見ぬ振りをして来た理由も頷けるというものである。

まさに、水産庁は有明海で赤潮発生を奨励するような政策を押し進めて来たのである。有明海の赤潮の発生頻度を調査したデータが第二回第三者委員会資料として、「有明海の赤潮発生状況の経年変化」として公表されている(**図10**)。この図に示されているのは、有機酸処理が公的に認められた後の一九八五年から二〇〇〇年までのデータであるが、トレンドとしては発生頻度も継続期間も増大する傾向を示している。しかし、特に注目すべきは、先の『朝日新聞』の記事で諫早湾締め切り(一九九七年)の後から急速に有機酸消費量が増えていることにある。興味あることに、それに呼応して赤潮発生頻度も継続期間も増加し続け、有明海における赤潮発生が有機酸使用量の増大に起因していることを間接的に証明している。さらに、二〇〇一年一一月五日発表の宇宙開発事業団のインターネットでの情報によると一一月には赤潮はほとんど見られず、一二月に入ってノリ養殖が本格化すると諫早湾と八代海(後述)で見られるようになり、一月になって有明海全域で起り始め、三月になると終息することが明らかにされている(**写真2**)。これらの知見・事実はまさに有明海の荒廃の象徴である赤潮が有機酸使用量と完全に連動していること、ノリ色落ちが諫早干拓とは全く無縁であることを科学的に完全に証明しているとさえ言い得る。

第三者委員会での審議過程を見ていると、ノリ色落ちの直接的原因は栄養塩の不足であり、その事情を諫早干拓による流入する外洋海水量の減少と何とか関連させようとの意図が初めからあって審議が進められているように思えてならない。少なくとも『朝日新聞』紙上での「私の視点」欄で私の意

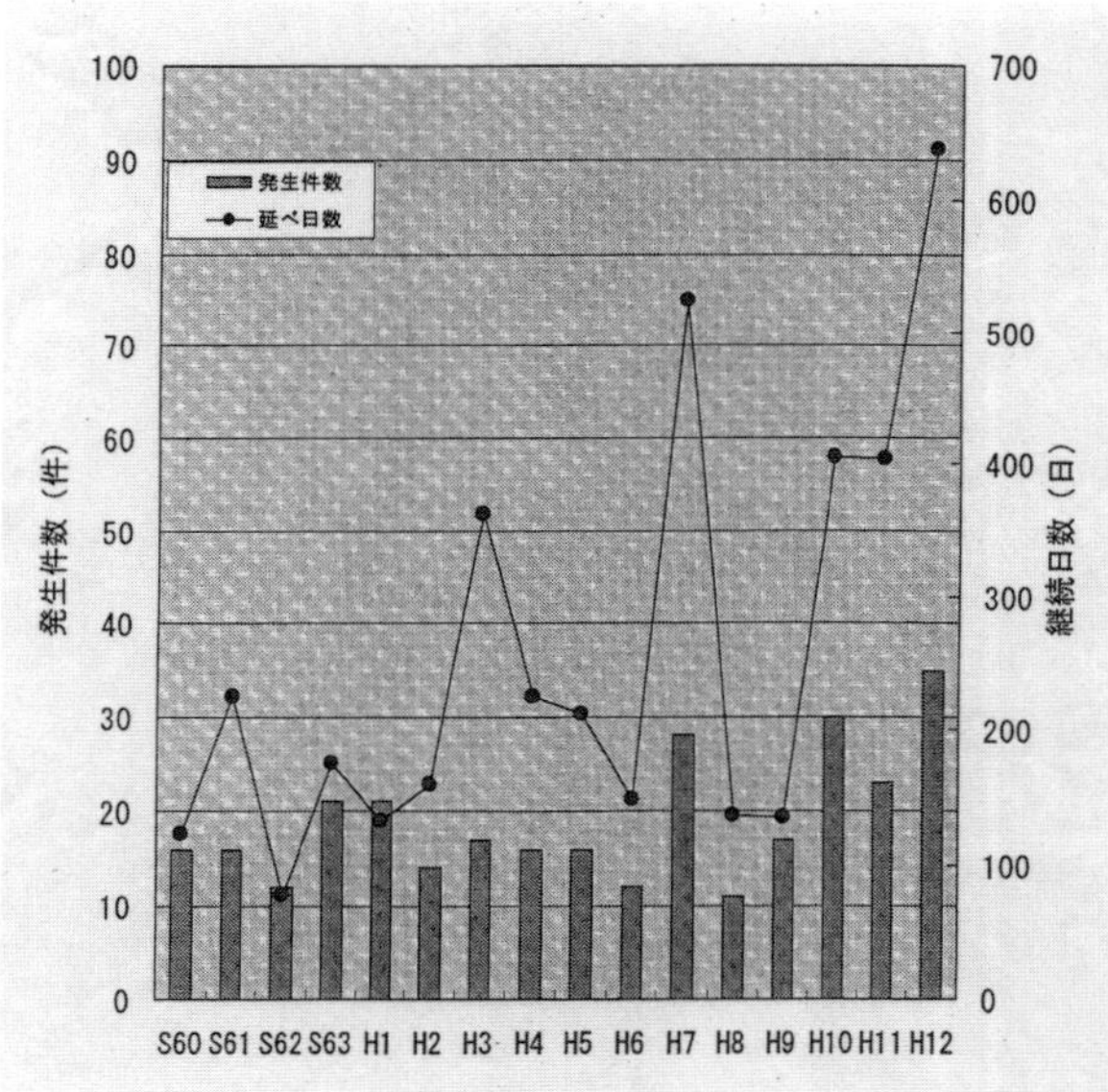

図 10　有明海の赤潮発生状況の経年変化

（2000〔H12〕年は速報値：九州漁業調整事務所資料より作成）

本文中でも述べたように『朝日新聞』九州地方版（2001 年 12 月 15 日付）は、諫早干拓地の潮受け堤防締め切り（1997, H9）までは、1,500 トン程度に収まっていた有機酸剤の有明海全域での使用量が堤防締め切りと同時に急速に増加に転じ、99 年度には 2,900 トンを越える量に達していると報じているが、赤潮発生件数も延べ日数もそれに対応するかのように増加に転じていることをこのグラフは示している。ノリ養殖漁民が、それまでは恐る恐る使っていた有機酸剤を使用しても、それによって生じると推測される赤潮発生源を諫早干拓による干潟の減少に転嫁させ得ると判断した極めて遺憾な行動の背景を極めて強く感じさせる。このグラフは九州漁業調整事務所資料より作成され、第 2 回第三者委員会に資料（図 16）として紹介されている。

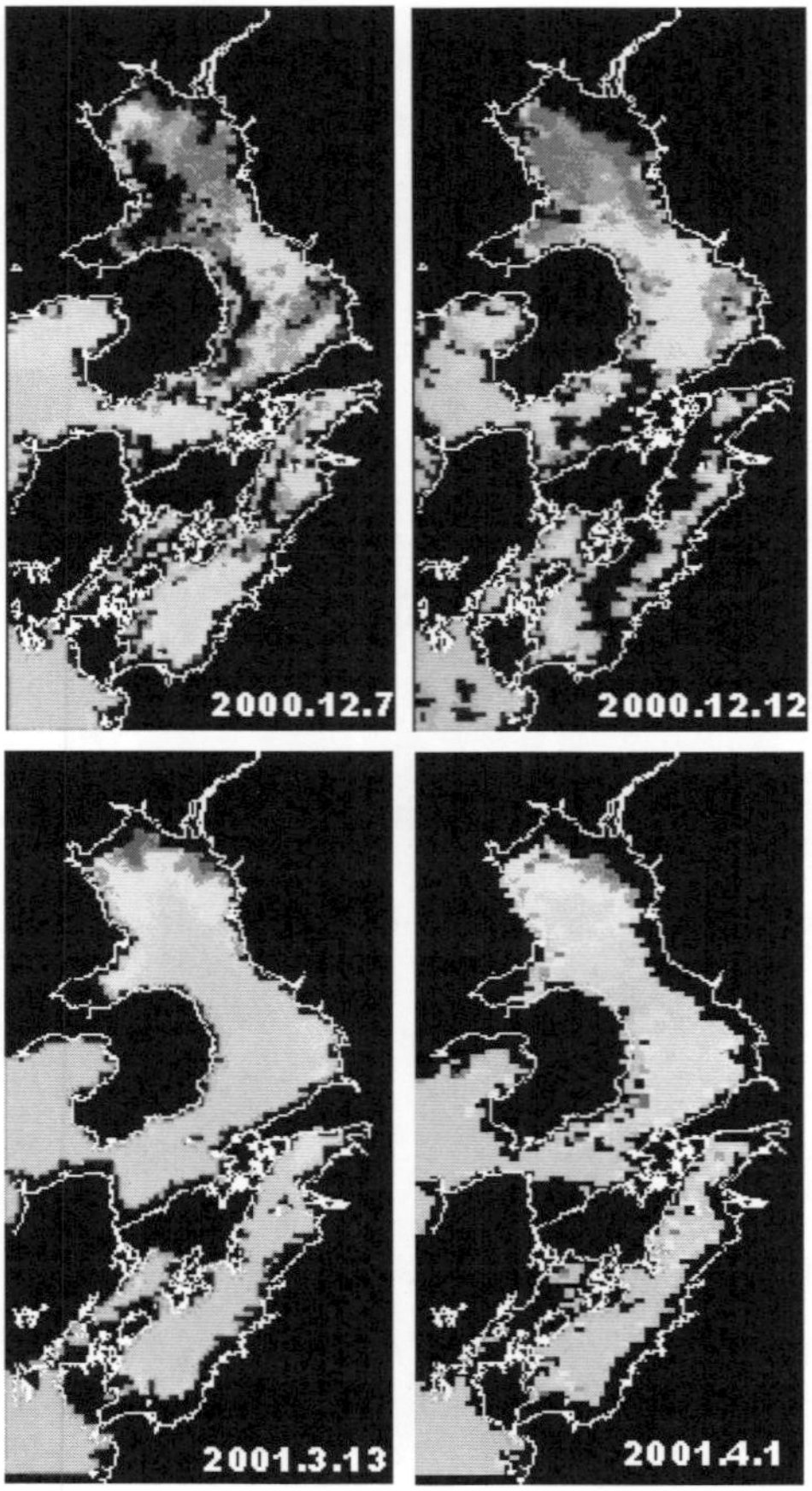

＊本書表紙カバー参照

写真提供：
NASA／宇宙航空研究開発機構（JAXA）

http ://www.nasda.go.jp/press/2001/11/ariake_011105_j.htmlにおける同画像の解説は以下のとおり。

画像は有明海付近での植物プランクトンの色素であるクロロフィルの分布を示します。上部の左から2000年11月23日、12月2日、3日、7日、12日、下部は2001年1月1日、2月2日、25日、3月13日、4月1日です。黒い部分は陸域、雲等によるデータの欠損、または計測範囲外となって処理できない領域です。カラー画像では黄色から赤色にかけて、クロロフィルが多い海域となります。

11月にはほとんど見られない赤潮が、12月に入ると諫早湾や八代海で始まり、7日には有明海全域が赤潮状態になったことがわかります。12月から、1月、2月にかけて続いた赤潮は、3月に入ると終息しています。

赤潮の状況は、衛星で観測している可視光の波長別のデータを解析することにより、高濃度のクロロフィルの分布として推定されます。沿岸域では、有機溶存物質や懸濁物質の影響があり、外洋域と比較して推定精度は劣化しますが、現場での状況との比較などにより相対的なパタンは概ね正しいと判断されます。引き続き解析精度を高める研究を継続しています。

来年に打上げが予定されております 環境観測技術衛星 (ADEOS-II) に搭載されますグローバルイメージャ(GLI) は、OCTS や SeaWiFS の後継センサとして、海洋分野ではクロロフィル濃度や海面水温の解析データセットを研究者及び一般に提供する計画です。GLI のデータ を利用することにより、リアルタイムに近いタイミングで、精度よく赤潮発生等の海洋環境を捉えることができると期待されます。

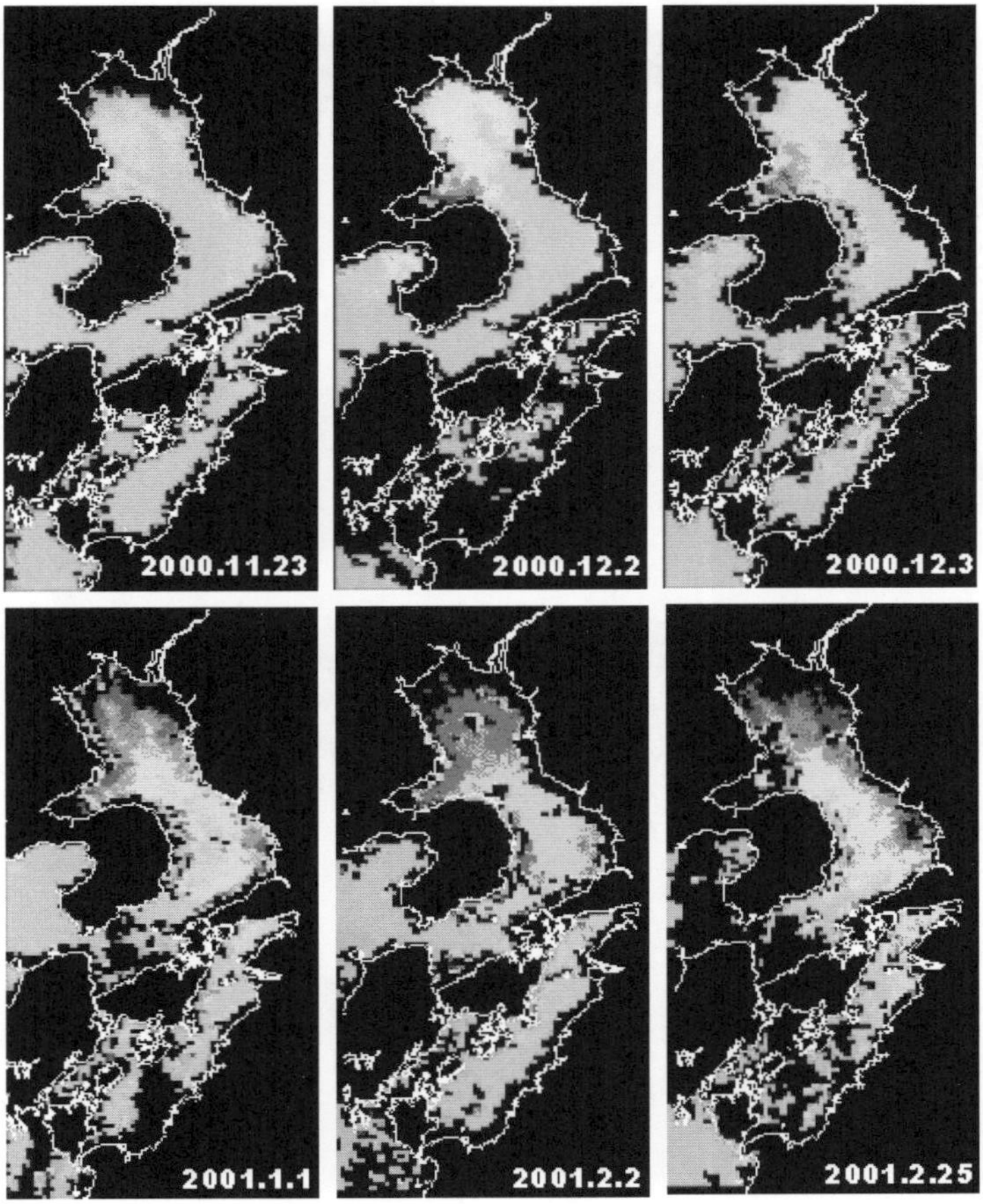

写真２　有明海における赤潮発生・終息の人工衛星観測

まっ黒な部分は「陸域、雲等によるデータの欠損、または計測範囲外となって処理できない領域」で、それ以外の海域において色が濃くなるほどクロロフィルが多い海域、つまり赤潮の度合いが高い海域となる。

見が述べられるまでは、ほぼその線で議論が進められていた。また、諫早湾干拓地の調整池の水門が閉じられても一昨年にはノリは大豊作となり、諫早干拓と結び付ける根拠が乏しくなって、第八回委員会からは、私の指摘した有機酸処理問題がやっと正式に討議されるようになった。ここまで私が紹介してきた各種データからだけでも、なにゆえに一昨年暮れの第七回委員会における開門答申が無益なものと位置づけうるか理解できるだろうし、調べもせずに各マスメディアによってその答申がまともなものであるかのように報道されてしまったのは無念でならない。恐らく、大部分の委員たちにはことの真相が隠蔽されたままに、水産庁とそれを指導してきた委員だけに都合良く審議が運ばれたがための結果であろう。

生物学的常識では、赤潮とは主に植物性プランクトンが異常増殖した際に海面の色までもが変化する現象であるが、その際に主役になるプランクトンの色しだいで、必ずしも赤い色調の海になるとは限らない。また、ノリは藻類であり、ノリが赤潮によって被害を受けるとしても、魚類や貝類が受ける被害のように有毒なプランクトンを食べて壊死してしまうということもあり得ない。また、人によってはある種の植物性プランクトンが油滴あるいは脂肪球を有する場合に、それがノリ葉体に大量に附着してノリ葉体の生長を妨げることもあり得ると考えているが、細胞内に存在する油滴が細胞表面に出てきてその性質を支配して悪さをすることも一般的には考えがたいことである。ただ、細胞壁に細かな穴を有し、粘液物質を放出して基物に附着する性質を持つ珪藻類（タベラリア属）が有明海におり、栄養塩吸収においてノリと競合し、ノリ葉体に附着することでノリの品質低下を招くことはあるらしい（文献12）。

有機酸主体のノリ活性剤を使用している間だけ赤潮が認められたという衛星からのこの写真は、漁民の環境破壊の動かすことのできない証であり、漁民の責任を問うているとさえ言える。通常の赤潮、例えば家庭からの排水や農業排水に依存して発生する一般的赤潮を構成する植物プランクトンは、水温が低く栄養塩にも恵まれない時期にはシストと呼ばれる一種の休眠体を形成して海底で眠っており、赤潮の種（たね）と称されている。多くの底生動物群が海底で死んでしまうような有明海の海底で、体細胞分裂を始めて増殖するのに都合の良い条件が整うのを、どうしていつまでも休眠状態で待てるのかは、追って詳述したい。一般的には、水温や海水温が上昇する初夏から秋にかけて、あるいは水温だけでなく水中の栄養塩濃度が上昇し始めるという環境変化に敏感に感応して発芽増殖し始めるのが赤潮というものである。それに対して、有明海でだけは逆に海水温度が低下し始める時期に赤潮の発生が始まるということは、海水温が不適であっても無理矢理に海底で眠りについていたシストを目覚めさすほどのシグナルを人為的に与えたがための結果であることを示している。つまり、一一月に始まるノリ養殖作業がシグナルとなって、シストを目覚めさせ増殖させるほどの環境負荷（餌）を植物性プランクトンに提供して、それらの異常増殖を惹起させてしまったことに他ならない。そのシグナルこそが具体的にはノリ養殖漁民が大量に使用した有機酸含有ノリ活性剤なるものである。それを少なくとも公的に把握されている量だけでも二九〇〇トンも有明海内に投下したことに対する漁民の責任は重い。有明海という、海水がすっかり入れ替わるのには東京湾の倍の二ヶ月（第一回第三者委員会資料）

もかかるような半閉鎖海洋に、総量がこれだけ大量になる栄養剤をばら撒くような手前勝手な行為を行なったことに起因する自業自得の結果が、ノリ色落ちなのである。厳しいようであるが、それは漁民自らの責任で措置すべきことだ。晩秋から早春までの期間に、港に持ち帰ろうが捨てて帰ろうが、企業や自ら結成した全漁連の推奨するままに各漁民が、各自自らの生産の場を荒廃させてしまうことに痛みを全く感じることなくそれらの栄養剤を消費してしまったことに漁民は責任がある。一部の漁民から、そのような良心を奪ったのも、水産庁や生態学者がこともあろうにノリは海洋から栄養塩を吸収するのだから海洋浄化・修復に貢献するなどという屁理屈をもって、有機酸活性剤使用さえも正当化させて、漁民を保護しようとした体質であろう。この「屁理屈」は、商業主義に毒されていない自然の海において、しかも人為的負荷が与えられていない時にだけ、正当なものとして評価に値するものであることを忘れてはならない。ノリという植物が海洋の掃除屋として働いていると養殖漁民を鼓舞したいのなら、生活排水が流れ込むような海域で環境再生に貢献している場合を誇りとすべきであって、環境容量以上の負荷を与える加害者でありながら被害者のごとく振舞っている有明海の漁民に対してはふさわしくない。

植物プランクトンが本来は眠りについている時分なのにそれらを眠りから覚まさせ、海水温度が増殖に不適であってもそれらが細胞分裂を繰り返すようになったのは、それらのシスト形成をも妨げるほど有明海全域が富栄養化していたことを示す生理学的証拠である。拙著『植物の生と死』(文献13)には詳述したが、藻類を含むすべての植物も微生物も、窒素成分を主とした栄養源に満たされている限り、原則的には栄養生長（単なる細胞分裂による増殖・生長）を続けるのである。陸上植物だけでなくコンブなども日照時間の変動をシグナルとして生殖生長（減数分裂を伴う有性生殖も伴なわない無性生殖もある）を始めるのは、栄養生長を続けるには不適切な季節を前もって知るがゆえの子孫再生産活動なのであり、己の命を翌年まで持続させるために眠りにつくという自然の営みなのである。しかし、栄養過剰の状況下では多少海水温度が不適であっても栄養生長（植物性プランクトンにとっては単なる体細胞分裂の持続による増殖）を続け得ることになり、海水中の栄養塩レベルを一定以下に使い切るまで増殖を続けることになる。光条件がまだ適切であっても栄養塩（種によっては珪素）レベルが低下し始めると、体力を充実させた赤潮プランクトンはシストに化けて海底に沈み休眠に入り、次の機会を待つことになる。ただ、赤潮の消長にはそれ自体の生活史が関わるだけでなく、食物連鎖を形作るような赤潮プランクトンを餌とする動物性プランクトン、幼魚、魚種、甲殻類、貝類などの存在量も関わって来ることは言うまでもない。ただ、赤潮構成の植物プランクトンが大型であるならば、より大量の栄養塩を海水中から奪い取ることになり、ノリ葉体と同様に細胞分裂を重ねるだけでなく、漁民添加の有機酸依存の酸素呼吸で得たATPの力を借りて吸水することで細胞を膨脹させようとして、生長し続けようとするノリ葉体との間での栄養塩収奪のさらに険しい競合を始めることになる。

しかし、本章3節で述べたように栄養塩をめぐる競合の勝負を決める自然界での基本的要因は、昼間なら物質循環の駆動力である太陽光の強度と受光量であり、夜間なら本章の前半で述べたように海中に溶け込んでいる酸素量となる。しかし先述のように、ノリ養殖シーズンとは日照時間の短いシーズンであり、光合成産物を生成するどころか、むしろそれを消費して生きねばならない長い長い夜が続くシーズンなのである。しかも日照時間は雲量によって変動するものであり、さらに減ることがあっても増えることはあり得ない。他方、すべての気体の海水への溶解度は温度に逆比例するので（表4）、冬季での海水温度の低下は大気から O_2 や CO_2 を溶け込みやすくする。それらにしても風が吹き波打つ場合と凪が続く場合とでは違うわけで、それらの実際の含有濃度が高く保たれたとしても、CO_2 とは異なって O_2 濃度の消長は無視することが許される環境因子ではない。とくに、ノリ葉体がこの長い夜間が続く時期に生き続けねばならぬということになると、酸素呼吸のための基質を赤潮植物プランクトンと競合しながら短い日中に体内に充分蓄えることができねば、冬とはいえ長い長い暗闇の期間に命を維持しえず致命傷となりかねないことになる。

ノリ葉体が短い日中に光合成で蓄えている物質は、百科事典（平凡社）で調べて見ると、糖質とタンパク質で、下級品ほどタンパク質とリン含有量が減るのに対してカルシウムと鉄分は増加するという。「干出し」製品では高いタンパク質・核酸の含有量を示すが、ほとんど脂質を含まないことが、日本人好みのさっぱりした食感を与えているという。ところで、前述したようにすべての高等動植物は二四時間周期の内生リズムを基礎にして生きているが、同じ藻類のユーグレナの場合には光合成のための日照時間とは無関係に細胞分裂は内生リズムに従って起り、増殖することが明らかにされている（文献14）。つまり、細胞分裂と分裂した細胞の生長が一定の周期で起り、それには日照は影響しないということであるが、ノリ葉体中でも生物である限りなんらかの内生リズムも関与しているのは確実である。とはいえ、ノリについてはどの程度までその種の研究が進んでいるのか分からない。もし単胞子の形成と放出という細胞分裂を伴う過程が、ユーグレナと同様に日没の時間帯から始まるとすれば、冬季での長い夜間においてノリの生活環が他の急速に増殖し続ける植物プランクトン、特に競合相手とされている大型で高温を好む珪藻のリゾソレニア（後掲二〇一ページ**写真4**）の生活環との同調性についての検討を至急なさねばならないだろう。なぜなら、体細胞分裂時には大量の栄養塩を求めるだけでなく、多量のATPを取得して有機酸にアミノ基を取り込むと共に、それを基に種々のタンパク質や核酸（RNAやDNA）を活発に合成せざるを得ず、そのためのO_2需要はきわめて高くなるからである。

色落ちするという現象は、高等植物に当てはめるならば成葉が茎先端の頂端分裂組織で次々に作られる幼葉や花芽を育てるために、自らを犠牲にする振る舞いに相当すると考えられる。農業においては、十分な栄養塩を施肥することで成葉が自らを分解して細胞分裂を支えることがないようにして、発生したすべての緑葉を受光器官として働かせ、結果として豊かな実りを得ようというのが、農業の原理である。この原理をノリ色落ちに適用するとすれば、まさにノリ葉体自身が子孫を増やし遺すためには、それらを育むのに必要な要素や養分をそれらに提供するべく、先に分裂を終えた葉体組織が、日中に、他の植物プランクトンとの競合に打ち勝って十分量の光合成産物を形成し、蓄積して置かねばならない。もしそれができなかったならば、長い長い夜を過ごすには、やむなく自らが保有する葉緑体を加水分解しても、次に生長しようとする若い葉体組織に必要成分を送り出すために準備せざるを得ないことになる。植物プランクトンとの競合に敗れて、充分量の光合成産物を昼間に準備することができずに、身銭を切って新たな葉体の生育や時には生殖器官造成のために必要な成分を回さざるを得なくなったことによって惹き起された生理現象と推察できるのである。しかも、赤潮発生をもたらしたのは、栄養塩としてのリンや窒素成分もあるが、より以上に重要なのは、単に分解されるだけだからとの「屁理屈」をつけられ利用が許可された有機酸が、実はアミノ酸の炭素骨格（**図9**）として多量に人為的に供給されることになるという事実である。水産庁は「単に分解されるだけだ」からと使用を許可したが、それを分解して生長するのはまさに同じ海中に棲む植物プランクトンであり細菌であることに全く留意していなかった。

図5・6を用いて前述したように、水産庁が許可したクエン酸やリンゴ酸が完全に酸化分解するには、三分子の酸素を消費する（三個の補酵素 NAD を還元して三個の NADH とし、その中の電子を三個の酸素に渡す）だけで済むのに対して、一部の業者が特許と称して宣伝している醗酵産物の乳酸（**図3a**）を完全酸化するには五分子もの多量の酸素を消費させざるを得なくなってしまう。したがって、赤潮の海面での溶存酸素量は冬季という酸素溶解度が高い時期であったとしても、夜間における酸素呼吸が生きるための制限要因となり得ないと決め付ける根拠もまた乏しい。ノリにせよ植物性プランクトンにせよ体内に取り込まれたこれらの有機酸をミトコンドリア内で酸化することになるが（**図5**）、その際には必然的に大量の ATP を創出を附随させることになり、体内の ATP/ADP 比（**図11**参照）は

増大することになる（ADP：アデノシン二リン酸）。

生物学の初歩として学ばれるように、生体エネルギーATP（アデノシン三リン酸）は、アデノシン（アデニンとリボースの結合）に三つのリン酸が結合したものであるが、このリン酸同士の結合は「高エネルギー結合」と呼ばれており、この結合が切れる時、エネルギーが放出される。ATPは、ATPアーゼと総称される酵素の働きによって加水分解されるとADPと無機リン酸〈~Pi〉に分かれ、エネルギーを放出する、というのがATP/ADP関係の基本図式である。

海水中の酸素濃度が高い場合には、このATP/ADP比の増大状況は持続し、ATPを用いて体外からさらに有機酸を吸収して夜間でも高分子化合物の合成を続ける、つまり赤潮発生を助長することになる。しかし、結果としての海水中の

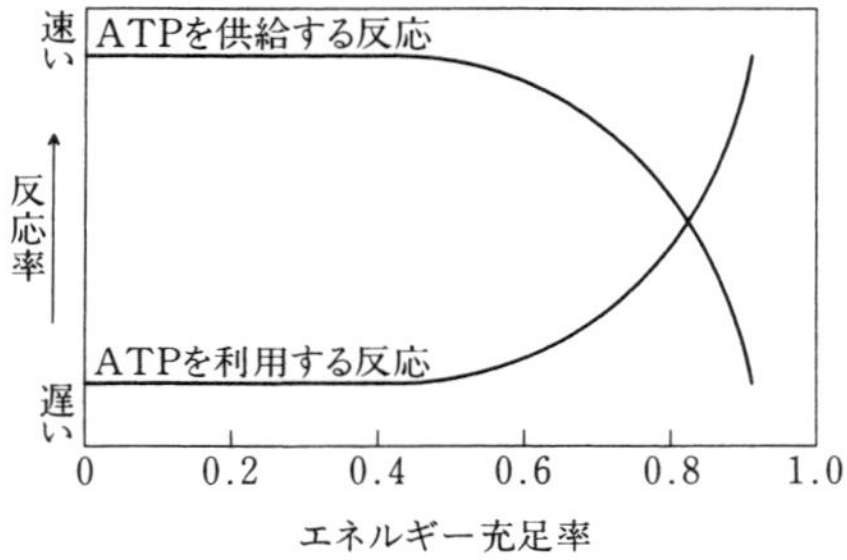

図 11　エネルギー充足率（EC）による代謝における分解と合成の調節

全ての生命体における物質代謝の方向は基本的にはATP/ADPの比率に支配されているとさえ言える。重要な多くの酵素反応にはATPが関わる場合が多いが、生命体（細胞）内での総体としての代謝の方向性を示す指標としては、次のような計算式から得られるエネルギー充足率（エネルギー価、EC）で表現され、0.8あるいは80%強の値でATPを供給する反応率とそれを消費・利用する反応率が等しくなり、私達人間にたとえれば痩せもしないが太りもしないという定常状態を保つことになる。実際の酵素反応の制御の様子の一例を**図 12**に示すが、計算式＝ 1/2 ([ADP] +2 [ATP] / [AMP] + [ADP] + [ATP]) によって計算され、どれだけ細胞内がATPで満たされているかということが大事なことであり、簡略してATP/ADPあるいはATP/ADP+Piの比として捉えて体内の状況を判断して構わない。（注：AMPはアデノシン１リン酸）。

赤潮プランクトン密度の上昇と、クエン酸などとは違って完全酸化に大量の酸素を消費する乳酸に主役をおき替えるという養殖技術の展開は、夜間の後半における海水中の酸素濃度が生体反応の律速因子とはなり得ないという常識が通用しかねない状況、自然界では起り得ないほど酸素需要を格段と高め、大量の酸素を消費せざるを得ない状況を生み出しかねなくなったと推察できる。もしそこで、なんらかの条件が重なって、体内での酸素需要に応じることができなければATP/ADP（図11参照）の比が下がってきて、昼間に蓄えておいた糖質を無駄に分解することになり（パスツール効果、図12参照）、代謝の方向を生合成よりも分解に向かわしめ、高分子化合物の生合成に必要なNADPHを供給することなどあり得ず、ますます体力の消耗を来たすだけである。つまり、水産庁は漁民への指導として、ノリ養殖に用いた有機酸は容易に完全に酸化してCO_2とH_2Oとになるだけとしていたが、その完全酸化の割合と、有機酸がむしろアミノ酸合成を介してタンパク質（酵素）や核酸の炭素骨格として流用される割合とは、場合によって後者の方が大きくなることもあり得るのである。

読者がノリ色落ちの仕組みをもっと理解するには、右に述べた生体内で起る基本的代謝の方向性、分解に傾くか合成に傾くかを制御している仕組みとはどんなものか知っておくことが必要だろう。より詳しく理解したい方は拙著（文献13）を読んで欲しい。それを司っているのは、基本的には先に述べたATP/ADPの比に対応するもので、厳密には図11に示したエネルギー価あるいはエネルギー充足率として計算される値（EC）に対応し、物質代謝における方向性、分解と合成の強さが決めている。つまり、生体における物質代謝の多くの酵素反応には、金属イオン（ミネラル）や補酵素（ビタミン）

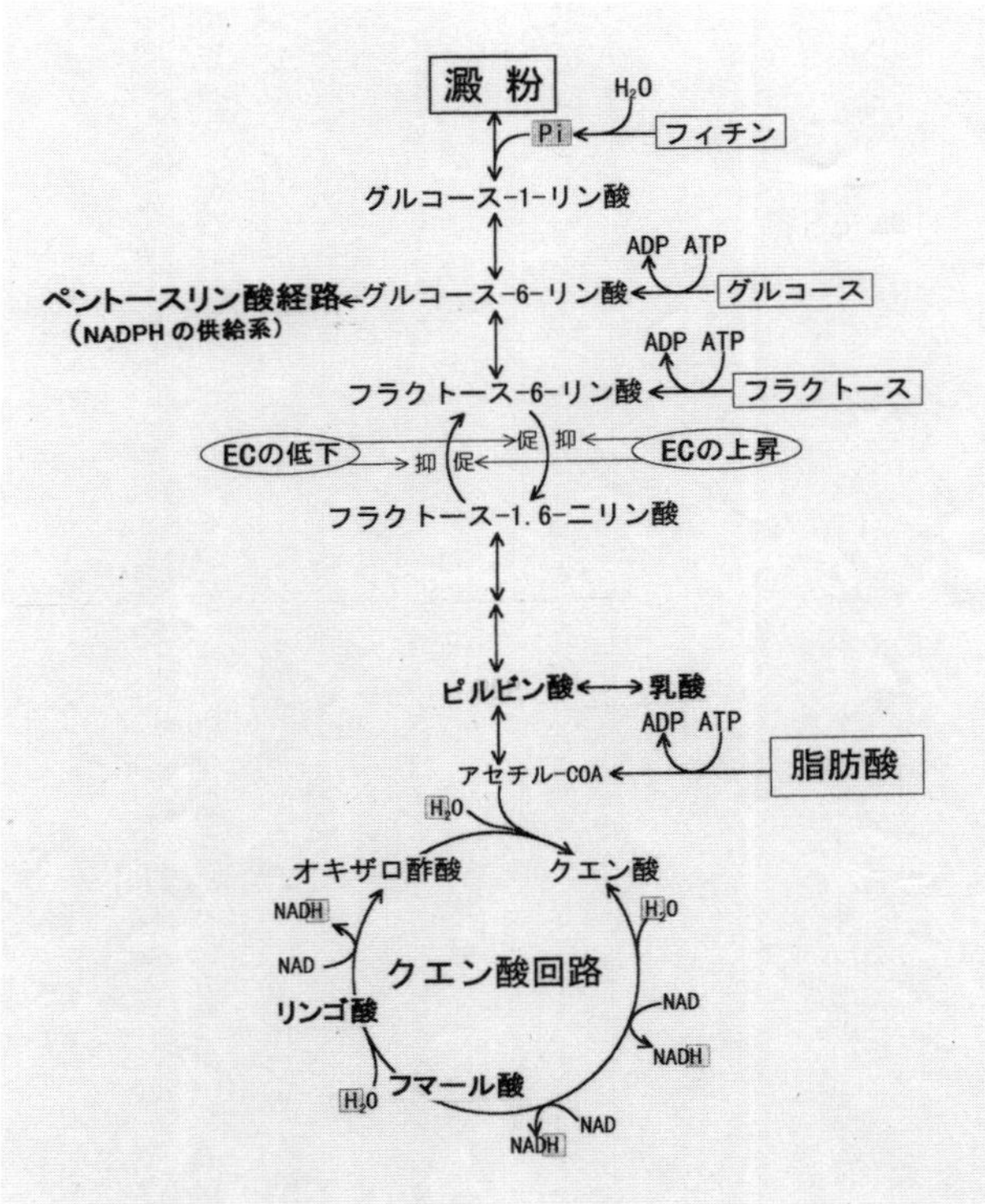

図 12　エネルギー充足率（EC）による解糖系反応の調節機構

解糖系の反応速度および反応の方向は、フラクトース-6-リン酸とフラクトース 1.6-ニリン酸との間を触媒し解糖系の調節酵素と言われている 6-ホスホフルクトキナーゼの活性によって制御されている。ただしこの酵素はアロステリックな性質（基質との結合によって立体構造が可逆的に変化して活性も変化する性質）を有し、EC (ATP) だけでなく、生産物となるクエン酸やアセチル-CoA を供給する長鎖脂肪酸によっても抑制される。つまり、漁民がノリ葉体をクエン酸で処理するという行為は、O_2 に満たされている時には、解糖系の流れを弱めて、自らは ATP 生産、アミノ酸合成に貢献する一方で、ペントースリン酸経路に光合成産物の一部を回して余分な還元力 NADPH を生産すると共に、細胞壁合成素材をも余分に供給することになり、ノリに限らず植物プランクトンが夜間でも増殖する条件を与えることになり、赤潮発生誘発に都合の良い条件を整えることになる。

の関与を必要とするものが多いが、補酵素としてATPが関わる反応が多数あり、それらは一般的にはきわめて重要な役割を演じている。ATP/ADP比、ECに依存して重要な代謝調節機能を演じている代表的なものは、図12に示した相互に可逆的に作動し得る解糖系の活性調節である。この調節はフラクトース-6-リン酸とフラクトース-1.6-ニリン酸との間を触媒している酵素、フォスホフルクトキナーゼの活性がECに依存して行なわれる。O_2の争奪をめぐる競合は、有機酸添加、特に乳酸の投与は、O_2需要を高めるが、その結果として酸素呼吸が高まって酸素消費が高まり、海水中のO_2レベルが下がり始めることを想定せざるを得ない。となると、ATP生産力は低下し、必然的にECの低下を伴うことになるが、そうすると右の酵素は活性化されることになり、昼間に光合成で蓄えた炭水化物の分解速度が高まることになる。もし、この場合にO_2濃度がほぼゼロに近付くと、生体は生きるために必要な最低限のATPを生産せざるを得ず、それは解糖系に存在する二種のATP生成酵素の作動に依存して必要量を賄わざるを得なくなるが、ATPの供給力がきわめて小さいために体力の消耗をきたすことになる。通常、このような現象を「パスツール効果」と言い、普通これはアルコール醗酵とか乳酸醗酵という貧酸素条件下で起るものなのである。

結論的に述べれば、ノリ葉体の色落ちは、代謝の方向性が合成系よりも分解系に大きく傾いた結果として葉緑体の加水分解が始まった印である。先にも述べたように、藻類はその色調に相応しい光合成のための各種の補助色素を葉緑体内に保有しているが、葉緑体の加水分解までも惹起せざるを得ないほどに長い夜間を生き延びるための貯蔵養分に事欠くようになると、葉緑体構造の崩壊を招き、そこに含まれるクロロフィルも補助集光色素も分解され、他の用途に回されることになる。それがノリ葉体の色落ちという現象である。それは植物性プランクトンとの光をめぐる競合の結果、ノリ葉体が長い夜間を持ちこたえるに充分な光合成産物を蓄えることができなかったことに由来する。ノリは光合成産物形成のための栄養塩獲得競合を植物プランクトンとの間で行なうことになり、猛烈な勢いで増殖するそれらに伍して海水中の CO_2 や添加された有機酸を炭素骨格として成育に充分な量のアミノ酸を生合成することは至難のこととなる。ノリは多種のアミノ酸を多量に準備することができて初めて自らの生長のためのタンパク質・核酸を作り上げることができるが、漁民が使用し海に廃棄した含有機酸ノリ活性剤は、競合相手の植物プランクトンの増殖の方をむしろ優先的に促してしまい、赤潮を惹起するということになってしまった。ノリ養殖漁民こそ自ら墓穴を掘ったのであり、有明海荒廃の被害者ではなく、加害者であることの責任を自覚せねばならない。

6　なぜ無機酸を有害と言い、有機酸は無害と言うのか？

先に述べたように、数年前からはクエン酸も乳酸も海洋汚染防止法施行令第一有害液体物質（Ｄ類）対象物質であり、無機酸の塩酸、硝酸や硫酸と法的には同じ有害物質とされていて区別できない。ただ単に、有機酸類が弱酸であるのに対して、硫酸、硝酸とか塩酸は強酸であるに過ぎず、無機酸だけを排除して来た理由は、取り扱いの危険性よりも漁連や製造メーカーの利幅が少なかったためとしか思えない。水産庁は有機酸は果物にも含まれる物質であるから安全というが、これまで述べて来たように海洋環境を汚染する点では、有機酸の方がはるかに有害である。もし、自然物だから認めたと言うのであれば、なにゆえに塩酸を除外したのであろうか。私たちの誰もが常時塩酸と無縁では生きられない。塩酸は常時私たちの胃袋の中で、澱粉を加水分解する唾液に含まれるアミラーゼと同様な働きをするだけでなく、胃袋の中に鎮座していて澱粉以外のすべての高分子化合物（脂肪、タンパク質など）の加水分解に不可欠な働きをしているまさに自然物である。水産庁が、食品の中の炭水化合物、脂質、タンパク質を加水分解して消化しやすい低分子化合物として私たちの命を支えている塩酸が、酸処理剤として最も自然に優しい自然物（使用後に中和すれば海水に戻る）でないという理由は何なのか。塩酸は利幅が小さいという理由以外に見当たらない。塩酸もまた国際法に抵触する物質ではあるが、それこそ投棄する前に持参した薄い苛性ソーダで中和する作業（リトマス試験紙持参）を漁民に励行するように指導するなら、法律に触れることはない。それこそ最も自然に優しい、使用の後に海そのものに帰すだけの養殖漁法になる。水産庁がなすべき研究指導は、希塩酸を用いる安全で安定したノリ養殖法でなければならない。

むろん、塩酸とは違って、硫酸とかリン酸、硝酸を酸処理剤として用いることが許されるべきことでないことは当然である。それらは、まさに海水中に投下されて間もなく、多量の炭酸ソーダを含むために塩基性を示す海水によって中和され、藻類や植物プランクトンが求めている栄養塩類に化け、海洋の富栄養化に加担することになってしまう。有機酸は植物プランクトンの餌となる有機物である点、それらの増殖を促すことや海洋汚濁防止法の適用物質とされている点で、やはり使用認可はできるだけ早急に禁止すべきであろう。単に、有機酸と無機酸との違いは弱酸か強酸であるかの違いによる安全性の視点からだけでなく、海洋環境保全の視点からも考慮されるべきことなのである。

もし、真に国民の立場にたって、美しい沿岸海洋環境を保全し、と同時にノリ養殖漁民のアオノリ付着や病原菌罹災の不安を除くなら、自然に優しい漁法を採用すべきであろう。聞くところによると、だいぶ以前に東海大学の工藤盛徳氏が将来の海洋汚染を心配して塩酸の使用を推薦していたとのことであるが（『海苔タイムス』一九八五年一月一一日）、彼の良識ある意見を無視することになったのは、目先の利益を増やすことになる有機酸使用を推進した無責任な専門家集団がいたからに他ならない。今、ここではその中心人物が誰であって、国民に責任を取る立場にいるのが誰であるかは敢えて述べないが、その人物が第三者委員会のメンバーであるとなれば、どうして委員会が第三者の中立的委員会であると言えようか。またなぜそこからの答申を国民は尊重せねばならないのか。私はここまで日本の海洋環境を汚染した行為には、国民に農薬漬けのノリを食品として押し付けることになった責任もあり、かつて薬害エイズ事件を惹き起した帝京大学の阿部副学長がなしたに等しい犯罪にも匹敵する行為であることだけは述べておきたい。

しかも、以前は塩酸を酸処理剤として用いて環境汚染とは無縁なノリ養殖をして日本に輸出されて来た韓国のノリに対して安物のレッテルを貼り続けたのである。そのため、韓国に対して日本の間違ったノリ養殖法を押し付ける結果となり、韓国の法律によって塩酸の使用を禁止させるという悪法（資料6）までも輸出してしまった。水産庁の責任はきわめて重大である。日本がアジアの先進国として、環境保全分野でも指導的立場に立っている時に、「生物多様性保全条約」に逆行しかねない利潤追求の養殖法を広げることになった罪はきわめて重い。水産庁が通達を撤回しなければ、黒い包装紙なる食品としてのノリの輸出を他の国、例えば中国にも摸倣させかねない事態を憂慮する。その時、東アジアの沿岸海洋は無残な姿に変貌することになろうが、その際に国際的に問われる責任は、一科学者にではなく、自国の生産者保護を図った水産庁に及ぶことを銘記しておきたい。このままでは、いずれ国際社会からも告発される事態を招くであろうことは必至である。

とくに、**表2**に見るように、F社が特許（**図3a**）と主張しているにもかかわらず、各社も乳酸を主成分とするノリ活性剤を宣伝し、販売している。先に**図5**に示したように、有機酸としての主流が乳酸になれば、完全酸化までには五分子の補酵素NADを還元することになり、生じたNADHを完全に酸化するには五分子の酸素分子が必要となる。ということは有機酸として乳酸が主流になればなるほど、植物プランクトンによる酸素収奪も旺盛となり、海水が低温であって大気中からの補給もなされるとしても、海水中に乳酸が残っている限り溶存酸素量の低下要因となる。また細胞内での絶対酸素存在量は少なくなりかねず、通常のミトコンドリアでのNADH/NADの正常比一・四程度に対して、乳酸酸化過程では二個のNADHは細胞質で形成されることになるので、本来はミトコンドリアでの比よりはるかに低くなるべき細胞質での比はそうはならず、ミトコンドリアでの値に近づくことになる。その結果として多くの代謝系の不調を来たしかねない。細胞内での代謝の方向性を制御しているATP/

ADP+Pi 比（図11）が乳酸の供給下では高くならないために高分子化合物の生合成条件が確保されずに、逆に代謝の方向が分解系に傾くことにもなりかねない。もしそういうことになれば、海水中の溶存酸素量が絶対的に不足となってパスツール効果のような消耗の過程が作動しなくとも、核酸とかタンパク質などの高分子生体物質の分解に傾くことになり得る。

色落ち現象は葉緑体の加水分解に附随して起る酸化反応による色素変色であるが、赤潮発生の海水中で多数の植物プランクトンとの間でノリ葉体が日照時間の短い冬の季節に栄養塩の獲得競争に曝され、さらにまた光エネルギーの稼動力を求めるためにも競合せねばならぬ生き方を、有機酸添加は与えることになったのである。植物プランクトンという競合相手が存在しない実験室内では、各メーカーが各種有機酸、特に乳酸がノリ活性剤・栄養剤として有効であることを確認したとしても、現実の海中における厳しい競争社会の中で通用し、推挙できる手法とは限らない。有機酸剤は植物プランクトンとノリの両者に共通の栄養剤であったためだけでなく、特に近年になって乳酸を主役に置くようになったことが、赤潮の発生頻度を急速に増やし、栄養塩獲得の競争に敗れての色落ちを誘発することになってしまったのである。その原因は、図６を見ると分かるように、乳酸という有機酸だけは、他のクエン酸、フマール酸、リンゴ酸とは違ってピルビン酸を介してしかミトコンドリア中で稼動している酸素呼吸に参加できない。ところが、図６に示されている炭水化合物の代謝過程で唯一の不可逆的過程がピルビン酸からTCAサイクルへの入り口なのである。ということは、高等植物であれ藻類であれ、細胞壁構成物質（前者ではセルローズとかペクチン等、後者ではマンナンとかガラクタン等）

を作れるのは、通常は光合成産物であるだけなのに（図6）、乳酸だけはO₂に満たされて酸素呼吸が確保され、ATP/ADP比が高く保たれるような条件下では解糖系は逆流（図12）するという事情のゆえに、乳酸中の炭素は細胞壁の構成要素として取り込まれることさえあり得るのである。つまり、乳酸の添加があれば、ノリを含む藻類、植物プランクトンは夜間にさえも、光に頼ることなく細胞壁をも次々に作り出して、細胞分裂をかさねて増殖するがために、赤潮発生を助長することになったとさえ推察できるのである。そのような、有機酸からの細胞壁の構築は、サバンナなどの乾燥地帯に生きざるを得ない多肉植物の場合には陸上でも知られており、その場合にはリンゴ酸が出発点となっている。また、乳酸は酸化されにくいだけでなく、貧酸素の海底では次章で主役となる硫化水素の生成に関わる硫酸還元菌の電子供与体ともなり得ることから、きわめて危険な有機酸と言わざるを得ない（文献12）。

むしろ、薄い希塩酸を用いて、酸に対して耐性を持たない邪魔者だけを除く手法の方がノリ葉体だけの成育を助けることになるので、たとえ海水中の栄養塩含有量が少なくとも、それらの栄養塩の主たる利用者はノリとなり、美しい海洋環境を保全しながら消費者に誇りを持てるノリを提供できる。たとえその養殖法が「浮き流し法」によるとしてもである。ただし、残った塩酸溶液は苛性ソーダで中和して廃棄してもらいたい。中和には、炭酸ソーダも重曹も使えるが、それは中和に際して、人類が躍起となってその削減に努力している CO_2 を塩酸と同じ量だけ大気中に放出してしまうことから、中和に関しては苛性ソーダにこだわって欲しいものである。海水に戻すことこそ、自然に優しい水産業を目指すことになろう。

第三章　生物の生きる仕組みから考える有明海問題

——有明海を死に追いやる硫化水素——

1　諫早干拓開始のはるか以前にさかのぼる有明海荒廃の序曲

有明海の自然環境の荒廃の最初のシグナルは底生生物を対象とする漁民の悲鳴であった。『熊本日日新聞』は「異変　有明海」の連載記事（二〇〇一年二月一九日朝刊）の中で、熊本県のアサリ生産のピークは一九七七年と報じている。ちょうどノリ養殖のための酸処理が普及し始めた時期の直前ということになる。その後、八〇年代に入ってからは急速に漁獲量は減少し続け、九九年には最盛期の一割弱にまで低下してしまっていると紹介している。先にも述べたように、この事実ひとつ取っても有明海荒廃が諫早干拓と全く無関係に始まったことを示している。その記事の中で有明海特産の二枚貝タイラギの漁獲量もそれに続いて減り始めるだけでなく、他の甲殻類などでも似たような傾向が見られるとあった。同様な記事は『西日本新聞』でも掲載しており、まさに酸処理の開始（一九七八年）と時を同じくして一九七九年から突然不漁が始まり、八〇年代以降今日まで絶滅に近い状況が続き、素人目にも諫早干拓とタイラギ不漁との間に明確な因果関係がないことを窺わせている（**図13**）。

しかし、不思議なことに底生生物でも多少は素早く移動することのできる甲殻類のガザミの漁獲量は八五年度まで増え続け、**図13**によれば水産庁が酸処理を通達で公的に認めた翌年に漁獲量はピークとなったが、有機酸処理が公に認可されて広く用いられるようになると、ガザミ漁さえもまた不漁を嘆くことになって行く。また、さらには運動能力に勝るクチゾコさえも八六年以降は漁獲量を減らし続けている。これら有明海に生きるすべての海産動物が、時期を異にし被害の程度も異なるが、ノリ養殖者の独善的な養殖法の犠牲となっていることは明白であり、関係漁民がノリ養殖漁民と対立せざるを得ない構図は明確である。しかし、ここに示された三種の動物の被害がいつから始まったのかということと、その程度も異なるということは、有明海荒廃の真の原因を探る上できわめて貴重なヒントを私に提供してくれた。有機酸剤の使用によって、餌となる植物プランクトンの増殖にありつけたものたちだけは、一時的に漁獲量が増えて喜んだということだろう。

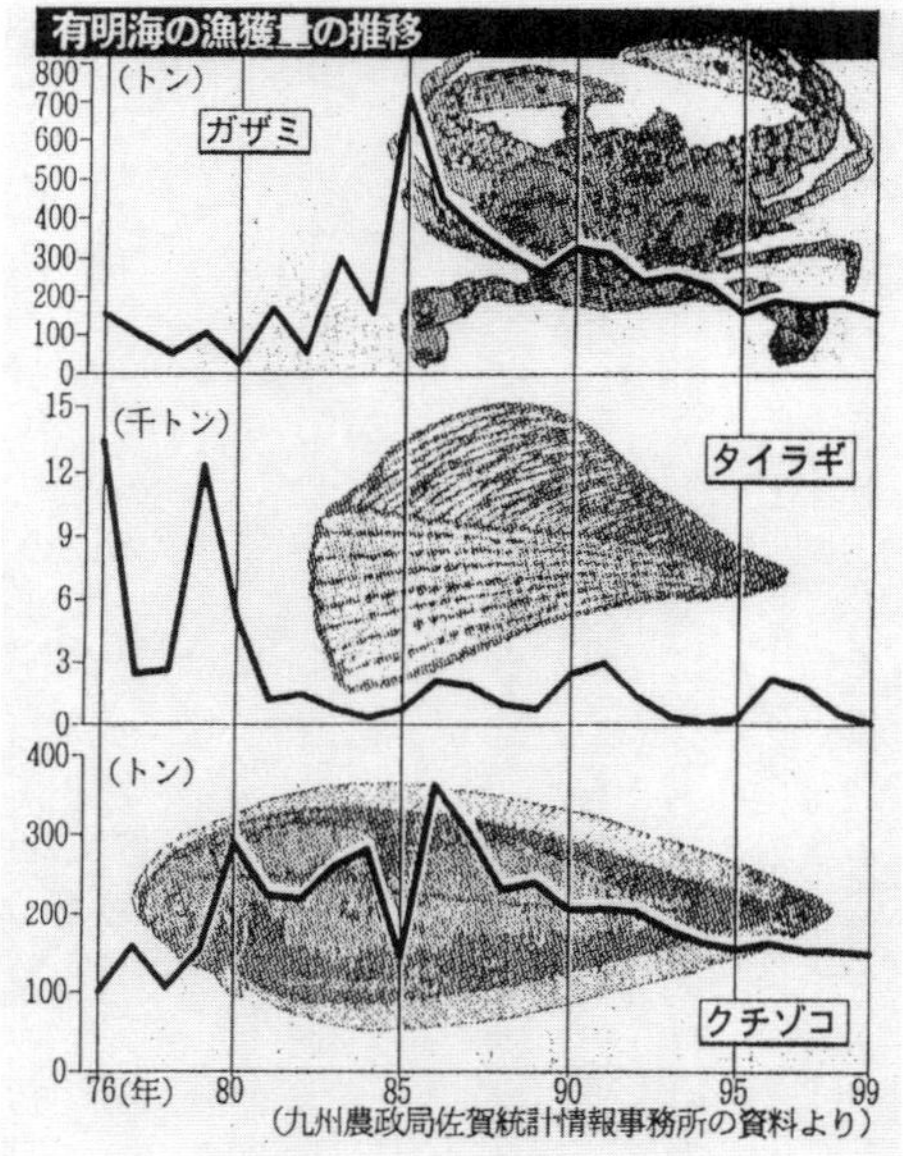

図 13　有明海の漁獲量の推移

西日本新聞社が提供してくれた有明海を代表する海産物、ガザミ、タイラギ、クチゾコの 1976 年以降の漁獲量の推移。九州農政局佐賀統計情報事務所の資料に基づいて作成され、2001 年 1 月 25 日朝刊に掲載された。これらの魚種の漁獲量の推移は、それらの移動能力と食物連鎖において餌となる各種プランクトンの存在量との相関によって決まったものと推定される。しかし、有機酸剤が多用されるにつれて、有明海の豊かさが失われて行く様が極めて明確に理解できる。

昨年、私を有明海に招待して下さった後で残念なことに他界なさってしまった、NPO「有明海を育てる会」の広松伝氏は著書（文献15）中の「有明海にさされたとどめ」の項目で、ノリ養殖漁民の自分勝手な行動とそこに見出されたすさまじい光景を描いている。それらを抜き出して紹介してみたい。ノリ網支柱に関するところでは次のように語られている。

支柱の立て込み前に陸上でフジツボの防除塗料が塗られていたのです。……実はそれで有明海はとどめをさされたとわたしは思います。その商品名が何と「ふじつぼくんよさようなら」「かぐや姫」（船底塗料）。これで多分ベイ貝が見られなくなりアカニシが激減したと思います。金儲けのためならどんなことでもやる企業のエゴで、被害者はノリ生産者や漁師さんたちですね。……有明海に行きだしていちばん驚きましたのが、筑後川の支流早津江川沿いを通っておりましたとき、早津江川の一番下流の漁港に大型トラックが何台も来ていましたが、それが大量の硫安を積んでいるわけです。そしてクレーン車が来ていて、そのクレーン車で直接硫安を漁船に積み込んでいる現場に遭遇しました。〔硫安は農作物の生育を促進させる化学肥料（硫酸アンモニウム）〕。

翌日有明海に行ったところ、植物プランクトンが爆発的に発生していました。……佐賀県の全組合でそんなふうにやったそうです。それが二月七日前後のことです。……二月一五日になったら、水面から四〇センチぐらいのところについている船外機の真っ白いスクリューが全く見えません。ですからそれ以来、四〇日ほどスズキは全く釣れませんでした。恐らく硫安をノリが吸収する前に植物プランクトンが食べたのでしょう。……そして去年の六〜七月のことですが、あのきらきら光っているものは何だろうと思ったら、エツです。エツによく光りますね、その死がいです。よく見たら、ワラスボもどんどん流れる。ボラの死がいもです。……いまから一四〜一五年前まででしたらたくさんの魚が沖の方から沿岸部に上ってきていました。そんな時にはスズキやウナギなんかいっぱい釣れていましたが、今は逆になりました。筑後川から水が出たら、沿岸部には魚が全然いないです。

故広松氏の見聞したことは、二〇〇一年三月三日に開催された第一回第三者委員会で佐賀県代表が公式に施肥していることとして報告しているが、驚くべきことは海上保安庁の事前協議に基づいて実施していると言う。そして同じ非常識な施肥を翌年の八月六日に開催された第九回委員会の議事録でも続けていると報告し、しかも硫安という最悪の化成肥料を投与し続けているというのだから脅威である。

これらの状況は、前後の文脈からして一九九〇年頃のことと推察できるが、支柱に塗っていた船底塗料とは当時はまだ使用が禁止されていなかったスズ有機化合物であろうし、後者の硫安は主として「干出方式」にこだわって有機酸処理に疑義を抱いていた佐賀県のノリ漁民が、こともあろうに直接沖合に硫安を運んで行って国民共有の海であるにもかかわらず、漁業権を持っていることをよいことに稲作と同様な施肥に頼るという不埒な手法を採用していた事を示している。自由に動き回れるボラやスズキ等さえも死に至らしめるとなれば、投与した硫安濃度が局所的には常識を超えた高濃度になったためかとも考えられる。また、適度な栄養塩、特に鉄分を運んでくれる河川水が海洋の栄養の均衡を取るきわめて重要な役割を担っているはずなのに、筑後川の流量が大きくなると魚が逃げてしまうとなると、筑後川流域の環境はよほど汚染していたとしか考えられない。この不可解な出来事を読む力量は私にはないが、もしあり得るとすれば、筑後川中流域の河岸辺りに有毒物質でも多量に含む貝類が大量に棲み付いているとでも考えるか、あるいは単純に考えて有毒物質を排出する工場の溜池から水が溢れ出たとしか説明のしようがない。先にも述べたように、本来は河口近辺こそ重金属イオンをも含む栄養塩のバランスの取れた水圏を形成するのである。

佐賀県のノリ養殖漁民の中には、「干出方式」を中心に有機酸の使用量をできるだけ抑えて良いノリを作るのだと大見得を切る者もいるようだが（『熊本日日新聞』、二〇〇一年九月二七日朝刊）、その代わり硫安という海洋の富栄養化においては最悪の施肥をしたり（「高塩分処理」と称されていた）、リン酸塩も減らしはしても今後も使用するというのでは、新聞記事のタイトル「再生へ有明海」が泣こうというものである。佐賀県では有機酸剤の使用を控えめにしたとしても、施肥を続け、他方、他の福岡・熊本両県ではアミノ酸生成骨格となる有機酸剤を投与し続けるというのであれば、海水を全面的に入れ替えるのに三ヶ月近くも必要とする半閉鎖海域の有明海を、各県漁連が手分けして、ノリのみならず植物プランクトンにとっても好都合な栄養的にバランスの取れた培地づくりに専念にするに等しく、海水温度の低いとんでもない季節に赤潮を突然爆発的に発生させてしまうことになるのも当然と言えよう。ノリ養殖のためにと思ってなせる業が、むしろ赤潮プランクトンの増殖を支えるタンパク質・核酸の生合成のための条件整備となっていたのである。つまり、各県漁連がそれぞれ計画し実施していることが、海水の全面的入れ替えに長時間かかる有明海にとっては複合汚染を促すことになってしまっていることに気付いていない。有明海を囲む四県が、何が本質かを理解して相互協力しない限り、有明海の再生は夢でしかない。さまざまな植物プランクトンが好んで棲み付き、それらや有機物が凝集し、内部にガスをも含んで比重が小さくなった浮泥が漂うようになって、有明海の透明度は下がる。透明度が低い海であれば太陽光は射し込まずに水質浄化作用をする干潟の機能も働かず、辛うじて干潮に際して干上がり、直接太陽光を拝める限られた海底部分だけが本来の機能を果し得るほどまでに、有明海の荒廃を導いてしまった。それこそ利潤追求のためには何でも取り入れたノリ養殖漁民の明確な自己責任であり、干潟機能を削減させた点でも加害者であると言わざるを得ない。

２　有明海に生きる動物を死に追い込んだ真の原因は硫化水素であった

この問題を解き明かすに当っては、生物の生きる仕組みをもう少し掘り下げて見ることが必要である。この作業から逆に、生物が上手く生きて行けない状況を察することができよう。第二章５節で述べたように、陸上動植物ならば細胞の恒常性（浸透圧調整など）の維持や電子供与体としての水が供給されているか否かが、先ず基本的条件になるが、水圏の生き物では、水の利用を妨げて脱水さえも起しかねないほど多量の塩を含むような状況を人為的に与えない限り、水のあり方によって直接的に命が危険に曝されることは考えがたい。ただ、本章１節で述べたように、一挙に局所的に硫安結晶などを大量に投下すれば、その水域では細胞の浸透圧調節不全が起ったり、電子供与体としての水の供与不足が起って、貝類だけでなく逃げ足の遅い魚類、甲殻類にも致命傷になりかねないかも知れない。また、強酸である無機酸に限らず、弱酸の有機酸が高い濃度のままに廃棄されれば、塩基性の海水で中和される前に呼吸器官であるエラに障害を与えることもあり得よう。先に言及したように、フジツボ防除のために支柱に塗ったのは、現在は船底に塗布することさえ禁止になっている、環境ホルモンの一種トリブチルスズ（文献16）と思われるが、この種の化学物質の影響が実際に発現するまでには相当の時間がかかるから、それが、短期間で有明海を荒廃に導いた主因とは思えない。そもそも、九州のこの地方には日本での最初の公害、有機水銀に起因する水俣病を惹き起したチッソ水俣工場があり、ＰＣＢ混入のカネミ油症事件を惹き起した米ぬか油製造工場があった。このような日本の環境問題の発祥の地で、いくらこの地区の経済に影響するからといって、この種の有害物質の使用を有明海を囲む各県民が許しておくわけはないと想像される。

要は短時間の内に、時によっては瞬間的とさえ言えるほど急速に魚類までをも死に追い遣る要因とは何かということだろう。となれば、生化学的知見から考え得る唯一のことは、生体エネルギー獲得系、つまり酸素呼吸系か神経系に作用する有毒物質に限定して考えるべき事柄に違いない。酸素呼吸系を中心に考えて見ると、海洋では電子供与体となる水に原因を求め得ないとすると、電子の受け手側はどうだろうか。あるいはそれにいたる過程はどうだったかということに絞られてくる。極端に言えば、酸素を常時補給できないような環境、貧酸素の腐った水圏になっていては死ぬのは当然である。

しかし、腐れば悪臭がすることから、誰にも判断できるし、そうなる前に自粛するであろうし、良心は何かを感じ、いくら企業や漁連が強要しようとそれに従うことに多くの漁民は疑問を抱くに違いない。

第二章５節において、生き物の命の営みは基本的に簡単に述べれば ATP/ADP の比によって制御されている（図11）と述べた。緑藻のノリは、有機酸活性剤の供与により誘発された赤潮との競合下でその比が低下してしまうような条件に遭遇することで、自己崩壊して色落ちして行くであろうと推察した。実は、この基本的な ATP/ADP の比（EC）は多くの生体エネルギーの係わる酵素反応過程での調節機能を果し、種々の生物の働きを確保しているが、少し正確に表現すると ATP と ADP+Pi が回転するダイナモとした方が読者の理解を得やすいかも知れない（図14）。ここで Pi と表現した元素はリン酸であるが（i は inorganic つまり無機の意）、この図からなぜリンが栄養塩の中でも硫安と同様に水圏の富栄養化にきわめて重要な意味を有しているか分かるのではなかろうか。生き物の命の営みを右側に示したが、図14に示した生体エネルギーのダイナモは動植物に共通で、かつ昼と夜とで営みの重要度が変わるだけで、基本的には植物も動物もこの段階ではほぼ共通のメカニズムで生きていると考えねばならないことを示唆している。ところで〈～Pi〉のマークで表現したものこそ生体エネルギーであるが、運動能力を有する動物群と固着生活を営む植物との間で、その消費の仕方が極端に違うことが分かると思う。藻類を含むすべての植物群は昼は太陽エネルギーを利用して葉緑体で最初に起る明反応で ATP を獲得して、次の暗反応と言われる過程で ATP を〈～Pi〉として光合成と言われる有機物生産に大部分を使っているが、しかし植物は夜間にも酸素呼吸で取得した〈～Pi〉をわずかではあるが有機物の生合成に用いることで生きていることが分かるだろう。つまり、生きるとはATPから〈~Pi〉を脱離させ利用させてもらってATPをADPに戻してやり、再度、図6に示した酸素呼吸におけるNADHからの電子の酸素までの流れによってPiをADPに取り込みATPを再生させるダイナモを稼動させ続けることと言ってよい。このダイナモの動く速さは、先に述べたエネルギー充足率（図11）に関わることになる。ADPは新たに作られて供給される部分もあるが、原則的には〈~Pi〉の消費程度に依存することになる。動物と植物の生化学的レベルでの本質的違いはこのダイナモを回転させる駆動力をどう供給しているか、およびどう消費するかにあるのである。そしてこの違いを理解していない限り、図2で見た植物であるノリと底生生物の生産高の相反する変化に見られる有明海荒廃の真相を引き出すことはできない。図14から分かることのひとつは、植物は昼夜を問わず有機物生産に励むことなしには生きられないということであるが、この事実が逆説的に私を有明海疲弊の真相に近づけるヒントを後に与えてくれることになる。

ではいったい私たち動物の生き様はどうか。図14の右端から分かるように、もし夜行動物でなければ、もっぱら昼間に餌（有機物）を求めてあるいは子孫を遺すために異性を求めて動き回って大部分の〈~Pi〉を消費する一方、人間のような哺乳動物になると、さらに体温を維持するための発熱にも消費しているし、私のような老人であっても、表皮を作り続け、爪や数少ない毛髪を伸ばす生合成に〈~Pi〉を消費することでダイナモを回している。〈~Pi〉の利用は、動物によって定温動物ならば発熱に使う量は問題にする必要は無くなるし、他方ホタルのようにデイトの合図に発光を活用する場合には

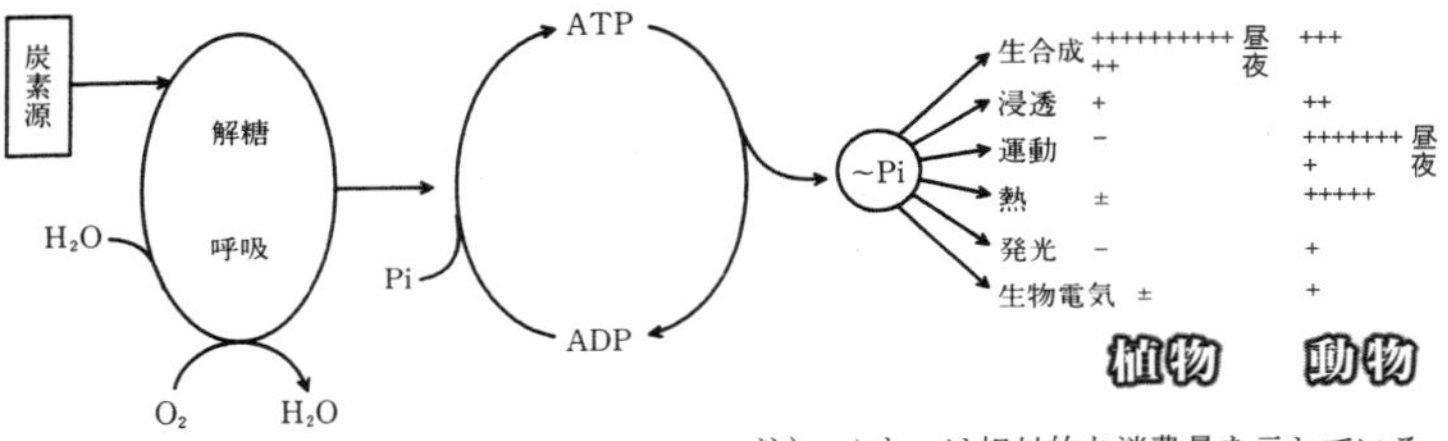

注）　＋と－は相対的な消費量を示している。－は全く消費しない。±は稀に保温のためや就眠運動などで ATP を必要とする説を踏まえ、まだ不確かな要素があることを示す。ただし必要とされるとしてもごくわずかである。

図 14　生体エネルギーのダイナモ

好気的な動植物のいずれも生きている限りは炭素源から解糖系と酸素呼吸を通じて大量の ATP を供給し続け、様々な生命活動を営んでいる。しかし、**ATP の供給が過剰になると、このダイナモは恒常性維持の大原則に従って、ATP を消費して ADP へと戻す**動きをとる。ここに生じる生命活動･仕事のありよう、つまり ATP の消費の仕方は、**運動能力を持っている動物群と持っていない植物群とでは、図の右端に示したように大きく異なってしまう**。特に、日中には植物は上記の呼吸系によらず光合成の明反応で ATP を大量に供給されても、土の中で生きる根系では動物と同じように酸素呼吸から得た ATP に頼らざるを得ないし、夜ともなれば植物全体が動物と同様に酸素呼吸から供給される ATP を用いてダイナモを回転させざるを得ない。しかし、運動能力を有する動物も、夜行性でなければ、夜には睡眠（植物も睡眠する）せざるを得ず、ATP の消費量自体は減少することになる。植物の場合には、夜間に酸素呼吸で供給される ATP の絶対量は昼間に比べれば極めて少なくなるが、それでも酸素呼吸で供給される ATP に頼らずには生きられない。そこで、運動能力を持っていない植物群は夜間にも昼間に比べれば圧倒的にわずかではあるが、有機物を合成し続けざるを得ないことになる。高分子有機物の合成はアミノ酸に始まるので、植物ではアミノ酸生合成に際して炭素骨格となる有機酸をミトコンドリアを働かせて夜にも作り続けねばならないことになるが、**図 6** に示したように呼吸鎖は ADP+Pi で酸化的にリン酸化で ATP を生産するシステムなので、ADP が供給されない限り動かない、それこそダイナモ本体であるので、ダイナモが動かない限り有機酸を供給することはできない相談ということになる。そこに、動物と植物の電子の流れ方に大きな違いが生じることになる（その説明は**図 16** で）。むろん、脂質やタンパク質の加水分解から始まって、分解で有機酸を作り、それを基質として酸素呼吸することは動物でも植物でも全く同じである。

そのための消費が増えて来る（ただし程度の差はあっても、〈~Pi〉が供給されて生きているという状態下では、すべての生き物は植物であっても微小な光を出している）。例えば、乾燥してわずかの水分しか持たないような種子であっても〈~Pi〉をわずかでも創出していたり、脂質の酸化が起ると、特殊な鋭敏な光電管を使えば発光する微光を捉えることができる。しかし、劣化して死んでしまうと微少発光も消滅する（文献17）。ただ、その有機体が死体であっても、脂質のような物質を多量に含み過酸化反応（酸素によって余分に酸化されるような反応で、分子内に-O-O-を持つような化合物を形成してしまうこと。読者に馴染みの深い化合物は過酸化水素 H_2O_2 ＝オキシドールであろう）を受けているような場合には、生じた酸化エネルギーは発光して発散し続ける。夜行性の動物の場合、〈~Pi〉の主たる消費時間帯が夜間に変わるだけである。漁民が生業としている目的の動物はすべて発熱に〈~Pi〉を用いることはなく、運動に消費する程度もその生活様式で著しく異なって来る。例えば、同じ魚でも回遊性で酸素含有量が高い海洋上層域を動き回って餌を取るカツオに代表されるものと、カレイのように酸素含有量が低い海底にじっとへばりついていて餌となる小魚がやって来るのを待つものとでは、運動に消費する〈~Pi〉量は著しく違う。したがって、前者は鉄分を多量に含んだ赤味の筋肉が発達した魚類となるし、後者は運動エネルギーをさほど必要としないだけに、深海魚と同様に白身の魚となる。むろん、二枚貝のようにじっとしていて、吸水口から海水を取り込み、その過程で餌となる植物性・動物性プランクトンを漉き取るような動物における運動のための〈~Pi〉消費は取るに足らぬものとなる。この種の動物群では、もっぱら子孫を遺すための子作りへの消費が主となって来る。浸透には色々な働きがあるが主要なものは、体内で血液を流すための心臓の働きに代表されよう。それは昼夜を問わず〈～Pi〉の一定量を消費せざるを得ず、栄養素や酸素を各組織・細胞に運び続けている。

このように〈～Pi〉に依存している状態が命の営みであるが、となると死ぬということの一つの原因は、〈～Pi〉の供給が正常にいかなくなった結果であると理解できよう。また、動物の場合には、自らの体内での恒常性を保つように働いている心臓や神経系に直接に作用する毒物が体内に入ってくれば、瞬間的に死を招くことは充分にあり得る。良く知られる例は、赤潮で異常に繁殖した植物プランクトンの中には神経毒を有するものもある。たまたま有明海ではそれらを食べたために死んでしまった魚類もいるかも知れないし、故広松氏が目撃した、危険から逃れることができなかった魚たちの不幸な運命はそのような事態への遭遇の結末であったのかも知れないことは先に述べた。エネルギー充足率**（図11）**で決まるダイナモの稼動速度を調節しているもう一つの要素は、高等動植物では明らかに酸素呼吸がどれほど順調に進んでいるかである。植物の場合には、エネルギー充足率が高くなる、つまり生体エネルギーが余るような状況が生まれれば、せっせと有機物生産に励むことになる。有機物の生成速度はアミノ酸の供給力に関わることになるので、その比以外に、無機リン酸（Pi）はむろん、多量の窒素（N）や加里（K）成分と多少の硫黄（S）成分がどれほど存在しているかにも関わって来る。もし、アミノ酸生成能が不十分であるならば、単に〈～Pi〉を炭素骨格の重合にだけ使わざるを得なくなり、高等植物では澱粉やイヌリンなどの糖質や、同じく分子内に窒素（N）も硫黄（S）も含まない油分を作るだけとなり、それこそ自然環境からの信号がなくとも、子孫を遺すための生殖生長に向うものもある。しかし、一般的には環境からのシグナル（例えば日長）に反応するような時には、窒素成分が存在しても、代謝様式を変換して、タンパク質や核酸だけでなく澱粉や脂質をも作り、子孫を増やそうとする（文献10）。一般的には、そのような時には酸素呼吸は減衰し、解糖系を逆流させて炭素源の分解速度を落す戦略を取ることになる。この仕組みは動物でも同じであり、大豆や魚とか肉類と言ったタンパク質の摂取量に比べて、お菓子やお餅のような炭水化合物ばかり食べたり、お酒が好きでもっぱらエネルギー源をアルコールに頼るようになっていて、酸素呼吸でATPを創出し続けるならば、グリコーゲンや脂質の生合成だけを進めることになり、体重を増やして心臓の負担を増すだけになってしまう。それがいやなら、せっせと運動して、余分な〈～Pi〉を消費するか、甘いものを控えたり、アルコール類をあまり飲まないことである。

植物と動物の生の営みの本質的違いに切り込む前に、**図14**に示した動植物間に共通のATPダイナモの主たる回転目的の内、唯一とも言いえるほど重要な有機物の生合成に関わる仕組みをもう少し**図15**を中心に解説しておこう。物を作るには前述したように、各種の元素が先ず準備されていなければならないし、そのために障壁（生体膜）を乗り越えて物質を細胞内に取り入れる浸透という作業があり、それは相当量のATPに依存し、その消費なくして起り得ないほど重要な要素であったので、独立したATP消費の要素として取り扱った。ところで、それ以上に両者で大きくATP消費に関わっていたのは有機物の生産そのものであった。そうは言っても**図14**では、一般的に記載したので、植物におけるATP消費に比べると、動物における有機物生産のための消費は極めて小さいように感じられるだろう。しかし、植物はその一生を通じて常時有機物生産をし続けて生きており、屋久島のあの有名な杉の木に至っては四千年間も細胞分裂し続けた結果の縄文杉となり、日本の天然記念物となった。それに対して、動物の一生には制限があり、精々生きても鶴亀の数百年であろう。全ての動物も子供の頃を例にとって比較するならば、有機物の生産では植物との間にさほどの違いはなくなってしまうし、当然のことであるが授乳期の女性にとっても有機物の生産のための ATP 消費の割合は大きくならざるを得ない。

ところで、有機物を生産するとなると先に述べた素材が必要なだけでなく、また、その素材を集め運んで来るために必要な浸透・運搬エネルギーとしての ATP 需要量が満たされているだけでもどうにもならない。それらの運び込まれた素材を有機酸という炭素骨格に結び付けるための手段が必要となって来る。生体においてその役割を果すのは還元力を保有する物質であるが、その代表的物質に補酵素 NADPH がある。**図14** の ATP ダイナモを回転させるためには、ATP 創出に関わった脱水素酵素の補酵素 NAD に Pi を結合させて還元力を創出させることに働く脱水素酵素の補酵素 NADP との間の量的均衡を図る仕組が植物にも動物にも不可欠となっている。逆に還元力よりもエネルギーそのものが必要であれば、余分な NADP や NADPH をそれぞれ NAD や NADH に再度戻して行くという可逆的な仕組みを生体は備えておかねば生命活動を持続できるわけはない。どういう場合に ATP の必要性が勝り、逆にどういう場合に NADPH の必要性が勝るのかについては数ページあとで、畜産業を例にとり上げながら詳しく紹介したい。**図15** はこれらの極めて重要な仕組みをまとめたものであるが、これは先に

図11で解説したEC（ATP自体の生産と消費の程度）による物質代謝の方向性の調節系と結び付いて有機物の生産システムを確保しているのである。このような巧みな代謝調節の仕掛けには、実際にはさらに各種のホルモンも関わっているが、ここではそこまでは踏み込まずに、生体内で実際に起っている生の営み方を学んで行こう。

さてそうすると、動物と植物との唯一の根本的違いは、植物は全く運動機能を持たないために昼夜を問わず有機物の生産をし続けることで生きるという選択肢しか取りようがないことにあると考えられる。酸素呼吸でATPの供給が止むことがなくとも、動くこと、運動することでATPを消費できた動物と違って、運動ができない植物の宿命は、酸素呼吸で供給され続けるATPから〈~Pi〉を有機物の生合成に向けて消費する以外に道はなかったのである。進化論的に最も重要な動物と植物の違いは、**第一**に光エネルギーで水から電子を取り出してATPと還元力NADPHを同時に作り得るか否かにある。**第二**には、有機物の分解過程でのTCAサイクル（クレブスサイクル、**図5**）を回転中に、水からの電子をNADの還元に用いてNADHに渡して、酸素呼吸系（**図6**）でATPを生産し、高いエネルギー充足率を創生することでNADキナーゼ（NAD+ATP→NADP+ADPという反応を触媒する酵素）を活性化してNADをリン酸化してNADPを作る点（**図15**）、作ったNADPを**図12**に示したペントースリン酸経路でNADPHに還元して、ATPという化学エネルギーと強力な還元力を用意できる点では、動植物間に違いがない。しかし、運動できない植物では生体エネルギーのダイナモを稼動させるには、有機物の生産でATPを消費するしか方法はない。つまり、生きるための運動機能を保有するか否かに動植

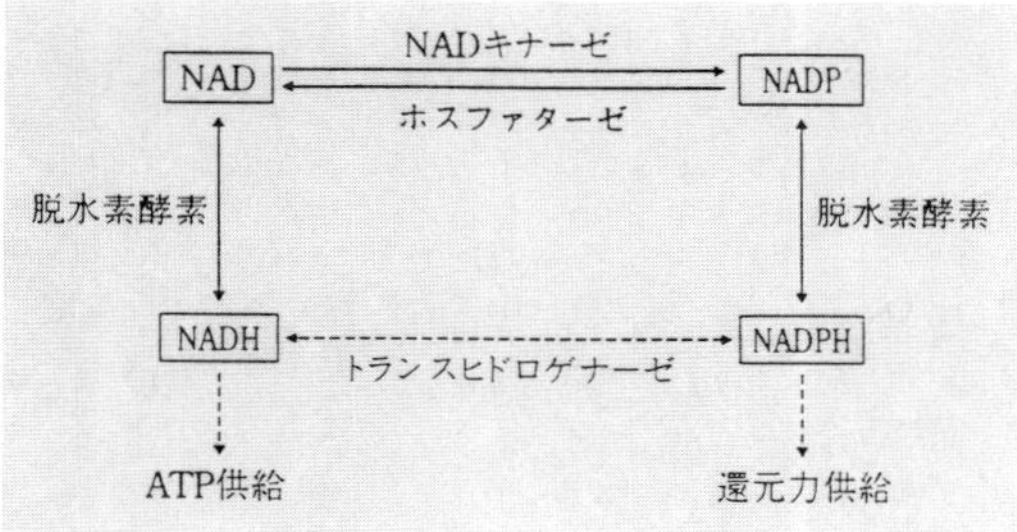

図 15　補酵素 NAD および NADP 依存型の脱水素酵素による分業体制

全ての生命体において生きるということは生体エネルギー（ATP）と還元力（NADPH など）の供給体制が整った上での営みである。両者を適切なバランスで創出するために、NAD と NADP をそれぞれ還元する働きをする脱水素酵素が分業体制で働いている。特に、**図 14** で学んだように、昼夜を問わずに生きるために高分子の有機物を生産し続けざるを得ない植物の場合には、ATP の創出が勝って来ると、その量に見合った NADPH の供給が約束されねばならない。そこで、余分な ATP を用いて酵素 NAD キナーゼが NAD+ATP→NADP+ADP の反応に作用して不足している NADP を補充し、それは ATP レベル（EC, **図 12**）の高い時に作動するペントースリン酸経路で主に働いている NADP 依存の脱水素酵素によって還元力 NADPH を補給するようになり、ATP 量に対する NADPH 量を確保し、両者の均衡によって高分子有機物の生成（成育・増殖）を継続することになる。生命の維持には ATP 供給と還元力供給の均衡を保つことが不可欠で、両者間の均衡を保つためには逆行させる酵素も細胞内には存在している。

物の違いがあり、それは ATP の消費の違いとして捉えるべきものであることが分かる。生き物はすべて生きるための要素として、**図 15** に示した ATP と還元力の二つの供給系を分業して保持するが、運動できない植物では常時有機物の生合成でしかダイナモを回転させ得ないために、還元力供給系の稼動がきわめて重要となって来る。むろん、太陽が隠れてしまう夜間には植物も、眠りに就く動物も全く同じにミトコンドリアでの酸素呼吸から得る ATP に依存して生きるだけであるが、しかし、動物では心臓の鼓動で ATP を消費できても、植物は何らかの方法で ATP を消費しないことには、ダイナモは停止し、死を迎えざるを得なくなる。何らの動く器官も組織も持たない植物は夜間でもわずかであろうと何かを作り続けねばならない。

何か有機物を作るとなると、素材の運び屋とも言えるATPに対して、素材を結び付ける役割をする釘や接着剤の役割をする還元力NADPHが必要となって来る。これを大量に、時によっては必要なだけ供給する分業体制を示したのが図15である。植物が成育するためにはATP供給量に見合う還元型のNADPHを大量に供給し続けねばならない。この役割を担うのが先に図4（左側下）と図12に示したペントースリン酸経路である。この経路に存在するNADPを補酵素とする二種の脱水素酵素が、グルコース-6-リン酸脱水素酵素と6-ホスホグルコン酸脱水素酵素である。この経路は単に二分子のNADPHを供給するだけでなく、ベンゼン核（後述）や細胞壁を生産するための素材をも同時に提供し、各種の高分子有機化合物生産に好適な条件を整えることになる。忘れてならないのは、この経路の活性を支配しているのは図12から分かるようにEC（図11）であって、それによって制御される解糖系の活性とペントースリン酸経路の活性とは相対的には補完関係にある。読者の理解に供するために卑近な一例をあげれば、畜産業とは何とかして常時ペントースリン酸経路の活性を高く維持することで利潤を上げる産業と言えよう。霜降り肉を作って付加価値を上げるにしても、ミルクの分泌や産卵を促すにしても、常時ECを高く保つために、栄養価に富んだ餌を与えると共に、ATPの無益な消費を抑えてECを高めに保つために健康を害さない程度に運動量を低めに調節し、できるだけ狭い空間で生活させる工夫が必須要件となる。中でも最も社会に貢献したのはニワトリ飼育のバタリー式鶏舎であろう。ニワトリの運動をほとんど完全に抑えて、餌の大部分を卵に変換させる機械や工場とも言えるほど合

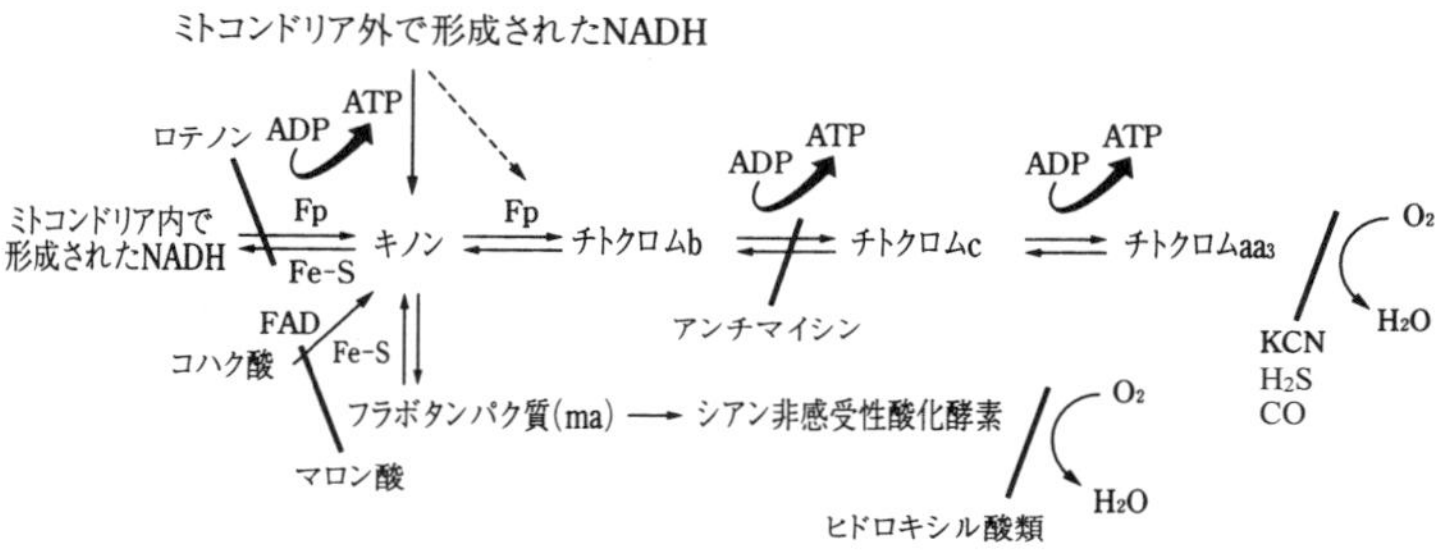

図 16　植物のミトコンドリアにおける呼吸鎖

運動能力を有する動物のミトコンドリアでは ATP の生産とアミノ酸合成のための炭素骨格を提供する役割を果すだけで良かったが、**図 14** から分かるように動くことで ATP ダイナモを回すことができない植物では、常時高分子化合物を作り続けることで ATP を消費して、動物と共有の、ATP 創出を主たる役目としているチトクローム経路にも電子を流す工夫が必要となった。そのためには、植物のミトコンドリアはアミノ酸生合成のための炭素骨格の補充だけを役目とする呼吸鎖のバイパスを備えざるを得ない。このバイパスには、鉄（Fe）のような重金属の酸化還元を含む電子受容体は関与していないので、チトクローム系のように電子を O_2 に渡す最終段階がシアン、硫化水素、一酸化炭素によって完全に阻害される呼吸鎖とは違って ATP も創出できないが、それらの阻害剤によって電子を O_2 に引き渡すことを止められることもない。そこで、この植物固有の電子伝達系にはシアン耐性呼吸系という名が与えられている。なお**図 16** では、それぞれの電子の移動過程を阻害する各種の阻害剤名をも付記した。

理的な鶏卵業法で、長年にわたって消費者に安い鶏卵を安定的に提供してくれている。

この第二の違いは、それこそ多くの研究者も場合によっては第三者委員会の方々も理解していたフシがない。**図15**におけるATPの供給系とNA-DPHという還元力供給系の均衡の取り方が**図14**でも明らかなように動植物で異なるが、その違いを補うためには、還元力を活用して有機物を作るための基本的素材となる炭素骨格（有機酸）を供給するシステムを植物側では保有せねばならないことになる。別な見方をするなら、ECが分解と合成の均衡を保つために、〈～Pi〉を消費させるための骨格となる有機酸を供給し続けるための酸素呼吸を維持するという仕組みを常時必要としているということになる。そのために、植物のミトコンドリアには**図16**に示すように運動機能を有する動物と半分は異なり、**電子を酸素に渡すだけのバイパス**を備えていたのである。このNADHを再酸化するための酸素呼吸のバイパスには金属を含む酵素が関わっていないことから、**図5**に示した動植物共通の酸化的電子伝達系とは全く異なり、ATPを創出できないが、TCAサイクルを回転させて炭素骨格となる有機酸を素材として供給し続けるという独特の役割を担っている。水産庁にしても、第三者委員会のメンバーにしてもこの事実に目を向けることができたら、有機酸は「自然の植物体にも含まれるもので、二酸化炭素と水とに分解されるもの」だからという安易な言葉で、クエン酸やリンゴ酸というきわめて貴重な炭素骨格を海水中に撒き散らすことになるような、つまり赤潮発生を誘発するような愚かしい判断をしなかったに違いない。また、「分解すれば水と二酸化炭素になるだけだから」というような短絡的な判断もあり得なかったはずである。

現に、第三者委員会の最終報告会において委員会の中に別個に設けられていた「ノリ養殖技術検討委員会」より「報告書資料7」が配られているが、そこで海水中に添加したクエン酸や乳酸が二酸化炭素（CO_2）にまで完全には酸化されなかったことから、ノリ養殖に際して投与した有機酸の中に生体に固定される部分が存在することにやっと目を向けるようになった。固定される有機酸こそまさに炭素骨格であり、これにアミノ基が結合し、時には-SH基をも付けてタンパク質の生合成に必要な各種のアミノ酸を作ることができるのである（**図9**）。ノリ養殖漁民が藻類が増殖するのに必要な有機酸を投与してくれたということは、それまでは植物プランクトンやノリは長い夜間を通じての酸素呼吸において、TCAサイクルを介して水から電子を取り出す際に、ATPを創出すると同時に一部の電子をバイパスに流すことで補給していた有機酸を直接漁民が恵んでくれたことを意味する。バイパスを兼ね備えたことで藻類は、動物同様に酸素呼吸ではもっぱらATPだけを作ることになる。動物と共通のチトクローム系では鉄が酸化還元の主役を演じて酸化的電子伝達系を構成していて酸素呼吸の基本的最終過程（図6）で多数のATPを創出するが、結果としてECが上昇することになっても、それに呼応してNADPHをも供給できるようになり、夜間でさえも光合成の場合と同様にATPとNADPHの両者を供給できるようになったのである（図15）。したがって、水産庁の言う「有機酸処理は単に分解されて水と二酸化炭素になるだけだから何らの悪さをしない」との判断は大変誤ったもので、ノリ葉体の成長の活性剤となるのはむろん、植物プランクトンにとっても一部は酸化分解するであろうが、その過程でATPとNADPHの両者を夜間においてさえも創出する余力を賦与し、もし栄養塩類にも恵まれるならば爆発的に植物プランクトンの増殖を誘発する役割、赤潮発生を誘発させる指導を水産庁はしていたことになるのである。もし水産庁が、水産庁次長が通達を出した頃の時点のまま、未だにその後の学問の発展を知らず、このような初歩的科学水準に留まっているのであれば、日本国民の不幸や漁民の不幸だけで済まされるものではない。アジアのリーダーとして振舞うべき日本政府が、こんな低い学問的レベルで行政をしているということは次第にアジア各国にも知られて行くに違いないし、日本の環境科学者の力量が問われるだろう。いずれにせよこれらの事実は、これからの水圏環境指標としては、燃焼に際して化学的にどれだけの酸素を必要とするかという指標、つまり化学的酸素要求量（COD）だけでは十分ではなくて、環境の実態を生命科学的意義と直接的に結び付けるためのそれ以外の指標を考慮せねばならないであろうことをも示唆しているのである。

第三者委員会中に設けられた特別委員会でも化学的に完全酸化されるとの仮定に基づいて、それぞれの有機酸の完全酸化——それが実際には自然界ではあり得ないことであるとしても——、生化学的過程では三分子の酸素が必要なクエン酸やリンゴ酸、五分子が必要な乳酸（図5）が、それぞれ四・五、二および三分子の O_2 が必要なこととして計算されており、実態の解明にふさわしいものではない。

高等植物だけでなく植物に分類される酵母にさえ、動物には見られない呼吸における電子伝達系のバイパスが存在する（文献18）が、この過程での電子の流れには鉄等の金属を含んでいないために、動物と共通のチトクローム系とは違ってシアン（KCN）、硫化水素（H_2S）そして一酸化炭素（CO）という私たち人間を含めたすべての動物にとっての毒物の濃度がさほど高くなければ、植物（藻類や酵母をも含む）はそれらの毒物に遭遇しても簡単に死ぬことはない（文献13）。つまり、前述したようにこの酸素呼吸のバイパスは生体エネルギー充足率による調節を受けないために、チトクローム系の作動が抑止されたり、完全に停止することがあっても、電子受容体である O_2 さえあれば、電子を流すことができてTCAサイクルの回転を持続させ得る。

植物においては日夜を問わずに、炭素骨格となる有機酸をミトコンドリア外に放出し、そこでアミノ基と結合させて各種のアミノ酸生合成を可能にしている。むろん、太陽光に曝された場合、ペルオキシゾームという器官（グリコール酸回路が作動）を保有する植物ならば、アミノ基をアミノ酸、グリシンやセリンとして供給することもできる。この機能は植物プランクトンの多くに備わっていて、外洋海水中に溶け込んでいる遊離アミノ酸の半分以上はグリシンとセリンだそうである（文献12）。いずれにせよ、植物ミトコンドリア特有の酸素呼吸系のバイパスは、基本的炭素骨格の供給源であり、それを拠り所に形成された各種ビタミン、タンパク質（酵素）、そして核酸（RNA, DNA）の生合成をもたらす基本システムであるが、ノリ養殖漁民による有機酸投与はこのバイパスの稼動を不要にするに等しい行為であったのである。

化合物	濃度	NADH 酸化酵素の疎外度（%）
KCN	10^{-3}	98.3
H_2S	10^{-4}	96.3

表６　H_2Sとシアン（青酸）の酸素呼吸阻害率比較

（Slater, E. C.（1950, 文献 19）：豚心臓筋肉標品使用）

それに対して、バイパスを持たない動物群は低濃度のKCN, H_2S, COによって瞬間的に呼吸を止められ、死を迎えることになる。**表６**に見るように、KCN（シアン。例えば若い梅の果実や馬鈴薯の萌芽などに含まれることが有名だが、実はすべての植物が多少は保持し、これが重要な生長制御作用をする場合もある。文献13）もH_2S（硫化水素）も共に自然物であるが、特に後者は富栄養化した自然界での有機物腐敗の象徴的存在であるのだから、後者がKCNの一〇倍も薄くても呼吸を止めるほどその毒性をもつことに、もう少し留意して欲しかった（文献19）。つまり、人間よりはるかに小さい海産動物はさらにわずかの量のH_2Sを吸っただけで死んでしまうことは必至である。毎年のように排水路（土管）や船倉などの酸欠環境で働く人々が、有機物の腐敗の結果生じた微量のH_2Sガスを吸い込んで死亡するという報道にわれわれは接している。H_2S は卵の腐った臭いがするという特徴でよく知られたガスであるが、いざその臭いに襲われた途端に、人間は死に直面せざるを得ないのである。となれば、人間の大きさと比べてもごく小さな、海底を棲家とする動物群がごくごく微量の、恐らく人間の致死濃度に比べれば三桁以下の低濃度の H_2S を吸っただけで一斉に死ぬ運命にあったろう。それこそが、近藤氏が撮影した有明海の干潟の貝の墓場の光景であったろう（後出一八九ページ**写真3**参照）。

残念でならないのは、これだけ有明海を富栄養化させ、赤潮を発生させていることを知っていて（**図10**）、どうして H_2S の発生に留意しなかったのかということである。下水道や、船倉などで作業中の方の事故の報道に接していて、しかも有明海で働く漁民が腐敗臭を嗅いだことがあると私にまで聞こえて来るような状況下で、どうして有明海の海底を二枚貝の墓場にしてしまった原因が H_2S 発生にあるのではないかと疑わなかったのか、その理由を知りたい。水圏の富栄養化が辿る最終局面が H_2S の発生であることは環境科学の常識であり、ほとんどすべての教科書で学ぶことである。古典的生態学者はここまで述べて来た生き物の生きる営みの生化学的プロセスには無知であったと察せられるし、そのために諫早干拓反対の声明を出してしまうという過ちを犯したのかも知れない。しかし、どうして第三者委員会の中からや、あるいは地域におられる他の専門分野の生命科学者からでも、環境科学的視点から H_2S 発生になんらかの疑問符が付けられ、関係者がそれをめぐって議論する様子が全国に伝わって行かなかったのか無念である。環境省から第三者委員会に出席されていた須藤隆一氏は何とかそれを指摘しようと独自に H_2S の検出を試みたそうである。しかし、その難しさのために、検出されたりされなかったりで一定せず、科学的根拠を得ることができずに、残念ながら発言はできなかったとのことであった。私もまた科学者として、事実の確認の上に発言すべきだと考えると共に、無益な調査、無駄な税金を使わずに済むよう、私の中では見通しのついた原因を一刻も早く国民に示すべきと考えて、環境省水環境部閉鎖性海域対策室を訪ねた。有明海海域での H_2S 測定例があれば教えて欲しいし、またなければ、一刻も早く海洋底層中の微量な H_2S を定量するための標準法を各県に流していただくようにお願いに行ったのである。私自身は H_2S を分析定量した経験はなかったが、そのガスの物理的・化学的特性からして、各地でばらばらな方法で測定されたデータを基にして討議する危険性を感じていたがゆえのお願いであった。しかし答えは、「肝心の環境省は未だに推奨できる標準的分析法を持たないので、是非あなたが中心となって開発提示して欲しい」とのことであった。しかし私は定年の身であり、また責任ある他の仕事を持っていたので、承諾できる話ではなかった。それにしても、なにゆえに H_2S の関与の可能性を地元の誰もが無視したのか。

3　諫早干拓は有明海の荒廃と無縁と言える

私は有明海荒廃の原因の大筋は想像できていて『朝日新聞』の「私の視点」欄に投稿したのであるが（**資料１**）、早速反対の意見が寄せられた。朝日新聞社では公平を保つためにその方にも私に対する反論の機会を与えたいということであったが、私に伝えられた反論の論旨が私に通用するものではなかったことから、朝日新聞社に紙上で討論の機会を与えてくれるようにお願いしたが、その種の前例がないとのことで、公に反論する機会を失ったまま現在に至っている。ただ、やむなくその際に、反論者の境氏に対して、私への反論に対する私の意見だけは朝日新聞社の方に伝えてもらったのだが。ことの本質を見ようともしない地元科学者の態度を見て、当時は何かといがみ合っている漁民同士の諍いの解決を期すると同時に、有明海荒廃については何の原因になってもおらず、また莫大な国税を使って作った諫早干拓地を元に戻しかねない意見をたしなめるために書いた穏やかな提案でさえも、打開策の一つとして真剣に考える地元の雰囲気はない、との結論に達した。そしてやがて『読売新聞』にはより厳しい意見を述べざるを得なくなって行った（**資料7**）。

当時、私は反論して来た境氏に朝日新聞社の担当者を通じて、八代海でのノリ色落ちまでも諫早干拓が関わっていると考えているのかという疑問をぶつけた。彼によれば、有明海でだけでなく、八代海におけるノリ色落ちも諫早干拓によるという間接的返事をいただき、これはもう科学の世界での議論にならないと判断した。何せ、確かに有明海と八代海は狭い海峡を通じて繋がってはいるが、有明海内の海流は究極的には反時計回りであることを知りつつ、また八代海と外海との干満の連動には有明海との間の狭い海峡が大きな役割を果しているとはとても思えないのに、八代海のノリ被害の原因まで諫早干拓に関係付けるようでは、それは科学の世界における判断ではなく、そこにはなんらかの政治的意図が隠されていると考えざるを得なかったからである。恐らく、昨年秋に臨時国会で決議された「有明海及び八代海を再生するための特別措置に関する法律」がすでに念頭にあって、熊本県立大学の教官としてはそう言わざるを得なかったものと推察される。私の主張の要点を以下に整理してみよう。

第一に、海域としてはほとんど独立して外海と海水の交換をしていると思われる八代海でも全く同様なノリ色落ちが起っていることは（時事通信社、二〇〇二年一月三〇日配信）、諫早干拓とノリ色落ちとは無関係であることを先ず証明していると言えよう。

第二に、二〇〇一年には諫早干拓地の調整池の水門が閉ざされたままであったにもかかわらず、ノリ色落ちによる不作は起らず、ノリ漁民の豊作の声だけが伝えられた。熊本日日新聞社の「有明再生への道しるべ、第三部」（二〇〇二年八月一五日）での記者の質問に答えて、長崎県知事、金子氏が「……諫早湾が原因ならノリが昨シーズン（今年冬）、採れるはずがない。一昨年は不作で、昨年採れたことをどう説明するのか。『たまたま採れた』というような説明は失礼極まる」と反論するのは当然である。たまたま、気候がノリ養殖に都合が良かったからだと述べている科学者もいるが、リンの含有量を五％から四％にまで減らせという水産庁の指導（『朝日新聞』西部本社版「有明の海」二〇〇一年一二月一五日）からすれば、有機酸処理や栄養塩投下に問題ありと認識し始めた関係者の多少の自粛要求の結果と見るべきだろう。

第三に、諫早干拓のために潮位の変化率が大きく減少した結果、湾内の海水の外海による更新が遅延し、有明海の溶存酸素量が低下したことが有明海疲弊の原因であるという声が大きいが、それに対して『読売新聞』西部本社版の二〇〇一年三月三〇日の連載「苦悩の海」（中）の中で滝川氏（熊本大）が「諫早湾に出入りする海水量は、有明海全体の〇・九％。海流が反時計回りの有明海では、諫早湾は奥部の小さなポケットのような存在だ。『締め切っても、潮流全体への影響は考えにくい』と言い切る」と報道している。私が「序」で述べたように、最初に持った素朴な疑問は、生態系での物質循環の駆動力が太陽であり、諫早湾の海面がわずか二％であることに始まったが、酸素呼吸で電子の受容体となる酸素を含む海水量が〇・九％となると、溶存酸素を問題視する点からも諫早干拓地に有明海荒廃の原因を求めることは妥当とは言えない。

第四に、私が「生物多様性保全条約」の一部の起草に関わった責任からも、直接水産庁栽培養殖課を訪ねて有機酸処理およびそれに附随して行なわれているさまざまな添加剤、農薬使用等の禁止を求めたところ、有明海を疲弊させる原因を作った責任をなかなか認めなかった。良いこととは思わないが、富栄養化させた諸因子からすれば河川から流れ込む農業排水や生活排水の総量の方が大きいというのである。このことからすれば、ノリ養殖漁民が海水に添加している総量は二九〇〇トンに達するとしても主因とされるのは心外であり、むしろノリ養殖が有明海の栄養塩の回収にあたっている点では水質浄化に貢献しているというようなことさえ発言していた。それなら、有明海を疲弊させている主犯は生活排水や農業排水ということになるが、諫早湾に注ぎ込む本明川の流域面積は有明海に注ぐ主要な河川流域に比べても圧倒的に少なく、わずか八七平方キロメートルで、人口に至っては五万四〇〇〇名にすぎない（**表5**）。大河である筑後川ひとつと比べても比較にならぬほどの小河川であるのに、諫早市の住民は一人当り何名分かの汚物を流し、他の農地の何倍もの施肥をしているとでも言うのだろうか。有明海に注ぐ主要河川の総流域・総人口と比較すれば、本明川流域面積は約一・三％であり、人口は二・三％にすぎない（**表5**）。水産庁が言う有明海汚染がそれらの河川流域に生活する人々の営みの結果であるとすれば、ごくわずかの流域にわずかの人々が住む諫早地区に汚染源を求め、有明海疲弊の原因が調整池にあるとする住民運動を当然であるかのように見なしている水産庁は、同じ農水省に所属する官庁だけにあまりにも無責任であり、結果として有明海荒廃の原因を諫早干拓に擦り付けるとはあまりにも理不尽である。同じ省庁の中でさえ、縦割り行政がなされている証であり、政治の責任と言えよう（後述）。

第五に、最初に述べ、詳しくは第二章2節で解説したように、有明海全体の総受光面積のわずか二％しか、諫早干拓地は太陽の恵みを受けていないということである。

繰り返しになるので詳述しないが、自然界での物質循環を司る太陽光の受光面積比を無視しただけでなく、干潟の水質浄化能の絶対能力が太陽光の関数であること、その能力には限界があることを過小評価して、庶民に干潟の機能が絶大であるかのような錯覚を与えた地元科学者の責任も大である。自然界では二％の太陽光が九八％の受光面積を支配することは絶対にあり得ない。

第六に、『熊本日日新聞』の「異変　有明海」シリーズの二〇〇二年三月二八日朝刊で第三者委員会が、今年度は諫早干拓地ができ上がっているのにノリが豊作であった理由をノリ網の減柵による海流の流れの改善もあったが、偶然に今年の気象が好都合であったと総括しつつも、赤潮発生のきっかけなどは気象だけでは説明できないのでいっそうの調査の必要性を指摘した、と報道している。環境科学の理論からすれば、ＮＨＫによる二〇〇一年一〇月一三日の「シリーズ〝環境〟生命の源、海の生態系の変化を探る」（二〇〇二年三月二日）の再放映に見るまでもなく、底生生物の死滅と赤潮の関係は環境科学では常識である。にもかかわらず、税金の無駄使いを続けさせて欲しいという。赤潮発生の元凶は、ノリ養殖産業保護という生産者寄りの従来の水産庁の姿勢、それに悪乗りした関連企業の利益追求にあることは明らかなのに、豊作になると気象が良かったからだというのでは、委員会は不要である。農業にせよ、第一次産業は常に気象との戦いであり、そのために無益な委員会など置いてはいない。

そもそも、不作の年には一一月に大量の降雨があって栄養塩の供給があり、その後に日照が続いたから赤潮が発生して、ノリに供給される分の栄養塩を奪ってしまったからと説明し、諫早干拓地の水門が開門されていなくとも昨年（二〇〇一年度）が豊作であったのは一一月に発生した赤潮が一二月の降雨のために終息し、その後に日照が続かなかったからと結論している。前年度は降雨が栄養塩を運んで来たから赤潮を誘発し、本年度は栄養塩を運んで来るはずの降雨が赤潮を終息させたという説明には矛盾があり、理解しがたい。むろん、日照時間との関わりについても語っているが、話していることに一貫性がない。雨が降って、栄養塩が供給されたらなにゆえに赤潮が勢いを増さずに減衰し、太陽の恵みに依存するはずのノリだけが豊作になったのか。科学的に矛盾に満ちた委員長の発言にどれだけ説得力があるのだろうか。こんな理屈にも合わない説明しかできないことは、何とか自らが答申した水門を開門せよとの命令との整合性を保とうとの意図があるように思えてならない。少なくともノリ不作に関しては諫早干拓は関わっていないと考えられますとさえ言えない何らかの力がここでも働いているためと思わざるを得ない。

第七に、面白い議論が、『熊本日日新聞』二〇〇一年一〇月一〇日朝刊で紹介されている。本書でこれまで述べてきたことだが、国際社会での「生物多様性保全条約」の精神からも理解できるように、湿地や干潟を保全し復元しようというのが世界の趨勢である。同時にその地域から排出される生活汚染物質は基本的には自己責任で解決を図るべきということもまた世界の趨勢である。しかし、どうも有明海近郊に住む人々は、自らが排出した生活排水の浄化をわずか五万四〇〇〇名しか住んでいない諫早湾の干潟で浄化してもらおうという虫の良い思惑を持っていることになるらしい。記事によると、委員の一人が「喪失した干潟の浄化能力を、マイナス効果に算定すべき」と述べたという。有明海の流れの中途にあって、海水量ではわずか〇・九％しか占めずポケット状に引っ込んでいる地形の諫早湾内に他の河川から流れ込んでいる汚染物質を含む海流が流れ込んで、浄化を助けてくれるとでも思っている専門家が混じっているとすれば不幸なことである。諫早湾の干潟が宮入興一氏（愛知大学）の言うように三〇万人分の浄化能力があるとして、諫早市の人口は五万四〇〇〇名であることから、干潟の消失をマイナス効果と評価すべきとの発言の背景にあるのは、干潟の役割は建設費二六〇〇億円分の下水道施設費に匹敵するし、諫早市以外のおよそ二五万人分の浄化を担う干潟を潰してしまうからということらしい。彼は第三者委員会のメンバーでないことで救いがあるが、こんな馬鹿げた理屈がまかり通っているところに、いつまでも解決を引き延ばしている理由もありそうである。化石燃料まで消費して大都会の廃棄物を不法に捨てていることに対して、東北地方では青森県や岩手県がその閉め出しに苦労しているが、こうした違法行為を是認するかのような論理の発言はきわめて遺憾なことである。諫早湾内の干潟は、あくまで本明川流域の住人の生活排水や農業排水を浄化し切れずに有明海に流し出すような事態を惹起した時にのみ非難されるべきであり、諫早湾内の干潟が他県の住民の生活・農業排水をも浄化せねばならないという義務はない。それぞれの地域で、下水処理場を設置すべきであって、反時計回りに流れる有明海の出口近くにある諫早湾の干潟に残っている二五万人分の天然の浄化能を潰したから有明海が疲弊したと言うのであれば、何をかいわんやである。他人のポケットの中に手を突っ込むようにそこに無理矢理に海流を導入させよとでも言うのだろうか。とすれば莫大な海流誘導エネルギーが必要になり、コスト上でだけでなく、それこそ大規模な構造物を備えることなくして本明川からの流量圧力を抑えて海流を湾内に引き込むことはできない。諫早湾内に住む人々の責任は、干潟を潰してしまった以上は、有明海の荒廃を助長させないためにも、調整池から流し出す前に調整池（淡水）内で浄化し、綺麗な淡水としてから排水することで有明海の再生に貢献できるように最善の努力をすることである。もし、有明海を生活の場とする漁民が、諫早湾に産卵の場・稚魚の揺りかごの機能を求めるならば、諫早湾内の防潮堤との間の海域をその機能を果し得る場とする工夫をすべきであり、それは現代の海洋土木技術でできないことではない。

ここに述べて来た七項目からすれば、有明海の荒廃を何とか諫早干拓と結びつけようと努力したところで、科学的に筋道の通った説明は絶対にできない。もしかしたら、といった可能性さえない。すでに述べて来たように有明海の荒廃をもたらした真相は、水産庁がいいかげんで無責任かつ不勉強であり、国民や国際社会の地球環境保全への想いよりも生産者の利益を優先させる行政から派生したものにすぎない。

4　なぜ環境科学の常套手段を有明海荒廃の因子解析に適用しなかったのか

有明海の疲弊には、ノリ不作と主に貝類に代表される不漁の二つの問題がありながら、その地域経済に与える影響の点でノリ業界への影響の方があまりにも大きいために、水産庁が作った委員会の名称「有明海ノリ不作等対策関係調査委員会」そのままに、前者に重きが置かれることになった。その結果として、公正に環境科学的に正当な関連因子、パラメーターの拾い上げがなされていないことを私は指摘して来た。私が重視する希少生物種の絶滅という国際的条約遵守の立場と作業の方が、日本という国家にとって国際的義務を果すためにも重要と考えるからである。そう言いながらも、私は意識的にここまでは水圏環境科学で一般的に用いられている略語、BOD（生物化学的酸素要求量）、COD（化学的酸素要求量）、DO（溶存酸素量）、SS（懸濁物質量）を使用せずに話を進めて来た。（BOD は細菌が水中の有機物を分解するときに消費される酸素の量を ppm で表し、COD は水中の還元性物質を酸化剤により酸化するときに消費される酸素量を水一リットル当りのミリグラム数で表す）。理由は、ここまでお読みの読者にはご理解いただけようが、環境中で有機物がすべて酸化されることはあり得ず、ある部分はそのままあるいは形を変えて生体の構成要素となって再利用されてしまうからである。しかし、今から使用するデータ中にはそれらを指標として用いたものも含まれること、および単なる物理的存在量を示すには誤解を与えることもないので用いることにしたい。

私の頭の中にある水圏環境に関わる要素を**図17**にまとめてみた。ただし、ある水域で恒常的な生態系が成立していること、年間や一日を通しての気温や日照時間の変動は自然そのままに規則的であること、場の環境容量（水質浄化能力）の範囲で物質収支（入りと出）が均衡していることを前提としての作業である。また均衡しているとは、自養的生物（藻類と光合成バクテリア）と他養的生物（バクテリアと動物群）との間での食物連鎖機能が完全に作動していることを予測してのパラメーターである。その結果、**図17**に拾い上げることになったパラメーターは一一種にのぼるが、しかし化学工場から特殊な薬品が流れ込むとか、施肥をするとか人為的要素が加わった場合には、また違った内容になることを前もって断って置きたい。

問題は、一九七〇年代に始まる有明海の荒廃の序曲の時代と、ノリ養殖に有機酸を主体とする各種化学物質が混入され、また最近のように防腐剤、色素や解凍剤なども使用されるようになった現在とで、重視すべきパラメーターの順位を変えるべきか、それともさほど変えずに作業を進めて行ってよいかである。また、最重要パラメーターとして太陽光があるが、それが実際に海水中で働くには透過性に影響するプランクトン密度、浮泥量などがあり、それらは降雨量などによって一定ではあり得ないことから透過性によっても利用可能な光量は変化してしまう。また、外海と違って、河川から常時

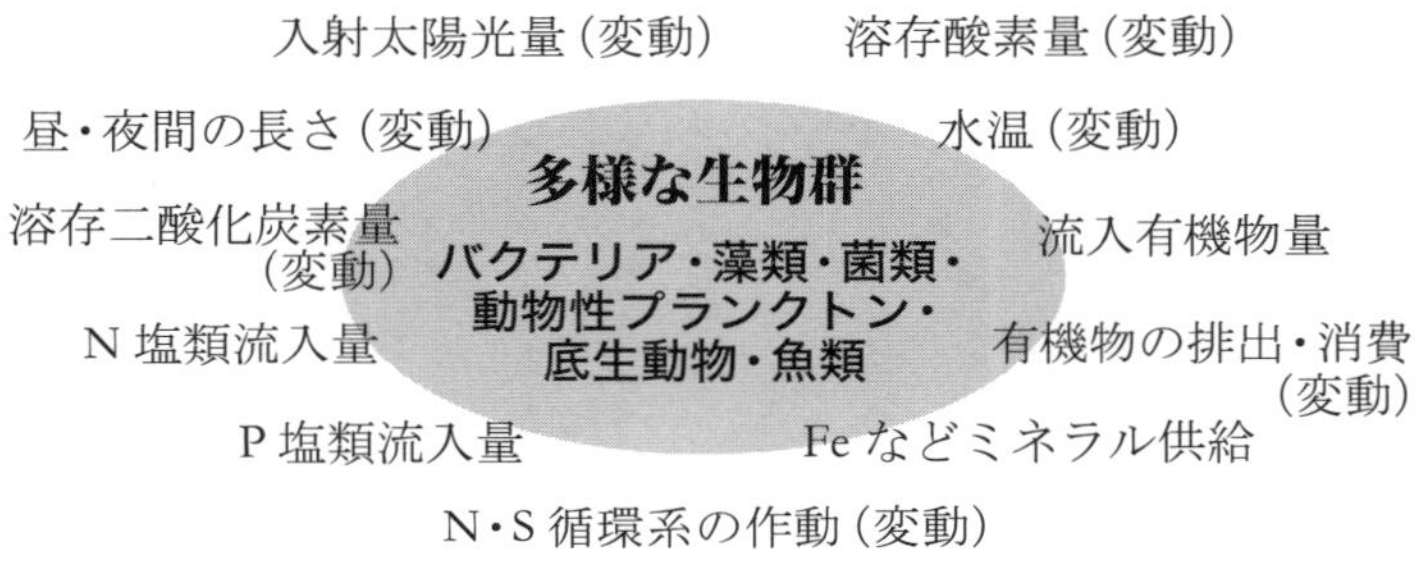

図 17　水圏における生態系の動態を左右する各種因子

河川であれ、湖水であれ、海洋であれ、水圏はヴィールス、バクテリアから魚、野鳥まで多くの生き物が生活の場としている。水圏を棲家とする生物は直接的に水圏の環境条件によって、彼等の生き方を変えざるを得ない。一定の水素イオン濃度を示す湖水なり海洋なりの生態系に関わる因子を拾い上げて見ると 11 種くらいはありそうだ。重要なことは、これらの因子は等価ではなく、重要度には順位が存在することである。最大の因子は太陽光に関わるもので、その波長ごとの強度、照射時間、水温（太陽光の赤外域の吸収）の順で水圏環境の生態系の駆動力となっている。しかし、そこに栄養塩類やミネラルが含まれていなかったり、H_2O から取り出した電子の受け手である O_2 がさほど含まれていなかったり、湖水でなら火山火口の酸性湖でのように CO_2 があまり含まれていなかったりすれば、最初に太陽光を受け止めて水圏での食物連鎖を惹起して生態系を成立させる出発点となった植物プランクトンの増殖はあり得ず、多様な生物群が生きる自然な生態系が作動することはあり得ない。無論、水圏における環境容量を超える負荷物質が流入するような場合や、太陽光が水面から差し込まないような汚水の場合などでは、正常な自然生態系が成立するわけもない。水圏でも、四季に対応して多くの因子が変動することを前提として、水圏での多様な生物群の生き方を考える正しい生態系の理解が必要である。特に水圏を産業の場とする水産業は、人類共有の美しい海洋環境を保全する義務を果すこと無くして成り立たない世紀にあることの自覚が不可欠である。

栄養塩や有機物が流れ込むような海域では、重視されるべきパラメーターは変わってしまうし、図中に「（変動）」の言葉を挿入していないパラメーターがあるが、それは栽培漁業が行なわれているような海域では、一定量の有機物や栄養塩類が投下されることになり、本来の自然環境における変動とは異なった事情を示すからである。いずれにせよ、有明海の疲弊は、各種の海産動物の衰退から死への道筋として捉え、それに関わるパラメーターだけを抽出して、無駄な経費をかけずに吟味すべきものと考える。

図17の中で「(変動)」と印したパラメーターの多くは太陽エネルギーと相関する要因である。また、先に**図**2で示した有明海の荒廃の歴史を左右するのは、**図**16が示す植物の呼吸系と動物のそれとの大きな違いに関わるものと考えられる。その違いのために、有機酸活性剤が普及すると共に、ノリは年ごとに豊作へと向いて行くが、それに逆行して底生生物の漁獲は不漁として現れる現象に対応していると推定される。となれば、底生生物などを死に追い込んで行く直接的パラメーターは、藻類に関わるものとは根本的に異なった因子と判断せざるを得ない。藻類の成育・増殖に関わる主たるパラメーターが**光**や**栄養塩存在量**とすれば、海産動物のそれはエネルギー取得のための**溶存酸素量**であろうし、直接的に生死を決めるパラメーターとなり得る酸素呼吸の阻害剤である**硫化水素**(H_2S)の発生量となろう。また、水圏環境問題の多くは、一般的には魚類や海産動物の動向となってしまうことから、環境科学的分析対象として採用される指標としては、溶存酸素量と共に硫化水素の発生状況があり、それらの調査を行なうのが通例である。ここで拾い上げた一一個のパラメーターの内、大部分は藻類の生育状況を調査するための指標であり、有機物(藻類や小魚)を餌として成育する海産動物の成育の様子を探るにはO_2の溶存量とH_2Sの発生量さえ計測すれば済むことである。残念ながら、第三者委員会では肝心のH_2Sの発生を測ろうという議論は少なくとも第九回の議事録までは見られない。私は環境省を訪ねてお願いしただけでなく、私が新聞に私見を述べて以来、私を助けてくれるようになった多

くの方々に H_2S の有明海域での測定例がないか尋ねたが、海外で通例となっているような環境科学の常識的測定は全くなされていなかったのである。測定されていたのは、全硫黄量という全く意味のない分析データであった。教科書では一般的に図18のように硫黄（S）の循環系が紹介されているが、有明海ではこの硫黄は硫安という形の肥料としてノリ養殖のために大量に投与されているので（表2、文献15）、有明海には大量の硫酸イオン（SO_4^{2-}）が漂っていると考えられる。またその大部分は赤潮プランクトンに取り込まれ、死骸となってもタンパク質中の有機態硫黄として有明海の海底に堆積しているに違いない。しかし、硫酸イオンの大部分は図18から分かるように鉄と結合して硫化鉄（FeS）となり、最終的には黄鉄鉱としてあるいはカルシウムを含む海洋では石膏（硫酸カルシウム）として、水に不溶な物質として沈降してしまう。むろん、堆積した有機物中の硫黄は海水温度が上昇し始めると、バクテリアの働きを介して酸化され、硫酸イオンに戻されて再度藻類の栄養となるが、しかし、溶存酸素量が減少して来ると、酸素の代わりに硫黄を電子受容体とするバクテリア、硫酸還元菌が働き出して**硫化水素**を発生し、それは酸素に比べて一桁も違うほど高く海水に溶け込む（表4）ので、海面から遠い深い海底には貧酸素水塊どころか硫化水素を多量に含んだ有毒の海水団を形作ってしまうこともあり得るのである。

広松氏（文献15・20）によると、有明海には海砂の採取跡の深みが散在する他、炭鉱の地盤沈下で広範に干潟が消滅し、しかもその干潟は浄化機能に優れ、魚介類が良く育つ生産性の高い砂泥底であったとのことである。とすれば、一九七〇年代後半に始まるアサリ幼貝の死滅は恐らく、これらの深み

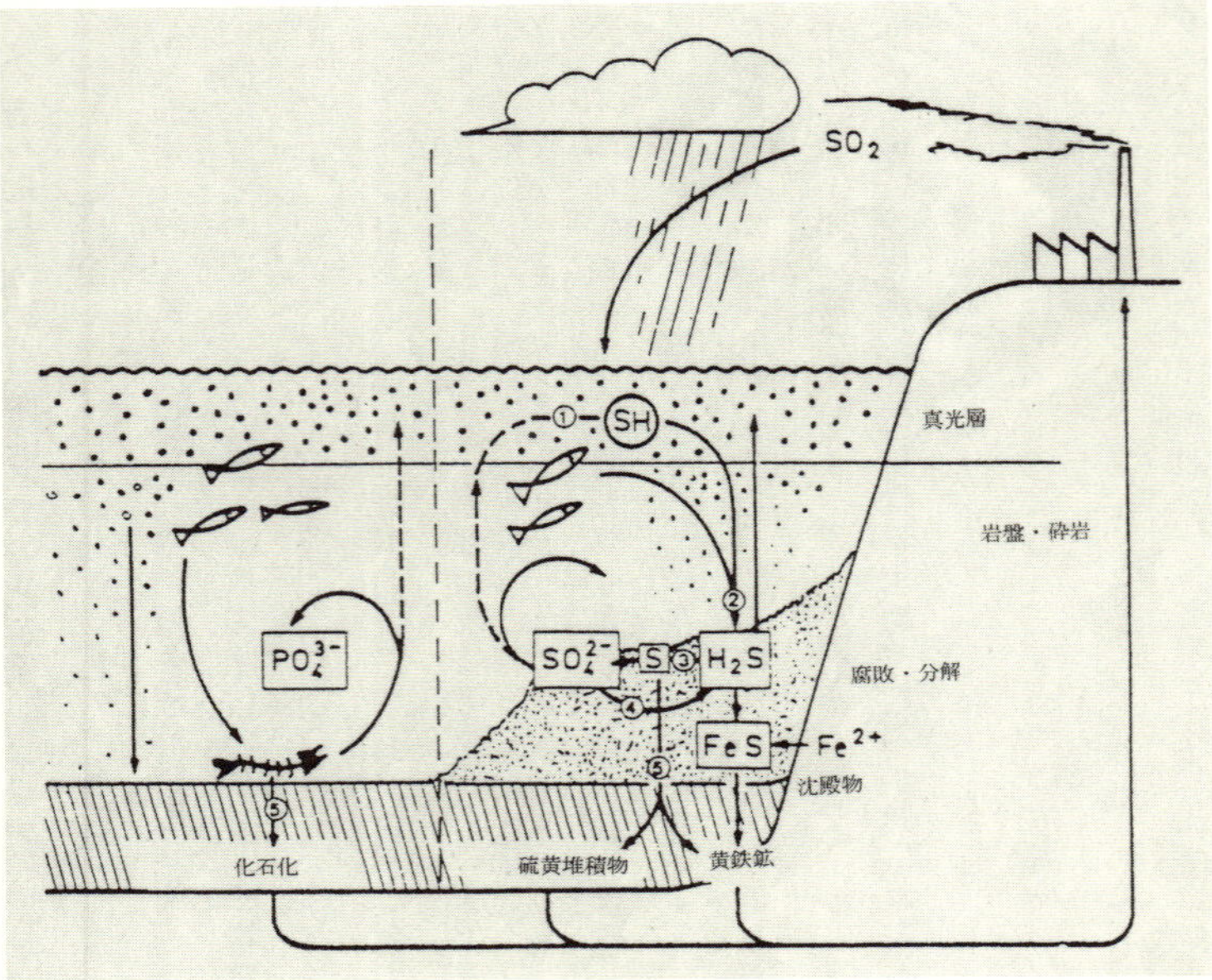

図 18

に堆積した有機物から、ときおり硫化水素が発生するような状況が始まっていたことに起因すると推定される。魚介類は単なる酸素欠乏では死なない適応性をもっており、貧酸素水界の発生が有明海疲弊の序曲を奏でたとは思えない。文献20では、「ノリの大凶作で酸処理を取り止めたために、早春になって、アサリの大漁があり、筑後中部魚市場に久し振りの賑わいが戻った」とあるが、ノリという植物を繁茂させようと努力するほど、移動して逃げることのできない貝類の死滅を招くという逆相関が両者の間にあることを示している。これもまた両者の呼吸系の違いに起因する現象であろう。有明海を疲弊させ破局に追いやっている証拠とし

図 18　自然界における硫黄（S）とリン（Pi）の循環

S と Pi は共に全ての生物の命の営みに欠かせない栄養素であるが、**図 14** に示された ATP ダイナモを回転させる主役の一つであると共に、各種の核酸やビタミン類の構成物資でもあることから、Pi は水圏環境の富栄養化の象徴的物質となっている。市民も企業も、美しい水圏環境を復元しようと、Pi を含まない洗剤を使おうと努力しているのに、ノリ養殖が海洋からそれを回収するからという名目でノリの栄養剤として Pi 使用が許されて良いものではない。Pi を含む栄養塩の利用は市民社会への挑戦と言い得よう。一度、水圏に流れ込んだり投棄されたりした Pi の大部分は、各種プランクトンだけでなく全ての生物の主要構成要素となっているだけに、死んで水底に沈み腐敗すると再度元の Pi に戻って、植物プランクトンに再利用され、もしその水圏が閉鎖的環境ならば、その場で永遠にリサイクルして、富栄養化の状態を持続させるように働くことになる。ごくわずかの Pi だけが、脊椎動物の骨格や歯の中に水に不溶なリン酸カルシウム、$[Ca(OH) \cdot Ca_4(PO)_3]_2$ などとして取り込まれ、化石となって水圏から消滅して行くに過ぎない。

他方、S もまた酸化還元にも働くようなアミノ酸となって、多くの酵素タンパク質の構成要素となるだけに、生命活動には欠かせない元素ではあるが、自然生態系では酸性雨の主成分として供給される程度に過ぎない。先に**図 4** で紹介したように水圏では植物プランクトンや藻類の光合成で-SH 基に還元されて、アミノ酸を経由して種々の高分子機能物質に取り込まれ、生命活動を支える役割り果たすが、植物プランクトンはやがて死骸となって貧酸素の水底に大量に堆積し、分解・腐敗の間に還元されたり酸化されたりして、後に**図 22** に示すような S 循環系を成立させて行く。

しかし、還元されて出現する硫化水素 (H_2S) は**図 16** に示した酸素呼吸の末端でチトクローム酸化酵素の致命的な阻害剤として働くために、H_2S が水底を漂うようになった水圏環境は動物群にとっては死の世界となってしまう。ただし、ある程度の O_2 を含む水底では酸化されて、生体に再利用されて先の S 循環系に入り、水圏の生物に欠かせない栄養素となって、リサイクルされるようになる。しかし、Pi の場合と同様に S も、特に水圏が塩基性を示す海洋の場合には海水中に大量に溶け込んでいる無機元素の Ca と結合すれば、やはり水に溶け難い硫酸カルシウム ($CaSO_4$, 石膏) となったり、わずかに存在する Fe^{2+} と結合して硫化鉄（FeS）となって沈降し、黄鉄鉱として水圏の循環系から去って行く。

これほど重要な水圏環境の担い手が Pi と S であり、それはまた汚染物質であるにも拘わらず、ノリ漁民にだけはそれらの元素の人為的投下を認可している水産庁は、国民に、そして人類に対してどんな理由づけをしてそれらの使用を認めているのだろうか。日本の海は世界につながる海であり、人類としての責任のある活用を図る義務がある。漁民だけに許される特権はあり得ない。

て、ノリ養殖産業の普及が赤潮発生を誘発し、赤潮プランクトンやノリ破片の死骸が海底の深みに堆積し、それらの分解が単なる酸欠から毒物硫化水素をも発生する状況をもたらし、それが海底表面流（底層流）に溶け込んで有明海の満潮時には直接に太陽光を浴びる干潟にまでやって来て、干潟から逃げ出すことのできない二枚貝類を殺してしまった（後出一八九ページ**写真3**参照）――このシナリオを証明するデータを一人の科学者として提示できないのは残念でならない。なぜ、有明海を囲む各県の専門家が H_2S 溶存量の分析をしようとしなかったのだろうか。もし、誰か一人の地元の科学者が、その可能性に気付いていてくれたならば、有機酸の使用をとうの昔に中止させることができたに違いないのである。

5　ノリ養殖に始まる有明海荒廃のストーリーと結末

私は有明海固有の希少生物が絶滅の危機にあるのではないかと案じ、二〇〇二年八月二三日の『読売新聞』「論点」欄に「希少種危機は行政の〝失策〟」という一文を載せてもらった（資料7）。しかし、その後になって、広松氏の著書（文献15）で、すでに**表3**の内、アゲマキは絶滅してしまったことを知ることとなったし、また、アリアケヒメシラウオ、アリアケシラウオ、オオシャミセンガイの三種が絶滅しかねないところまで、有明海が荒廃していることを教えられた。

日本の多くの自然保護団体も希少生物の絶滅に危機感を持ち、それぞれ何が原因となって有明海の疲弊が起っているのか調査をしていたようだが、その多くの団体は素人から成るだけに、生命の仕組みと結び付けることができず、企業に乗せられて諫早干拓反対行動を続ける漁民の言い分の方を鵜呑みにして、その反対行動に参加して行ったようである。しかし中には、とにかく海産動物の死が海水のDOとなんらかの関係があるのではないかと科学的調査をした団体もある。有明海の、特に諫早湾近辺で何箇所かにポイントを定め、水深や水温との関わりでのDO値の変動を公開している（図19）。得られているデータは常識的なものであり、真夏には海面の温度は高く表水層でのDOは低いが、水深と共に低下して行き、また水温が低くなれば溶存量が増加するはずなのに酸素量は増えずに、諫早

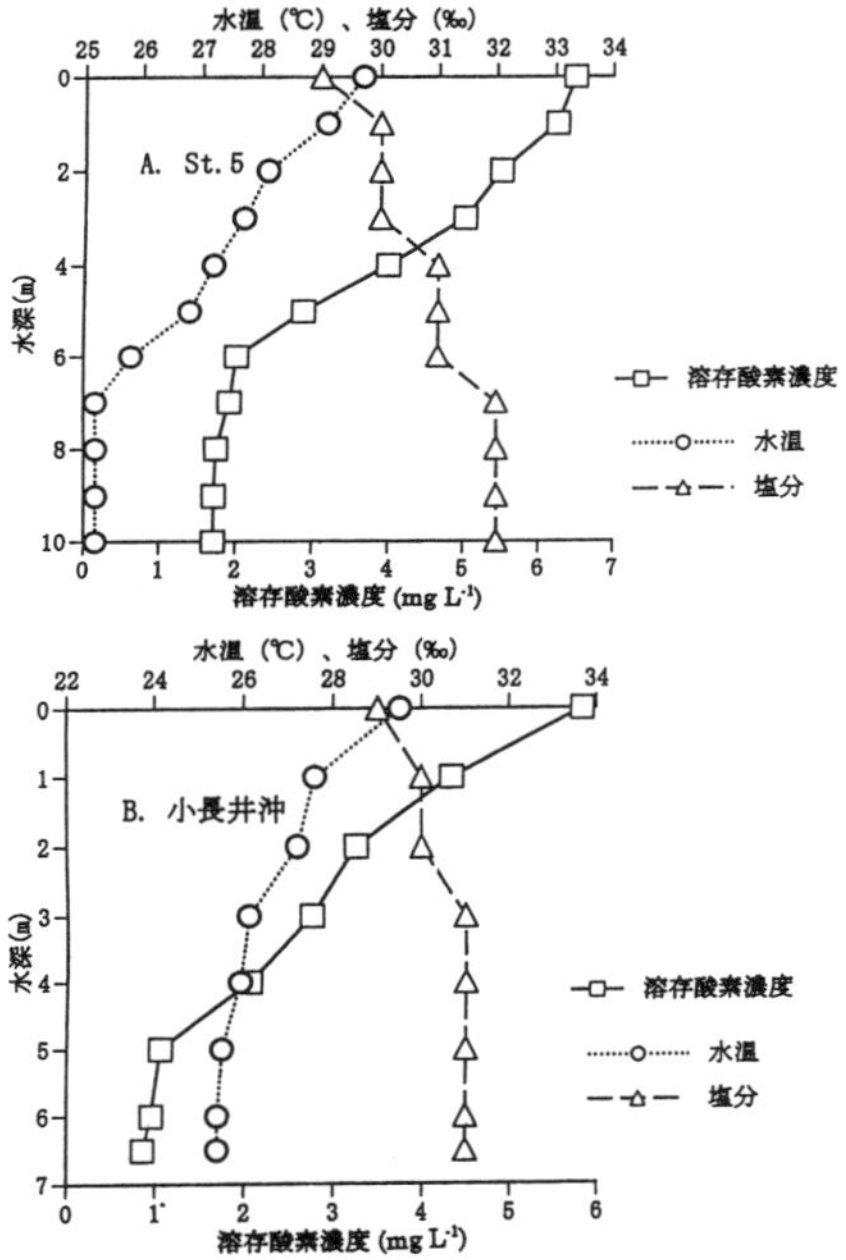

図 19　有明海諫早湾近郊の海域での水温・塩分・溶存酸素濃度の鉛直変化

自然保護協会が 2001 年 8 月 7 日という真夏における諫早湾内および湾外の 2 点で、水深に対応する 3 種の環境要素を測定した結果を提供いただいたものである。極めて常識的で予測されるとおりのデータとなっている。第一に、この辺でも河川からの比重の小さな水は海洋表層にあって干満に応じていること。第二に、海水温度も太陽日射を受ける表層で高く、熱線の届かない中層から海底へと水温の低下が見られているが、同じ深さでは水温に大差は認められていない。それに対して、第三に示されている溶存 O_2 濃度は、干満に際しての流れが小さいと想定される湾内では、既に 7 m の水深で 1 ppm を下回り、還元的条件（酸化還元電位がゼロ以下）に近づきつつあることを示している。この事実は、流れの滞留があるより深い窪みのような構造地帯があれば、有毒物質 H_2S を発生させるバクテリアの活動条件が有明海に散在する可能性を示唆し、有明海荒廃の原因となっていることを予想させる。

湾口付近では水深五メートル程度の点からは一ppm以下にまで下がってしまうというものであった。ただ、彼らの努力は決して無駄ではなく、そのデータは、有明海疲弊の原因と私が想定している硫化水素（H_2S）の発生が関わっていたに違いないという仮説を強化してくれるものであった。小長井沖でDOが最も少なかったのは、諫早干拓の潮受け堤防工事を請け負ったゼネコンが諫早湾内を掘り下げて海砂を採取し活用していた結果、各所にできた深みによって、相当量の有機物が、反時計回りに流れる海流によって運ばれてそこに堆積した結果とも推定される。いずれにせよ、酸素不足の海が存在していたという事実は、直接的な硫化水素の測定値を有明海のどこからも得ることができずに、仮説としてしか述べざるを得ない悔しさを味わってきた私にとって、七メートルの水深で一ppm以下であるという事実は、より多くの有機物が堆積するような深い場所が有明海にあれば、そこは明らかに酸欠状態の還元的な海域であるに違いないとの確信を抱かせるに充分であった。私の頭の中にあった有明海荒廃のシナリオとそれが重なることで、やがて直面することになるであろう有明海の破局を想定させるものだったのである。

海洋においての酸素供給には三通りがある。一つ目は風などで起る海面の波浪などで溶け込む酸素流入、二つ目は太陽光が届く深さまでは、浮遊したり固着生活する各種藻類の光合成第一段階の明反応で行なわれる水の分解による酸素放出、そして三つ目は他から入り込む酸素を含む河川流や海流である。有明海なら、降雨による酸素供給や外海からの含酸素海流の流れ込みを問題にせねばなるまい。他方、酸素の消費は海水中に浮遊する有機物総量の呼吸や酸化に比例する。動物性プランクトンを含

島原半島側　　**天草諸島側**

図 20a

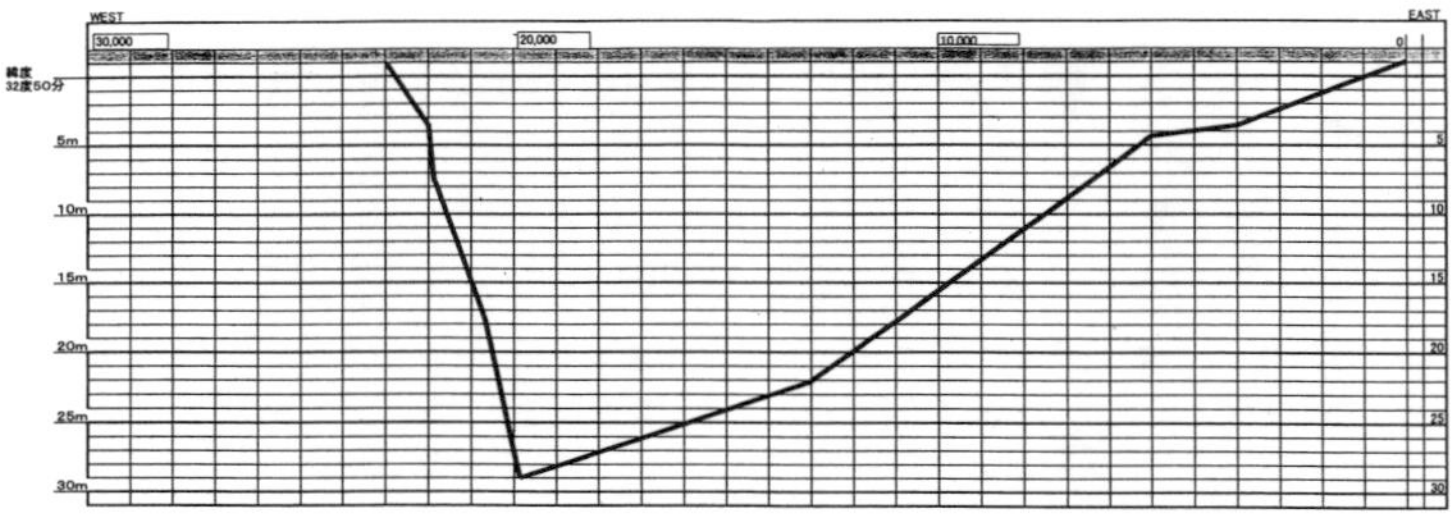

図 20b

図 20　有明海湾口から島原半島沖の海域断面図

図 18 に示したような赤潮プランクトンの死骸は海底の凹地かあるいは水深の深い海溝に沿って堆積すると予測される。有明海には凹地が各所に存在することは、有明海の各地での干拓に際して海砂を用いたこと、貝類養殖のために現在も覆砂を行っていること、海底炭鉱の陥没があったことから明らかであるが、諫早湾口でも早期に赤潮が発生するという事実の理解のためには、有明海の干満に関わる海溝のあり様を把握することが必要と考えた。そこで、島原半島沖の 2 点（北緯 32 度 40 分（a）と 32 度 50 分（b））とで海図から対岸までの横断面の作図を試みた。

その結果、島原半島に沿って海溝が存在し、それに沿って諫早湾口沖まで有機物（主に植物プランクトン）が堆積し易い地形であることが分かった。しかも、海溝の深さは 20m を超えるので、光合成に充分な強度の光は届かず藻類由来の酸素の供給は期待できず、海底層では外洋から OD の高い海水が流入するにしても、海溝に堆積した有機物が完全に酸化分解されるほどの酸素が供給されるとは限らない。

む酸素消費の海産動物の存在もさることながら、最大の消費者は海底に堆積している有機物である。堆積物が溜まるのは、海水の垂直方法の温度差による対流や干満差に伴う海流などに際しての湧昇流によっても影響を受けない窪みであったり、その海域の地形から来る深みの広がりである場合もある。広松氏（文献20）は福岡県の海域では炭鉱跡地の二メートルにも及ぶ地盤沈下で貴重な干潟が大きく失われたことを嘆いていたが、いたる所での海砂の採掘といい、有明海全域の海底に凹みを作ってしまったことは、有機物堆積場所の形成でもあり、また、H_2S 発生の場を散在させることにもなった。これは有機酸処理開始以前からの有明海変調の要因となり、ノリ養殖漁民の海洋環境汚染に対する責任逃れの口実に使われたようで残念なことである。また、地形的にも陥没している海洋の中に活火山雲仙岳が盛り上がって来たために、**図20 a・b**に見るように島原半島沿いに深い海溝的地形を与えることになり、地勢的にも赤潮などの有機物堆積に好都合な場を提供することになったかも知れない。

H_2S の発生には植物プランクトンやノリ採取後の残滓からなる有機物堆積が必要であることは当然として、貧酸素あるいは酸欠が絶対的要件となって来る。したがって、水圏で酸素補給がなされない条件とは何かをとらえることが問題解決に近づく道となる。そこで逆に、水圏で酸素補給をする要因を考えるとしよう。最重要なのは大気と波との接触であり、その点では風力が最も重要な因子であるが、深い水中という場では、限られた量の酸素しか溶け込ませない点では水温も欠かせない条件となる（**表4**）。また、藻類による光合成の第一段階である明反応での水の分解から放出される酸素量が大事であれば、逆に酸化で酸素を消費する金属片の存在も、微生物による酸化的分解のための素材としての有機物の存在も、溶存酸素量の決め手になって来る。

ところで、有明海においては外洋への開口部が湾内と比べて極めて狭く深いとしても、内海が閉鎖的で遠浅の面積が広大であるために海水量はそれほどは大きくないとすると、流速も非常に速いとは考えられない。したがってもし、外洋海水が多量の酸素を溶け込ませているとしても、満ち潮に際して湾口部から限られた時間内に供給される酸素量はさほどの量に達せず、堆積有機物量を増やすことがあっても、それを酸化的に分解するに充分な酸素の外洋からの供給は期待できないと推計される。

さらに、有明海は振幅潮差の大きさを特徴としているが、遠浅であるがための湾内の絶対海水量の少なさは、有明海湾口部から諫早湾口に至る海溝の深さが二〇メートルを超えているとしても、そこでの潮の流れは垂直方向の各点で大きく違っていると推定される。上層部では極めて大きくなるとしても、島原半島沿いの海溝部の二〇メートルを超える深い海層では相当に小さく、しかも湾幅が次第に広がってしまう諫早湾口付近まで来ると海底付近での流速はさらに低下してしまい、そこは有機物堆積に都合の良い深みとなって H_2S 発生にも好都合な地形となっていると推定できる。そのような地勢が、有明海疲弊の真相を知らない人々には、有明海荒廃が諫早干拓工事に由来したかのような誤解を生み、諫早干拓憎しの思い込みを与える要因となってしまったかも知れない。

しかし、環境科学的に言えば、浅い海域でも海底が砂質で酸素ガスを通しやすい構造になっていないへドロ的な泥からなる場合には、太陽光が差し込む浅瀬や干潟でも H_2S の発生は起り得る（図21）。太陽光が注ぐことができても泥質が層をなしている場合には、酸素が行き届かない岩盤に近い部分では常に硫酸還元菌が作動してH_2Sを生成し続けている。昼間には附着している藻類が光合成で次々に酸素を供給するために最上層部は常に酸化的であり、岩盤近くの硫酸還元菌の働きでH_2Sが作られて高い水溶性を有するH_2Sが上層に移動して来ても急速に酸化され、分子状の硫黄、チオ硫酸イオン、アミノ酸へと酸化されて体内に取り込まれ藻類の栄養源となってしまう。つまり、酸化還元電位に沿って酸化を受け、最後には含硫黄アミノ酸合成（システイン、シスチン、メチオニン）に組み込まれてしまう（図9）。また、夜間でも海水の溶存酸素量が高い場合にはH_2Sは同様に次第に自動酸化され、チオ硫酸イオンを介して硫酸イオンとして海に放出される。しかし、もし、有明海で検出されたように浅海でも酸欠がときおり起っているとすれば、夜間にはヘドロ内のどの層でもH_2Sが生成されて、そのまま海水中に放出されて行き、結果として夜の海は浅場でもきわめて危険な海と化してしまう。

以上のことから、日本自然保護協会の努力による、日中でもわずか七メートル前後の浅瀬ですら貧酸素状態を作り出していたという測定値は、有明海荒廃の根源が一〇〇％に近い確率でノリ養殖漁民の有機酸処理に起因するのであり、主に夜間でのH_2S発生によると推定されることを間接的ではあるが示唆している。むろんもし夜間でも、海水中に充分量の酸素が含まれる場合には、H_2Sは自然に酸化され、有毒なH_2Sとしてそのまま海中に放出されることはあり得ず、多少の堆積物があったくらいで死ぬ海ではないことも当然である。有機酸処理が普及する前にすでにアサリの死滅が始まったとあるが、これは恐らく河川から流れ出して海底の凹みに溜まった有機物から発生したきわめて有毒なH_2Sによると考えれば説明がつくことであろう。また、海底が砂質の場合にも、酸素を取り込む間隙があ

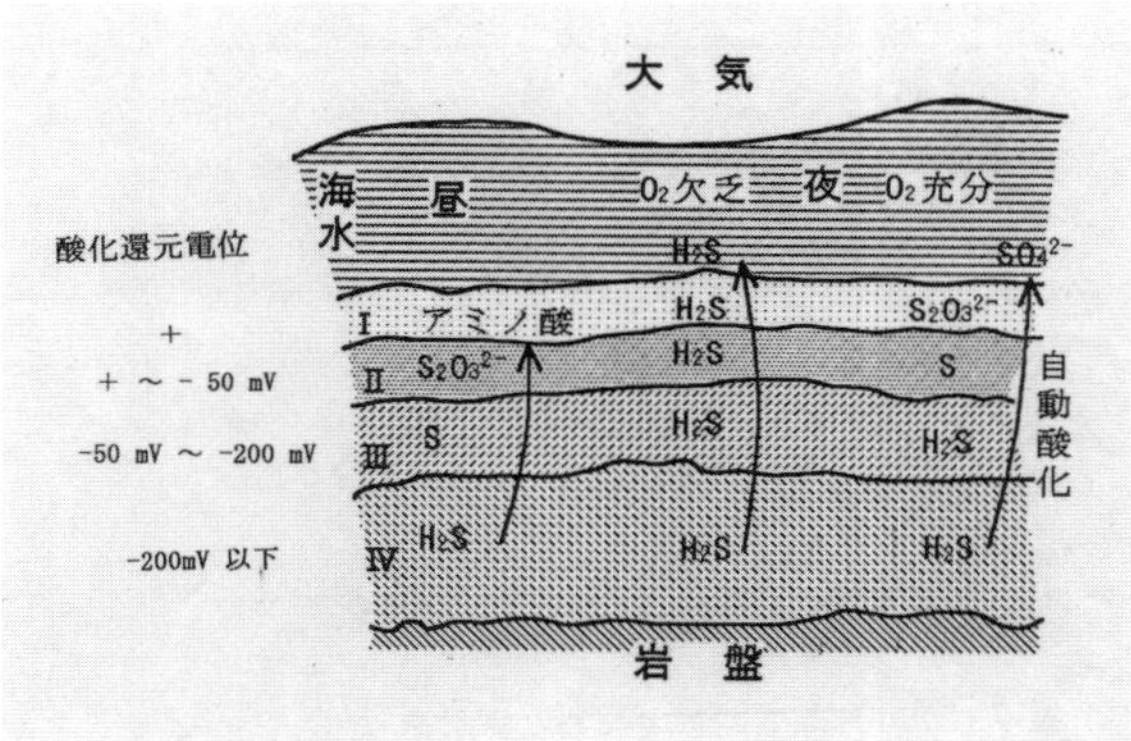

図 21　海洋浅水域の泥質底部における微小環境

自然界では海底岩盤あるいは地層上に有機物が層をなして堆積しているのが普通である。この堆積層の内部に行くに連れて O_2 分子が浸透し難くなり、O_2 分圧が低下する、逆に述べればそれだけ還元的条件が成立して酸化還元電位はマイナスにふれて行くことになる。したがって、それぞれの層には嫌気的各種のバクテリアが棲み付くが、それぞれその働きを異にするバクテリア群の一種の棲み分けが成立していると考えられる。その状態は**表 7** に示したが、実際のそれらの働き方は堆積物表層の状況によって変化し、年間を通じても一日を通じても一定ではあり得ない。

例えば、冬季の海水温度が低い場合には OD が高くなることから、堆積層の相当深部にまで O_2 が入り込み得るだけでなく、バクテリア自体の分裂（代謝）速度も低下することから、好気的状態が保たれ、有毒物質 H_2S の生成もよほど堆積層が厚くなければ行われることはない。しかし、春から夏にかけては水温の上昇に対応して各種バクテリアの増殖活動も盛んになり出して、その場に生きるための電子供与体と電子受容体が、どんなものがどれだけあるかで、それらの活性は著しく異なって来る。

しかし、夏季においても日中には堆積表層に附着している藻類が光合成の明反応で H_2O から O_2 ガスを放出するため、最深部に棲む硫酸還元菌（**表 7**）が H_2S を創出しても表層に移動する過程で、有色硫黄細菌の電子供与体となって酸化されて、S からチオ硫酸（$S_2O_3^{2-}$）となり、藻類のアミノ酸（システエイン）源として用いられ、有毒な H ₛS のまま海水中に流れ出ることはない。

問題は夜間にある。夜間には海水が相当高い OD 値を示す場合であっても、表層附着の藻類がアミノ酸生合成にまで転移させせることはなく、硫酸イオン（SO_4^{2-}）として海水中に溶け出して行くことになる。ところが、もし夏季になって水温が高く DO も低くなると、たとえ浅い干潟のような海域でも、相当量の有機物が堆積してヘドロ状にでもなっているならば、硫酸還元菌の電子受容体として産出された H_2S はその途中で酸化されることもなく、海水中にも流れ出し、比重が重いために底層流に混じって海底に沿って広がって行くことになる。**写真 3** で見ることのできた、広大な干潟に広がるタイラギ貝の墓場はまさに有機酸剤が発生させた赤潮の死骸の堆積物から発生した H_2S の演出にほかならない。

るだけに、そう容易に還元状態（酸化還元電位がマイナス）になることはなく、特殊な海産動物を除いては底生生物であっても、普通は砂質の海底を好むものである。他方、呼吸系に関わる金属を鉄から銅に変えるなどして海底環境に適応すれば、わずかだけの酸素のあるヘドロを好むような動物も生まれ、実際それらは環境指標動物などとして活用されている。

それらの生活スタイルを決めている要素は身の回りにどれだけの酸素があるかであり、これは一種の棲み分けと言えよう。

図21に関っている微生物の反応をまとめたのが**表7**である。ここでは有毒物質の生産と無縁ではあるが、地球上での窒素循環に関わるバクテリアをも参考のために掲載した。地球の大気のおよそ八〇％近くも占める窒素ガスも有色硫黄細菌とほぼ同じ酸化還元電位の下で働く脱窒菌によることを考え、あるいは植物が最も栄養素として喜ぶ硝酸イオンを供給するバクテリアも類似の酸化還元電位下で働くことを考えれば、干潟や浅い海洋を違った視点で捉えることもできるのではないだろうか。ともすれば、従来の干潟の水質浄化作用には、食物連鎖を絡めて、小動物から野鳥までをも含めるような評価が主流を占め、干潟を下水処理場施設経費に換算されている方もおられるが、

層	バイオフィルム構成種	機能	
		昼間	夜間
I	固着性微小緑藻	$H_2O \rightarrow O_2$	$O_2 \rightarrow H_2O$
II	硝化菌 （有色硫黄細菌）	$NO_2^- \rightarrow NO_3^-$ $S_2O_3^{2-} \rightarrow SO_4^{2-}$	$NH_4 \rightarrow NO_2^-$ $NO_2^- \rightarrow NO_3^-$
III	脱窒菌 （有色硫黄細菌）	$NO_3^- \rightarrow N_2$ $H_2S \rightarrow S$	$NO_3^- \rightarrow N_2$
IV	硫酸還元菌	$SO_4^{2-} \rightarrow H_2S$	$SO_4^{2-} \rightarrow H_2S$

表７　海洋浅水海底における泥質層構造対応の生物反応

干潟の機能の理解にはそのような目に見える活動だけでなく、バクテリアをも含めてのより大局的な機能を考える必要がある。硫黄（S）自体にしても、ここでは有明海を疲弊させて来た極悪人であろうと想定して描いてきたが、Sはすべての生命にとって不可欠の栄養素であり、地球上で火山から排出されるSそのものを循環させるシステム（**図22**）がなければ、またたく間にすべての命は途絶えてしまうほど重要な存在である。しかも、われわれ生き物、特に高等動植物がSなる元素を含む化合物を体内に取り込む際には、**図22**から分かるように有毒な H_2S を介して行なうのが一般的である。なにゆえに、それができるのであろうか。

それに対する答えのヒントは、動物群にとって最も有毒であった H_2S が、低濃度では植物にとっては有害どころか栄養素であり得たことにある。先にノリの一生を学んだが、それが果胞子となってそれこそ大量の H_2S と遭遇しかねない夏の海底で生き抜いて秋の到来を待てたのも、すべての植物プランクトンのシストが休眠体としてわずかに呼吸しながら、貧酸素の海底あるいは動物群にとって有毒な H_2S さえ発生しているような海底で生き延びることが可能であったことも、H_2S によって電子の流れが阻止されない呼吸のバイパスを保有していたからと推定される。私はノリに関してどこまで研究が進んでいるか分からぬが、拙著（文献13）の中で述べたようにすべての植物、酵母（文献18）さえもが呼吸のバイパスを備えているからには、ノリの果胞子も保有していて不思議ではなかろう。そして最近明らかになった重要な事実は、H_2S と同様に最も動物群にとって有毒な HCN（シアンガス）をアミノ酸（アスパラギン酸）の中に取り込む酵素（β—シアノアラニン合成酵素）と H_2S を同化して含

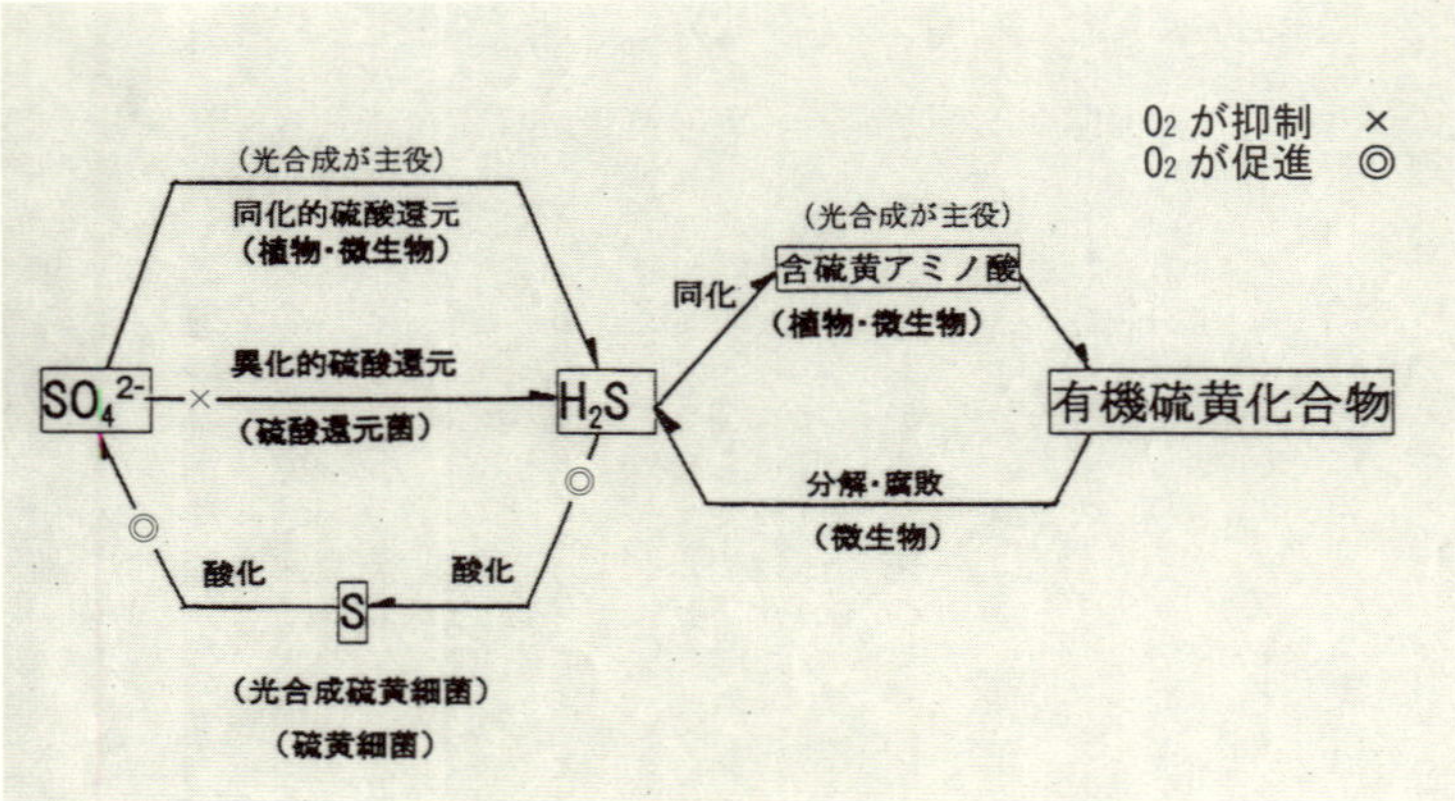

図 22

Sアミノ酸、システエインとする酵素（システエイン合成酵素）はそのタンパク質構造（アミノ酸配列）上は同じもので、この酵素の働きによって動物にとって有毒な物質を有用なアミノ酸に転換させる能力をすべての植物は保有している可能性が見えて来たのである（文献21）。

ということは、同じ DNA の支配下でこの酵素合成が制御されることを意味するのであり、この地球の上で生命誕生の頃に主要な大気成分であった両ガス成分が生命体に組み込まれるようになった名残りが現在に息づいていることに、いまさらながら感心させられてしまうのである。まさに、生命の進化の名残りが現代の環境問題の解決にも寄与し、解決の糸口を提供してくれたのである。

進化論的に述べれば、進化の過程で有毒ガス物質が地球の大気から姿を消す頃になって大気中の酸素濃度が高まり始め、今日の動物群を生んで来たのであるが、これらの知見をも環境科学の中に駆使しないことには、環境科学を社会に貢献し得る学問とはなし得ない。生態学会の

図 22　自然界における硫黄（S）循環

含 S アミノ酸、システエイン、シスチン、メチオニンというアミノ酸類は酸化還元、タンパク質生合成のペースメーカーや種々の補酵素、ホルモンの原材料として極めて重要な物質であるが、自然界では**図 18** に示されたようなリサイクルを繰り返している。また、逆に酸欠条件下で生成される H_2S はミトコンドリアでの電子伝達系の最終段階でチトクローム a から電子を O_2 に渡すという、いわゆる酸素呼吸の仕上げの段階で働くチトクローム酸化酵素作用の極めて強い阻害剤であるという点で、水圏環境の実態を把握するためには、自然界での S の循環を正しく理解しなければならない。しかし、ここでは S 化合物の主役だけを登場させ、中間体として表われる種々の無機 S 化合物、例えばチオ硫酸イオン（$S_2O_3^{2-}$）などは省くことにした。

藻類を含む植物にせよ、光合成バクテリアにせよ、光エネルギーを活用できる場合には、好気的環境下で存在する硫酸イオンを H_2S に還元し、さらに光があれば光由来の ATP や還元力を用いて含 S アミノ酸として、タンパク質をはじめ多くの有機硫黄化合物を生成できる。しかし、自然界には光のない夜もあり、太陽光に依存してしか H_2S を処理できないのでは、植物には H_2S によって阻害されない酸素呼吸のバイパス（**図 16**）が存在するとしても、夜には高分子有機物を作れないことになり、**図 14** に示した ATP ダイナモを回転させることができない。その結果は、H_2S に耐える呼吸系のバイパスを持っていたとしても命をまっとうできないことになる。植物はそんな時でさえも、つまり、O_2 があろうが無かろうが、光があろうが無かろうが、H_2S をアミノ酸に取り込む酵素、システエイン合成酵素を保持していて、何時でも含硫黄高分子化合物（全てのタンパク質が S を含む）の生合成をできるように工夫している。最近、この酵素のアミノ酸配列は同様に動物にとってだけ有毒なシアンを*β*-シアノアラニンを介してアスパラギンとする酵素、シアノアラニン合成酵素のアミノ酸組成と同じことが解明 (文献 21) され、植物プランクトンのシストやノリの果胞子や糸状体が H_2S に曝されかねない夏季の海底で生き延びることができる理由が完全に解明されている。

一方、植物体や動物体内で有機硫黄化合物として、その役割りを果したものも、いつかは死を迎え、その死骸は自然界ではバクテリアの働き、分解・腐敗で低分子化され、H_2S に戻され、暗闇の世界の O_2 に乏しい土中とか水中ではそのままガス状の有毒物質として洩れ出したり水に溶け込んで、動物にとって絶え難い環境を作り出し行く。しかし、周囲に適量の O_2 さえ存在すれば自動的に酸化されるし、光があれば光合成硫黄細菌が、あるいは O_2 があれば硫黄細菌が H_2S を電子供与体として酸化し、動物群にとっても無害な S や、さらに酸化して硫酸イオンとして環境内に排出することになる。好気的環境下では硫酸イオン（肥料としての硫安）は好ましい栄養分として植物や藻類によってそのまま還元されて再度 S 循環にとり込まれて行くことになる。しかし、無酸素の酸化還元電位がすこぶる低いような条件下では、硫酸還元菌が働き出して硫酸イオンを電子受容体として（異化的硫酸還元）H_2S に戻してしまう。有明海の海洋底層での H_2S の供給源には、有機物（赤潮のなれの果てなど）の腐敗と、ノリ養殖漁民が有機酸剤として、あるいは単独に硫安として投下した硫酸イオンそのものの 2 種があると推察できる。

愚かしい声明が一刻も早く撤回されることを望むものである。

要は、なにゆえに環境科学の常道に基づく有明海荒廃の原因分析を避けざるを得なかったのかということに尽きる。環境問題に関わる科学者でありながら、教科書レベルのこれらのシナリオを想定しなかったとは思えない。恐らく、彼らも大学に戻れば、教科書に載せられている以上、H_2S 発生の仕組みとその有毒性について講義しないとは考えられない。H_2S 発生に触れることで、有明海域での経済活力の減退を恐れる余り、あるいは結論を出すまでの時間を稼ぐために開門させようとしたとさえ考えられる。諫早干拓地の調整池を開門せよなどという答申を出し続けたところで、有機酸主体の薬品漬けノリ産業を続けている限り、永久に答えは出ず、有明海は破局を迎えるだけである。

6　第三者委員会議事録を吟味する

これまでは、主に第八回までの議事録を基にして、彼らの真実追求の甘さの背景に何かしらの裏の存在を感じながら書いて来た。ところで、ごく最近、二〇〇二年八月六日に開催された第九回会議議事録が公開されたことを知人に教えられた。それは私が二度にわたって第三者委員会議事録中での彼らの議論・判断の不合理性を全国紙に私見として公表した後でのものだけに、審議内容に多少とも影響を与え、いささかでも変化なり前進の兆しがないか期待を持たせるものであった。

そもそも、最初の木下水産庁長官の挨拶の中では、前年度には諫早干拓地の堤防が締め切られたままになっており、ノリの不作が堤防締め切りとなんらかの関係があるとの立場で中間答申をしていた委員会であったはずなのに、そのことには何ひとつ触れずに、ノリが豊作であったのは天候に恵まれたためであるとし、二枚貝の資源が依然として厳しい状況にあることの審議を依頼したいと今ごろになって初めて発言している。恐らく、調整池が閉じられたままでもノリが豊作であったという現実から、やっと干拓地堤防締め切りがノリ不作の根幹的原因ではなさそうだということを心中では認識せざるを得なかったのであろう。ただ、残念ながらこの会議には環境省推薦の須藤委員が欠席されているとのことで、どれほど公平な科学的審議がなされるかは最初から不安であった。その理由の一つには、今回の議論は白紙でなされるのではなく、予め磯部・鬼頭両氏によるたたき台に委員長が手を加え、その線に沿って審議しようという筋書きがあって討議するとの委員長発言があったからである。

最初に各県からの現状報告があったが、以前と多少違って来たと感じたのは、減柵による密植回避の努力が酸処理問題と併行して語られており、干拓地堤防締め切りに基本的な不作の原因があるのではないという認識を実際は各県の生産者が持ち、有機酸・栄養塩供給と関わるノリ養殖手法の改善の必要性を意識している様子が窺えたことである。

しかし一方、私が水産庁栽培養殖課を訪ねた折の議論では、含塩有機酸処理を直ちに中止し、自然に優しい希塩酸に替え、使用後に苛性ソーダで中和して海に戻す方法に切り替えるべきであるとの私の主張に対して初めは納得せずに有機酸剤使用にこだわっていたが、塩酸が私たち人間の胃袋の中に胃酸として存在する自然物である点ではクエン酸やリンゴ酸と同じであること、また希塩酸ならば環境汚染に全くつながらないことを認めたものの、消費者は塩酸という名前を聞いただけで劇薬の印象を持つために商品販売上からは業者が嫌うのではないかとの業者擁護に終始し、さらには漁民の大部分が水産庁通達を守っていて使用後の有機酸をすべて漁港に持ち帰っているのだから、国際法違犯には当らないとの回答を得た。私は、その際には、何で読んだのか思い出せぬまま、漁民の大部分は余った有機酸はそのまま海に捨てて帰港すると聞いておりますがと言うと、「もし、貴殿が漁民の大部分が有機酸剤の残渣を現場に捨てて帰港しているというのなら、その証拠を示せ」と迫ってきたものである。

帰宅して調査してみると、前述したように大部分の漁民が現場に捨てて帰港する状況は、すでにNHKが地方番組のテレビ映像として報道（一九九二年二月一日九州リポート）しているだけでなく、インターネット上でもよく指摘されており、水産庁とのやり取りで国際法違犯の証拠として話すことができなかったことは残念なことである。そもそも、クエン酸にせよ、現在主流になりつつある乳酸にせよ、海洋汚染物質として国内外の法律による規制対象物質であり、無機酸と何ら違いがない。にもかかわらず、有機酸類なら水とCO_2に分解する自然物との考えから、残液は持ち帰って中和して下水に流せなどという、現代では信じ難いような幼稚な通達を、いかなる理由のためか環境法が厳しく廃棄物や化学物質の取り扱いを規制するようになっても破棄せずにいられる理由は何なのか。

しかも、第九回の委員会議事録の中では、漁民が港に持ち帰る有機酸剤の総量は各県とも、持ち出した量の一％にも達していないことを報告しているのである。国内外の法律はそれらの廃棄を規制する法律であって、水産業に使用することを縛ったものではない以上は漁民が使用することは許されるのだと言い張り、ほぼ出荷有機酸剤の全量が有明海に投下されていることに痛みを感じない水産官僚の驕りには唖然とさせられるだけであった。彼らの言い分からすれば、出荷全量がノリの体内に入り、CO_2として大気中に排出されたと言いたいらしい。また、私への「漁民の海上廃棄の証拠を示せ」との居直りは、有機酸剤の中に含まれる栄養塩が、消費者や製造業において水圏環境の富栄養化を誘発するものとしてそれらの廃棄は厳重に監視・規制されているのを知っていて、ノリはそれらを吸収・回収して食品として循環させるが故に環境浄化に貢献しているというもので、論争が噛み合うはずもなかった。自然の環境下では存在しない物質群を短期間の内に大量に投与しておいて、その一部を回収していると威張っているのだが、その言い訳が国際的にも通用するとでも思っているらしい。また、「港に持ち帰った有機酸剤は中和して下水に流すとあるが、現在は産業廃棄物業者に委託処分する体制をとっているので、貴殿に苦情を言われる筋合いはない」、とまで言われた。実際に、廃棄物業者がいかなる方法で処理し、どれだけのコストをそのために掛けているかは知る由もなかったが、回収全量が一％にも満たないとしても、海水で一〇〇倍以上に希釈された有機酸と各種塩類の混合溶液をまともに処分するとなれば莫大なコストがかかると推定される。水産庁および各県漁連は最終的にいかなる方法によって残滓を処分しているか責任をもって開示すべきである。正直に処理するとなれば莫大な経費がかかることだけに、責任逃れのため、中和して流す人物を漁業者以外に変更したに過ぎないのではと疑わざるを得なかった。

この点についてのそれ以上の追及は避けたが、有明海という半閉鎖海域に年間を通じてのある短期間（冬季）だけで消費される有機酸活性剤の総量が、公的に発表された数量だけでも二九〇〇トンにも達する原液として出荷されているのである。その使用の主目的はと言えば、雑藻類、珪藻類および病原菌の除去剤であることに便乗して、実のところは業者自体が宣伝しているようにまさに栄養剤なのであり、ノリ葉体に吸収されて栄養分として消費されているのは事実である。しかし問題は、ノリへの浸漬時間が二〇分内外であったとしても、実際に葉体内に吸収される総量が二九〇〇トンの内の何割で、植物プランクトンによって吸収されている部分がどれほどに達するかなのである。

インターネットに公開されている第九回の委員会議事録では、各県の有機酸剤回収率は驚くべきことにわずか〇・四％程度であるという。とすれば、色落ちで騒いだ二〇〇一年度には、回収とは名ばかりである。水産庁が把握しているその年の出荷総量だけでも二万九一〇〇トンなのであるが、実際にはもっと多くの有機酸剤が使われていると私の支援者は伝えて来ている。そうなると、実質的には水産庁が把握している販売総量二万九一〇〇トン全量が有明海に投棄されたと言っても過言でないことになる。水産庁の担当者は私に、「漁民が余った残滓を海に捨てている証拠を示さない限り、国際法は船舶などからの廃棄を規制したものである以上、水産庁の指導は国際法に違反したものではないし、国際法は水産業にたがを嵌めるものではない」と反論し続けたのだが、各県での回収率が実際は〇・四％程度に過ぎないということは、一部が実際にノリ葉体に吸収されて回収されたのだとしても、ともかく運び出された有機酸剤の大部分が有明海に廃棄されたという判断は間違いではないということになるのである。

右の判断は、出荷量のほぼ全量が狭くて浅い有明海に投棄されたことを前提にして、有明海荒廃の真因を探ることが正しい道筋であることを示唆している。とすれば、水産庁の通達は国際的に通用するものではない。法を遵守すべき水産庁の行為は、国民共有の自然環境を破壊しようが、生物多様性保全条約を反故にしようが、漁民およびそれに巣食う関連業界を保護することだけが自らの責務と考えている役所と自ら宣言しているに等しいということになろう。

その原液には**表２**に示したように通達で許可した以外の物質が、ノリ成育促進剤として、ということはつまり植物プランクトンにとっても増殖促進剤として投入されているわけだが、この事態に対しても何らかの危機意識を持つようにと私が直接関係省庁（環境省、厚生労働省、農水産省）に出かけて働きかけたにもかかわらず、再度新聞紙上で警鐘が鳴らされるまでは生産者・漁連・商社が上手く隠蔽し続けて、また、関連専門家がバックに付いていてくれる限りは、自らの失態を隠し通せる――そのように水産庁は思い上がっていたように思えてならない。要するに彼らは、有明海を一部の生産者に私物化させる事態を招くに等しい行政の立場に固執し続けたのである。

ところがである。後で分かることになるが、水産庁は当時すでに販売された有機酸の一％も回収できないというきわめて憂慮すべき実状を承知の上で、私に対しては、「漁民は良心的であって捨てる漁民はいない」と頑張り続けていたのである。自らの行為に内心では不安を感じていたがための逆説的な〝もがき〟でもあったのであろう。憂慮すべきは、「浮き流し法」というノリ養殖法が有明海だけで行なわれているものではなく、その必需品と化してしまった有機酸活性剤なる製品は全国各地で販売され、既に日本沿岸海域での内海に普及してしまっていることである。有明海においては、その使用量の多さと地形の特殊性のために、その弊害が象徴的に現れているにすぎないのである。

有明海のような半閉鎖的海洋で遠浅であれば、現時点でも有機酸活性剤の使用総量を規制しない限りは破滅に追いやられるであろうことを、水産庁も内心では不安に思っていたようだ。水産庁の方向転換の手始めは、とにかく有機酸活性剤に含まれるリン含有量を五％から四％に削減せよという指導であった。この程度の指導であっても、水産庁としては大事な漁民をも指導していますよという市民社会向けのポーズを取ったつもりで、主婦たちが従来の洗剤を無リン洗剤に切り替えて、河川・海洋汚染を気づかう運動などは、水産庁にとってはどうでもよいのだろう。

しかし、水産庁が内心では失政と思い始めていることのさらなる証は、最近になって漁民に有機酸活性剤の繰り返し使用（リサイクル）の指導を始めたことにも如実に現れているように思われる。私の立場からすれば、第三者委員会の議事録中に出て来る有機酸の繰り返し再利用も、科学面・経済面、どちらからしても市民社会に責任ある適切な発言とは思えない。なぜなら、一度に多数の各種細菌類をも含む海水で希釈された有機酸剤を腐敗させずに保管して再利用するには、それこそ莫大なコストがかかるのであり、現実的指導とはなりえない。時代の流れ、循環型社会を摸倣して有機酸剤のこれ以上の出荷を抑えようとの苦肉の策だったのであろうが、必要経費を税金で補助するとでも言わない限り、恐らく大部分の漁民を納得させる指導とはなりえない。仮にそうなったところで、補助金は恐らく漁民のポケットに入るだけで何の意味も持たない。有機酸活性剤なる、細菌のご馳走を再利用するとなれば、相応のコストのかかる工夫が必要となる、圧力をかけながらろ過して細菌だけを除去する方法とか、食塩を多量に加えて浸透圧を高めるとか、相当量の使用許可済の防腐剤を添加するとか、あるいは防腐剤を使用せずにバクテリアの増殖を抑えるとすれば、零℃に近い低温倉庫内で保管するとか……有機酸活性剤の再利用を時間と費用をかけずにできる技術はありそうにない。

水産庁が今になって海洋汚染を防止すべく、有機酸活性剤のリサイクル使用を推進して、使用総量を低めに抑制しようと努めたところで、これほどの手数が掛かるのでは、漁民が求めている省力化（原液のおよその希釈倍率を目で判断するために染色剤を加えた）に逆行するだけでなく、再利用には上述のような製品コスト上昇が伴うだけに、輸入品との競合に曝される国内で普及させ得る技術とはとうてい思えない。なにゆえ委員会の中でこのような水産庁の指導案に疑問が出されていないのか。細菌類のご馳走を次回の再使用まで簡単に保管できると思っているとすれば、その見識を疑わざるを得ない。逆に、腐敗する前に、毎週のように再利用させることを推奨して、流行中のリサイクルという「甘い言葉」によりお茶を濁そうとしているのであるとすれば、それこそ、薬漬けのノリを消費者に届けることになるあくどい漁法と商法の後押しをすることになることに水産庁は気付いているのだろうか。

委員会の審議ではこのリサイクルの部分の報告は聞き流されてしまっているが、水産庁から前もってこの場合のリサイクルの適切な手法の説明がなされているようにも思えない。その後のページに「リサイクル使用によって総使用量の削減をはかる」との文章があることからすると、リサイクルがコストをかけずにできるような夢想が語られているように思えてならない。また、実際にリサイクルを実施した結果、二九〇〇トンの総販売量からどれほど減少させ得たのかが明示されないことから見ると、有明海に投与されている有機酸剤総量は未だに減っていないのではなかろうか。

第一の問題は、水産庁の山下潤栽培養殖課長の言い逃れとも言える許しがたい発言である。それは、ノリ養殖に使用された窒素とリンの販売全量が仮に有明海に全量投下されたとしてもその量は四七・七トンと一〇〇・一トンであり、環境省試算による生活・畜産などの河川からの流入年間総負荷量、二万五九二八トンおよび三一三八トンと比べると圧倒的に少ないので、そう問題にはならない、という趣旨の報告である。これに関する議論も、以前、私を水産庁に長時間釘付けにしてしまった原因であった。環境省の試算は事実であろうし、恐らく下水処理施設が完備しておらず、また農業においても化成肥料が改良される以前の、年間を通じていく度か施肥される、二〇年から三〇年以前の状況なら、もっと多量にこれらの海洋汚染物質が有明海に流れ込んでいたと想像できる。しかし、まだ当時はいたるところに干潟が機能していて、これらの負荷が環境容量を越えることがなかったため、均衡が取れ、豊潤な有明海であり得たと想像される。豊潤な海の幸は有明海が適当に農業排水や生活排水で「汚染」され、「水清ければ魚棲まじ」の状態ではなかったことの証そのものである。

しかし、その均衡はまさに環境容量すれすれのレベルでゆらいでいたことは、それこそ過去においても度々赤潮の発生を見ていたという事実から推察できる。それらの過去の経緯や事実を水産庁は明確に把握していて、しかもそれらの赤潮が海水温の上昇する夏季に起っていたことをも把握していて、本来は赤潮が起りようもない時期、つまり細胞分裂に不適な海水温度の低い冬季になぜ起ったのかという、自然現象としてはあるまじき事柄が生じたことになぜ疑問を持てなかったのか、なぜ全く危機意識を持てなかったのか――情けない限りである。そして、残念なことに委員の誰一人この不自然な出来事に切り込んでいないとなれば、第三者委員会に見えるのは馴れ合いの構図だけである。

水温が低い冬季で、しかも日照時間も少ないという赤潮発生に不適な季節に、赤潮を発生させてしまったことに誰かが疑問を持ちさえすれば、解決の糸口をつかめたと思えるだけに、残念でならない。常識外の自然現象を惹起したからには、そこにはよほどの大きな負荷がかかったと考えるのが科学的思考の常識であるのに、誰一人山下課長の発言に食らいついてはいなかった。そこに議論が生まれたならば、まさに短期間の内に一度に多量の負荷を与えたものを探すことになり、その責任が自らの通達にあったことに気づき、反省し、先輩の出した通達を至急撤回せざるを得なかったはずである。

山下課長は、環境省のデータと養殖業者の販売データを比較すること自体に疑問を感じなかったのであろうか。前者は生物による分解速度を度外視した総負荷量（微生物によって利用されるにせよ、加水分解から始まって生体内に取り込まれて低分子化されるまでには多段階の反応過程があり、それには長時間かかる）であるのに対して、漁民が利用している負荷物資はまさに秒単位で生体内に取り込まれる栄養剤（有機酸イオン、無機酸イオン、アミノ酸イオン等）であることに留意せずに比較すること自体が、意味のないことである。たった数分間ノリ葉体を浸しただけでノリを活性化させ得るほどまでの、生体内における物資代謝系に利用しやすい物質の総量を、環境省による、主として高分子化合物からなる有機物の酸化分解と比較するとすれば、水産庁が推奨して業者に生産させているものが生体エネルギー・還元力生産に直接的に関わる有機物であるからには、三桁以上の時間係数をかけるくらいで計算すべきで、比較すること自体きわめて難しく、無意味なことである。

また、ノリ養殖期は晩秋から早春にかけての、農耕もあまり行なわれない半年弱の期間とすれば、環境省の示す河川からの流入年間負荷の二分の一よりも実際は少ないとさえ考えるべきではなかろうか。つまり、窒素とリンは大きく見積ってもそれぞれ約一万三〇〇〇トンおよび一六〇〇トンと半減する上に、それぞれの内のどれだけが栄養剤としてノリ養殖業者が投与している分子やイオンの形として計測されうる形をしていたのか明らかでない。恐らく、農閑期の排水では、糞便とか枯葉とかの芥の形で計測されたものも多量に含まれよう。特に、樹木の枯葉（分解しがたいリグニン含量大）などは、完全に分解するには通常の O_2 の豊かな自然界でなら先ず菌類により、それに続いて細菌類によって分解されるのだが、冬季の水温の低い時期にそれらが藻類に利用可能なイオンや分子の段階にまで分解されるには、前述したように相当の時間がかかると判断すべきで、秒単位で各種藻類の体内に取り込まれてしまう有機酸剤と比較することは全く無意味である。むろん、いずれにせよ有機酸の分解とは CO_2 と H_2O になることではなく、結果としてノリ葉体自体の構成要素と化すばかりか、他の、より下等な微生物の増殖（細胞構成物質の増大に寄与）をもたらす食物連鎖の一環として理解すべき事柄なのである。

このような、自然界での仕組みを適用すれば、ノリ養殖業者が消費した有機酸活性剤の実質的総量は四万七七〇〇トンおよび一〇万トンに相当することとなり、冬季には生活廃水や畜産業からだけ排出される有機態河川廃棄物の総量をはるかに凌駕することにさえなってしまう。この推論の正当性こそ、宇宙開発事業団撮影の**写真2**が示す映像で証明されている。通常は海水温度の上昇する夏季に出現するはずの赤潮が、有明海や八代海では逆に冬季に、有機酸剤の使用が始まった時に出現するという重大な事実が反映されている。まさに、有明海・八代海で有機酸活性剤投与のように直ちに栄養源となり得る物質を、（たとえノリ生産のためとはいえ）海洋に投下するという作業に赤潮の発生が同調しているこの事実こそ、ノリ色落ちそのものの原因となる有機酸レベルまで低分子化するのに長時間を必要とする生活排水などと比較すべきものではないことの証しである。なぜ水産庁は、含塩有機酸を投与する冬季にだけ赤潮が発生している映像に対して、自らが認可した通達がなせる業が有明海や八代海を富栄養化させ赤潮発生を誘発させてしまったと認めるのではなく、原因を他になすり付けるような逃げの態度を取り続けるのであろうか。

第二の問題は、底生生物資源についての討議にある。第三章で述べたように海底が砂質であれば、好気的条件が保持されやすく、その点では貝類の成育を図る覆砂事業は妥当な改善方法であり、短期的には良好な成果を生むのは当然である。しかし、その覆砂用の砂が有明海自体から採取したものであるとすれば、有明海のいたる所に再度有機堆積物を溜め込む凹地を海底に作ることになり、やがてH_2S発生源を増やすに等しい小手先の解決策にすぎない。それでは、近い将来にアサリ全滅の悲劇をもたらすのは必定である。目先の打開策のための覆砂に何十億円にも達する国税を使用するということは、それが抜本的復元作業でないことだけに無駄使いである。そんなことで、絶滅しかかっている希少生物種を絶滅から救済できるとでも思っているとすればとんでもないことである。恐らく「生物多様性保全条約」を国家として遵守せねばならないなどという義務感を抱く役人も委員も存在していなかったのであろう。もしいるのならば、もっと抜本的な対策とは何かが、真剣に考慮されてしかるべきである。

有機酸剤＋栄養塩という直接的に秒単位で生体内で活かされる物質が、食品生産という名目ならば許される時代は過ぎたのである。有機酸剤を添加し続ける限りは、覆砂しようが、多少海水の流れを良くしようが、ノリ養殖柵を減らそうが、海水が入れ替わるのに少なくとも二ヶ月以上も掛かる半閉鎖海域に実質的にすべての有機酸剤を捨てるに等しい行為を続けている限りは、以前のような豊潤な有明海は二度と蘇ることはあり得ない。たとえたしかに、負荷物質の一部が食品、ノリとして回収されるとしても、水産庁が主張するように河川由来の有機物や栄養塩の回収であると勘違いしている限りは、その意味での海洋環境の再生など幻想にすぎない。

第三の問題は、干潮時には天日に曝される干潟でさえ貝類が死んでしまうという事実に対してもおざなりの議論に終始してしまっていることである。そこでのタイラギ（二枚貝）の死に様（**写真3**）に、ある委員は注目していた。私からすれば干上がる場所よりは、干潮時にも干上がらない場所の方が H_2S に曝される機会が多いだけ死にやすいのは当然のことなのであるが、それらは常時海面下に生息していることからしてナルトビエイの餌食になったものもいようけれど、「生き延びているものもいるとすれば、食害だけでは済まされない」と述べている。これは当然の見識ある発言であったが、そ

写真３　タイラギ（二枚貝）の墓場（干潮時有明海湾奥の干潟）
（「有明海を育てる会」会長・近藤潤三氏提供）

の後に、「貝類は嫌気呼吸と好気呼吸と二つの呼吸ができる生き物で、干上がっている時には別の経路を使って酸素呼吸をしている」と述べ、「干上がったところで死亡が少ないというのは、嫌気呼吸の何かが働いていたらそうなるのかなと思っておりました」とある。干上がるとは、酸素分圧が高まることであり、どうして嫌気呼吸が高まり生存のための主役に躍り出ることになると言うのか、その理由が分からない。むろん、乾燥から身を守るために貝は口を閉ざしてしまうのだから、エラで酸素を捉えることができず、酸素に無縁な嫌気呼吸をすることもあり得ようが、そうであれば、日射での体温上昇に呼応する代謝速度増大だけでなく、前述のパスツール効果を加速させて体力を消耗することで死期を早めることがあっても、死亡から免れる根拠にはなり得ない。むしろ、干上がってしまうような干潟のタイラギさえ苦し紛れに口を開け（殻を広げ）死んで行っている光景、いわゆる「立ち枯れ」「へい死」と言われる姿が示唆することは、二枚貝としての正常な生理的筋肉運動能力を失ってしまった姿を示している。そしてこの光景は、人によっては、一九八〇年代からすでに見られていると述べている。つまり、有明海疲弊の主たる原因はタイラギを死の墓場へ追いやった有毒物質であり、それが二〇年も以前から有明海では発生していたのである。とすれば、有明海の疲弊が諫早干拓と無縁であるという認識を委員の全員が確認して然るべきではなかろうか。

確かに、この二〇年間における地球温暖化はきわめて急速かつ深刻で、先の第三者委員会でも報告されていたように対馬暖流で約一℃の海水温上昇を招いている。海洋・陸上を問わず、動植物の分布北限は北上を続けているが、かつてはほとんど見かけなかった、貝類を主食とするエイの仲間が有明海にも入り込むような状況が生まれ、二枚貝不漁の主たる原因を、二枚貝を食べるトビエイ（ナルトビエイ）による食害に帰せしめて何とか理由付けしようとする動きも始まった。それが全く関わりがないとは言えない。自然界にはどこであろうと食物連鎖があるのだから、有明海の水産業にとって好ましからざる客が食害を惹起するという事実をも肯定し、それらの捕獲・駆除に努めねばならぬことも当然なことであろう。また、特に夏季における異常な水温上昇は各種の病原菌増殖をも誘発しかねないのは当然で、相応の調査、措置をすることもしかりである。しかし、食害が不漁の主因であるとすれば、相当大規模に食べられた跡形があるはずであり、この種の有害魚類が集団をなしてある個所に棲む二枚貝を襲うなどということは考えがたい。以前から問題となっていた**写真3**に見られるような底生生物の不漁に際しては、食べられた形跡は残っておらず、インターネット上での漁民の話では、ある日突然一斉に死んでしまったと驚き、貝類の墓場の写真をホームページに掲載しているものもあった。重要なことは、**写真3**に見るような歴史的過程での漁獲量の減少に対応して映像化されて来た二枚貝壊死の症状こそ、私が H_2S（硫化水素）による毒殺と推定して来た一つの根拠である。他の二次的要因を持ち込んで不漁の根幹的原因を見失うようなことがあってはならない。

むしろ問題は、食害の形跡が昔から有明海全般に広がっていた訳でもないのに、なぜ有明海荒廃を赤潮死骸やノリ葉体の破片の堆積物由来の有毒ガス発生と結び付けて考えようとせず、最近になって被害を無視できなくなったからといって、元来副次的な要因に過ぎないトビエイに不作の主因があるかのような発言に重きを置くようになったのかである。その背景には、第三者委員会がノリ養殖漁民保護のために、有機酸処理反対を叫ぶ二枚貝漁業者に対して単なる子供だましのポーズをとっていることがあるように思われる。むろん、すべての県の専門家がそんな愚かしい発想をしていないことに救いがあるのだが。五月になって水温の上昇と共に二枚貝類の生理的な死が一斉に起り始める一方、干出養殖の海域では大量のへい死は起っていない。つまり有機酸処理をあまりしなくとも済むような海域では生存しているという事実もまた、真相に迫るヒントを与える貴重な情報である。しかし、寄生条虫にも問題を絡ませて、各種要因の複合的関わりなどということを言い出すようになると、それは科学という、関連するパラメーターに重み付けをする作業からの逃避であり、委員会としての使命感を疑わざるを得ない。もし、本当に何らかの病原菌が蔓延する状況が生まれているとすると、それこそが有明海の生き物を衰弱させてしまったがための「結果」であり、「原因」ではないのである。すべての生命体は体力を消耗して弱っていれば、各種病原菌に対する耐性や急激な環境変化への抵抗力を失って死んでしまうというのは、私たち人間にも当てはまる生き物に共通の原理である。

もし、他の生物間での競合によるとすれば、有機酸剤という富栄養化をひきおこす行為が有毒プランクトンの増殖をもたらして、単に貝毒として貝と共生するようになっただけでなく、二枚貝の運動機能を奪うような毒素を生産するような事態を誘発させてしまったとも考えられるが、そんな報告がなされていないことからすれば、そこまで海域が毒されているとは考えなくともよいのかも知れない。しかし、有機酸剤は有明海域だけで販売されているものではなく、全国的に販売されている。私の住む宮城県では、アサリ貝毒が発生したということで、潮干狩りの開始が延期され、四月下旬になってやっと解禁された。このような異常状態が過去になかったわけではないが、こんなに遅くまで解禁が待たされたのも、有機酸の中でも乳酸という悪さをする有機酸剤の使用が終了して後、しばらく経過するのを待ってのことではなかったかと思わずにはいられない。有機酸剤投与の問題は単に有明海域に限られた海洋汚染として片付けるべき問題ではないということである。ノリシーズンが終了するまでは、太平洋に面する内海でも庶民の楽しみが奪われてしまうのだとすれば、全国的に黙視できることではなかろう。私には、直接的証拠はないのだが、有機酸剤の使用中に底生生物に毒素を生成する植物プランクトンが生じていることを、有機酸剤と無縁として済ましてはならないように思えるが、いかがなものだろうか。

第四の問題は、佐賀県からの報告であるが、依然として有機酸処理・投与以外に施肥もしているという。アンモニア態窒素がいいと述べ、硫安をまいていることに何の疑問も持たずに報告している。そして委員長は、この発言に注意をうながすこともせず、では次の議題に移りましょうと、ことの重要性に気付いていない。硫安を選択することについて言えば、窒素養分として与える場合、塩基性の海洋ではアンモニア分子が解離して、アンモニアのいく分かは気体となって空中に放出されるが、その量は無視できるほどの少量であるし、藻類が直接的に利用する硝酸態での投与よりは酸化されてから利用されるアンモニア態での投与の方が無難と判断してのことと理解はできる。問題は、投下後に解離する硫酸根（硫酸イオン）が海洋疲弊を誘発する最悪の物質であることに何ら留意していないことである。それこそ無機酸の使用が好ましくないという理由は、そこに硝酸やリン酸以外に硫酸が含まれるからであるという認識なしに、硫安の使用を全員が聞き流していることには唖然とさせられる。海洋環境破壊、富栄養化の最も代表的な危険元素が、リン、窒素、そして硫黄であることに何らの注意もしない委員会のように私には思えてならない。むろん、**図18**の水圏での硫黄循環に見るように、海水中では硫酸イオンは鉄分と結合して硫化鉄となったり、カルシウムと結合して石膏になるものも多いが、重要なアミノ酸の構成要素が硫黄であることを知らないはずがない。委員会の問題は繰り返し述べるまでもないが、委員会に出席傍聴を許されていながら、それに疑問を持ち得ないマスメディアの問題も大きい。

ところで、第三章1節で引用した故広松氏の著書（文献15）の中の文を今一度読んでいただきたい。その続きに氏は次のように書いている。「その死骸です。よく見たら、ワラスボもどんどん流れる。ボラの死骸もです。……それが潮汐流に乗ってずっと佐賀県の漁場を漂っていました。」彼は、この現象が有機酸・硫安の処理と直接関連しているとまでは考え付いていないが、以前なら大雨が降ると沢山の魚が沖合から川を遡って来るのに、今や逆になって水が出たら沿岸部から魚影が見えなくなることに疑問を抱いている。私にもこの現象がなぜ起るようになったのか、安易には説明することはできないが、少なくとも大量の硫安を初冬に投下するようになってから起り始めた現象であることは事実である。硫安投下後間もなく、水深四〇センチメートルの深さにあるスクリューを見ることができなくなってしまったという事実は、その深さまで太陽光を通さないほどの高いプランクトン増殖密度になってしまったことを意味し、光を受け止め得ない植物プランクトンは間もなく死に、海底でヘドロ予備軍になる運命にあることを意味している。

投下された負荷があまりにも大きかったために、太陽光を駆動力とする浅海（干潟）の水質浄化機能が完全に奪われてしまい、佐賀県沿岸の海底がヘドロ化してしまった。そして、豪雨に伴う濁流が海底を攪乱し、海底に潜んでいた猛毒 H_2S（表6）を誘い出し、それがボラを含む潮干帯の魚類を死に追いやった、という推論を否定することはできない。これは、ノリ育成のための行為が、その目的とは別に植物プランクトン増殖の加速に加担している証しであり、この硫酸根を有明海湾奥で大量に投与すれば、余ったそれは赤潮を発生させながら、反時計回りの海流に乗って諫早湾沖に流れて行き、

諫早湾までも H_2S 水素発生源と錯覚させうる。こうした事情が、多くの漁民に諫早干拓が有明海を疲弊させたと誤解させることになったのも無理のないことであろうと思われる。

結論的には、故広松氏が度々見かけていたボラの異常な行動は、筑後川河口近辺に生じていた硫安依存の赤潮の死骸がヘドロを形成し、その腐敗物として内部に貯留されていた H_2S が水にきわめて解けやすい（**表４**）ために、降雨の大水によって海底が攪拌されると海水中に溶け出し、逃げ足の速いボラを沖合に避難させたものと考えるのが妥当と言えよう。有明海を囲む各県の専門家だけでなく、第三者委員会メンバーにも、硫安の大量投下は硫酸根の投下に等しいのであって、有明海に毒薬投入を奨励しているという自覚が欠落していたということはまさに絶望的である。

逃げ足の速い魚類さえ寄り付かない海洋環境を創出させたものがほぼ推定できる段階に来ていながら、未だに生物間での関係に主要な有明海荒廃の原因を求める議論、たとえば先のトビエイに見られる生物攪乱の話やウイルス・細菌検査などという病理学的質問が出たりする審議状況は、事の本質が未だに理解できない委員の存在が有明海の早期再生を妨げているとの印象を与えるものでしかなかった。休憩前の最後の方になって、やっと高校用教科書にも載っている生き物の生き方、つまり酸素分圧が少なくなれば嫌気呼吸でしばらくの間なら生存できること故に、単なる酸欠状況が短期間続いても死ぬことはあり得ないという発言が出るお粗末さにも愕然とさせられた。酸欠が電子受容体の欠乏を招き、さらにその状況が進むと次の段階では電子受容体が硫黄に代わり、毒物硫化水素の形成にまで行ってしまうという、環境科学の教科書的ストーリーにまで議論を進めることが出来ずに、魚類の酸欠耐性の段階で議論が終了していることは情けない限りである。

しかし、後半になっての討議において、水産庁が酸処理問題と関連して、環境に負荷を与えない養殖業であらねばならず「責任ある漁業」として国際的にも通用するものとせねばならないとの発言をしたのを聞いて、多少は国民全体への奉仕者としての意識が彼らにあることに安堵し、新聞での私の発言が多少は彼らの意識改革に役立ったのでは、とのささやかな希望を抱いた。一人の委員を除いては有明海の崩壊を諫早干拓と結び付けようとする発言は消え、干拓工事が始まる以前、一九八〇年代からすでに始まっている長期的問題と認識すべきとの意見に収斂したことに、やがては解決の日が訪れるであろう希望が感じられた。そして、第三者委員会メンバーではなく国の直轄研究として、嶋津西水研所長からの研究成果報告があった。それは、研究成果としては、初めてまともな科学的評価に応えうるような手法に基づくものであり、第三章で述べた海底層を規準にした堆積泥中およびその上層部という、生命科学的にきわめて重要な場の主要パラメーターを取り上げて解析したデータを紹介するものであった。大気と接触することなくガラス製のコアサンプラーを落下させて、七〇センチメートルの深さまでの汚泥をも採取し、さらに同時にその場の酸化還元電位をも測定していた。

まさに私が一貫して予測していたように、還元状態の底泥が何箇所かに散在し、貧酸素塊の発生の巣となっているという成層構造（図21）の成立を想定した報告であり、私の論が有明海疲弊の真相であり得ることを証明してくれている。そして、松田委員から底層水において汚泥中から H_2S が溶出して来る可能性に触れる発言があり、酸素呼吸をする底生生物における死の真相として貧酸素状況下で

の H_2S の存在が、複合的により強力な有毒作用を甲殻類に及ぼしていることを観察している経験談が紹介されている。もうここまで来れば、私から呼吸システムについての生化学的説明を詳しくする必要もなかろう。もし、H_2S 発生源となる有機物堆積物がないならば、たとえ完全に無酸素の世界であっても、蓄えておいた高分子化合物を加水分解し、それを解糖系を通してわずかばかりの ATP を生産し続けることができる。したがって、毒物 H_2S が働くこともないだけに酸欠の海で生き続けることができるというのは当然のことなのである。

7　最終報告に見る第三者委員会の実態

第九回第三者委員会の最後で、インターネット上の情報によれば、水産庁の山下栽培養殖課長は第八回委員会での審議結果を受けて「ノリ養殖技術評価検討委員会」を第三者委員会内に作り、酸処理剤の問題を五名の委員で再検討することにしたいと述べた。水産庁出身の鬼頭氏に委員長をお願いし、水産庁の外郭団体（第二の職場）である「社団法人日本水産資源保護協会」に、つまり、水産庁の身内に四課題について研究を委託することにしたいと述べて了解を求めている。第一に、市販の酸処理剤の成分の調査とその海水中での挙動、第二に、酸処理剤の珪藻類への増殖への関与、第三に、酸処理剤成分の海水中での分解・拡散試験、第四に、酸処理剤のアサリに対する影響で、これらすべて室内実験での調査ということであった。

これらの試験結果が、第三者委員会の最終報告会で紹介されている。これらの研究課題が、私が述べて来た有明海疲弊のシナリオからすれば、的外れで意味がない実験であるだけでなく、試験機関そのものが「身内」であることから、この委員会には何も期待できないと私は予想した。案の定、報告内容は有明海荒廃の真相解明にはほど遠い結論が提出され、それは有機酸活性剤を擁護するためのものでしかなかった。

最終回で提出されている「資料7」の報告書では、酸処理剤の拡散、分解、毒性等について昭和五〇年代から六〇年代にかけて精力的に試験研究を行ない、総合的な判断として「雑藻駆除および病害防除に有効であるとともに、使用された酸処理剤が水生生物や海域環境に与える影響はきわめてわずか」と結論し、それを踏まえてノリ養殖の指導を行なって来たとある。しかし、その研究が、第八回委員会で「環境により優しい養殖を進める観点」から上記の課題を掲げて研究した結果であるにもかかわらず、結論的には予測された通り、「酸処理は現時点では赤潮発生の原因となっているとは考えられない。また、ノリ養殖は、光合成による二酸化炭素の吸収および酸素の放出、窒素、リンの吸収等、海域の環境改善に大きな改善効果を果しており、有機酸剤の環境負荷は陸域からの負荷に比べて小さく、むしろ環境改善に貢献している」などと述べる厚かましいものであった。まさに、水産庁が私になした発言そのものであり、海洋環境修復に働く生物による環境修復をノリ養殖に期待しうるかのような結論を引き出したのには驚かされた。水産庁擁護が前提での研究であったがためであろう。

そこで、ここでは彼らの実験が有明海荒廃の原因探求の点から見れば全く無意味なこと、はじめからノリ養殖産業保全に都合の良い結果が出せるように恣意的に計画されたものであること、その計画がずさんであること、を取り上げて紹介してみたい。

第一の課題の市販有機酸剤の成分分析の結果として、すでに**表２**に示した全漁連・全海苔連の情報が世に出回ってしまったこともあってか、水産庁次長通達で許可した各種有機酸以外に、各種の栄養塩だけでなく、アミノ酸類、糖類、ビタミン類、鉄分、着色料、乳化剤、増粘安定剤、各種ミネラル、海藻抽出物などを含む一種の藻類培養基の成分構成をしていることは認めていたが、おかしな事に本書中で各企業が宣伝していた資料（**資料４ａ・ｂ・ｃ**）として明らかにしておいた各種防腐剤は一切含まれていなかった。

各種成分の分析は、聞くところによると液体クロマトグラフで実施されたようなので、データ自体には信頼を置いて良いと思われる。有機酸類が海水による一万倍希釈で、その中に含まれる微生物によって遅くとも一〇日以内に完全に消滅してしまったというのは事実であろう。ただし、彼らはこれを「分解」したと表現しているが、前述して来たように分解ではなく微生物の増殖に寄与して、彼らの細胞構成要素となっている部分と、実際にCO_2として大気中に放出された部分を区分していないのでは、実のある実験とはなっていない。また、酸処理剤を投与した海水からクエン酸等が分子として検出されなかったから、酸処理剤の影響はみられないという判断の愚かさには驚かされる。それらの有機酸分子が何に転化しているのか考えようとしない態度もまた、有機酸剤保護の姿勢の表われであろう。

第二の課題であった珪藻類の増殖に関する試験は、その試験計画自体がお粗末で評価に耐えないものであった。珪藻類の増殖を阻害させないために、酸処理剤の添加濃度を最小濃度でも一〇万倍とし、それ以上の濃度で実験を試みるという現場に適応しない実験条件を与えて、結果として多少、珪藻の種類で増殖を増やすものもあったが、逆に細胞数が少ない場合もあり、特に重視せざるを得ないものではなかったとしている。この実験には委員の中からも異論が出されたらしく、再調査するという。

そもそもの過ちは、珪藻類の増殖を阻害させないために薄い濃度を採用したというのだから、馬鹿馬鹿しい税金の無駄使いとしか言いようがない。いたる所で、有機酸は珪藻類の増殖を抑える点で画期的な効果を発揮する有効な処理剤と言われているのである。実際に使われている濃度で添加した場合の、有機酸を主体とする各種成分の、網への吸着程度と拡散速度を勘案して計画を立ててこそ意味のある成果が得られるものを、初めから薄めてしまってはまともな意味のある研究成果が得られないのは当然である。事実他の実験では、低pH処理後にノリ葉体附着細菌が海水中に振り落されるまでには相当の時間が必要で、ノリ葉体自身が障害を受けるほどの時間が経過してやっと細菌の半分が振り落され、二〇分間という、葉体もまた傷害を受けるような時間が経過してもまだ相当数のバクテリアが葉体に附着したままでいることが明らかにされている（委員会討議「資料7」の二〇ページ目）。

むろん、その附着期間も程度もpHによって変わっては来るが、ここでの実験結果からしても、初めから一〇万倍以上に希釈したような低濃度で培養することが全く無意味なことを示している。さらに本当に有明海荒廃に有機酸剤が関わっているのかどうかを調査するとなれば、有明海の主要珪藻であるスケレトネマ・コスタータム（*Skeletonema costatum*）を試験対象とするのは当然として、なにゆえにノリ色落ちを誘発した主要珪藻と報道されているリゾソレニア・インブリカータ（*Rhizosolenia imbricata*）（**写真４ａ**）や魚類に有毒で瀬戸内海で繁殖している渦鞭毛藻ヘテロカプサ・サーキュラリスカーマ（文献22）や現に有明海域でも有害有毒藻類として認知されているシャットネラ（*Chatonella*）やアレキサンドリウム（*Alexandrium*）属（**写真４ｂ**）の藻類を対象として取り上げなかったのか、その理由も理解することはできない。なぜなら、文献22が述べているように、それぞれのプランクトンは必ずしも増殖に際しての栄養塩依存性が同じではないからである。細胞体が大きければ珪酸の必要度も増えるだろうし、鞭毛を持って運動性があるとすれば、それに関わるミネラル（特に鉄）の需要度合いも違って来る。有機酸剤が珪藻類などを死滅させるよりも、ノリ葉体から剥離・駆除させる役割が顕著であったために汚れのない綺麗なノリ製品ができ上がることに有効であったのであり、有機酸そのものは殺菌剤ではない。とすれば、有機酸剤処理後にノリ網が海に戻された直後では、網

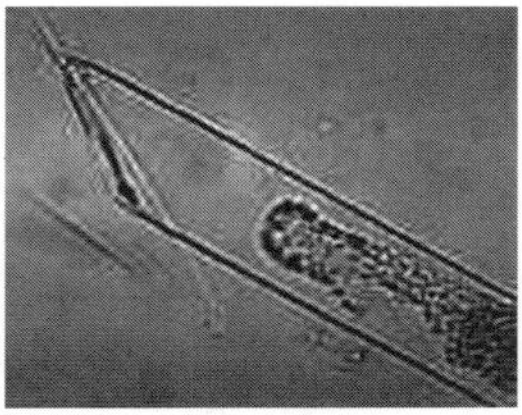

写真４ａ
リゾソレニア・インブリカータ（出典：http ://www2s. biglobe. ne. jp/~plantbio/biodic/Pl/mp20.htm）

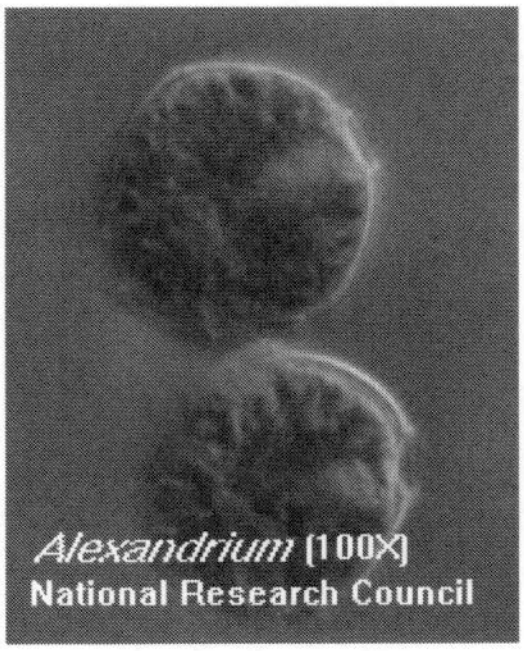

写真４ｂ
アレキサンドリウム（出典：http ://museum. gov. ns. ca/poison/alexandr.htm）

近辺に存在した珪藻は同じ一〇〇倍希釈の溶液に接していると考えるべきであり、段階的にその網からの距離と時間に応じて有機酸剤拡散による希釈で、希薄な有機酸剤に接することになるのが自然界での挙動である。前述したように、これらの比較的低分子の化合物は秒単位で生体内に吸収代謝されて行くことからすれば、ここでの実験は全く評価に値しない。

第三の課題においては、ノリ網付近の表層近辺での数分間ではより高濃度の有機酸剤に触れているに違いないと五万倍希釈のものを使用している点では、多少は評価されるが、塩基性の緩衝溶液とも言い得る海水の中で有機酸剤を添加してpHを測定したところでほとんど意味がない。むしろこの実験で初めて、一日経過しても有機酸の一部は残留している上に総有機炭素量に変化が見られないことから、CO_2にまで完全に酸化（分解）されるものでないという生命科学の常識を確認することができたことだけは喜ばしい。そもそも、有機酸が自然界では完全に分解してCO_2になると思い込んでCODを測定し、分解速度を計算しているが、これらの速度は光の有無や水温で全く異なるものだけに、これらの実験条件が示されていないのでは評価のしようもない。また、ここで行なった海底移行性試験や懸濁物質の凝集・沈殿試験は取り上げるまでもない無意味な試験である。

第四の課題においては、酸処理剤の環境負荷の調査と称して、各種パラメーターの調査を行うとともに、ノリ養殖が何とか環境浄化に寄与していることを証明しようと試みている。その暫定試算値を**表8**に示したが、まことに水産庁に都合の良い解釈がなされている。すでに読者はお分かりのように、ノリ養殖のための有機酸剤使用は冬季に限られているのに、年間を通じて有明海に流入する有機物に

	単位	13年	備考
有明海への負荷総量			
COD	トン	104,894	国調費グループ試算値(H14.11現在)を使用
T−N	トン	28,624	〃
T−P	トン	3,841	〃
酸処理剤			
使用量	トン	2,358	漁協系統販売量
COD	トン	708	有機酸の成分組成から事務局推計　（別添参照）
T−N	トン	30	各製品の含有量(メーカー報告)の合計
T−P	トン	82	〃
ノリ養殖			
生産枚数	億枚	45.05	各県生産枚数の合計
生産重量	トン	14,867	干しノリ1枚当たりの重量3.3g（ノリ推進協議会資料）
C含有量	トン	5,947	干しノリ炭素含有量40%（佐賀県有明水産試験場報告書等）
N含有量	トン	937	干しノリ窒素含有量　6.3%（五訂日本食品標準成分表）
P含有量	トン	103	干しノリ燐含有量　0.69%（五訂日本食品標準成分表）
O2放出量	トン	15,858	炭素含有量が光合成により生成したと仮定（炭素含有量×32÷12）

表８　有明海におけるＣＯＤ、Ｔ—Ｎ、Ｔ—Ｐ等の状況
(2001 (H13) 年、暫定試算値)

よるCOD（前述したように生命科学の立場からは妥当な指標ではない）、総窒素（T-N）および総リン（T-P）の流入量が負荷として示されている。これらの指標の内、陸上での農耕によるものの割合は示されていないが、通常はT-N, T-Pは農業由来のものが多く、それらが春から秋にかけて高い値を示すとなると、冬季に限っての環境負荷だけを引き出して算定すべきである。それなのにここではそのような配慮をすることなく、酸処理剤による負荷量はそれぞれ全体の〇・七%、〇・一%および二・一%とし、酸処理剤使用期間である冬季に限定したとしても、ほぼ倍増するにすぎないとしている。半閉鎖海洋である上に遠浅の有明海の特殊な自然環境は、今回の最終報告書によれば海水容量は海面面積の割には小さく$3.12\times10^{10}m^3$で、有明海での海水更新には年間平均で約五〇日かかるという。また、この平均値には降水量の多い夏季の四〇日を含むとすると、渇水期に当る冬季での交換率は約二ヶ月は少なくとも必要ということになる。つまり、海水が滞留するような季節内だけで、酸素呼吸の直接的基質である有機酸にその効果を促すための各種薬品を加えたものを、栄養剤として二九〇〇トンも投下するに等しい行為は、本来の有明海の負荷と浄化の微妙なバランスを決定的に破壊することになった。だからこそ**写真2**の衛星画像に見るような、冬季にだけ現れる赤潮の姿が突きつけられているのである。先に**図17**に示したように、水圏の自然環境は各種パラメーターの基で微妙なバランスの上に成り立っているという理解がないばかりに、何とかノリの水質浄化作用を示そうと足掻いているとしか思えない。有機酸剤添加という余計な負荷を与えなければ、まさにノリは有明海の浄化に働き、本来の自然の修復に寄与することはあらためて述べるまでもない。むしろ**表8**は、有明海にこれだけ多量の有機物も栄養塩類も流れ込むのであれば、有機酸の代りに希塩酸を用いるという自然に優しいノリ養殖を手がけても、相応の収穫を得られるであろうことを示唆しているとさえ言えるのではなかろうか。

にもかかわらず、ノリ養殖に際しての成長に伴う冬の短い昼間における酸素放出量と長い夜間における酸素吸収量をどのように対応づけた末の結論か分からぬが、O_2の放出が負荷の二二倍あったなどとは全く無意味である。有機酸剤を添加していて、ノリ葉体として成長した構造体中の炭素元素の全てが光合成によって生成したと仮定することに疑問を持てないとは情けない。**図14**で示したが、全ての植物はその生成量の嵩は違っても、昼だけでなく夜も炭素固定（還元）を行なっている。ただ、太陽光のエネルギーを受け止める葉緑体で生産されるATP・NADPHの量に比べて、夜間の酸素呼吸で得られるATP・NADPHの量が圧倒的に少ないためにいかにもむしろ光合成産物を夜間には消費しているかのように思われていたに過ぎない。中高生なら、そんな程度の知識で発言することも許されようが、社会で指導的立場にいる専門家がこんな程度の学識で指導者顔をされるのでは叶わない。酸素呼吸の活性をしばしばCO_2放出量で示すことがあるが、そこで測定される量は脱炭酸反応と炭酸ガス固定反応の差であることを知った上で、生体のおおまかな呼吸活性を示す時にだけ使用が許される指標に過ぎないことも知らないのではなかろうか。実際の酸素呼吸量を示す場合には、O_2吸収量で示した方が無難であるが、それであっても必ずしもミトコンドリアで行なわれている酸素呼吸の正確な活性を示すとは限らない。理由は、その他多くの細胞内物質の酸化にも、ミトコンドリアでの酸素消費に比べれば極めて少ないが、O_2は消費されているからである。こんな愚かしい仮定を掲げ、さらには炭素骨格そのものである有機酸を添加しておいて、かかる無意味な計算をして海水中のODを高めることにノリ葉体が働いていることを宣伝しようとする姿勢には、必死になって自らが推奨して来たノリ養殖法の正当性を守ろうとする水産庁の足掻きが見える。

たしかに冬季の海水温の低下は自ずとDOを高めるが、有機酸剤投入に附随する植物プランクトンとの酸素、栄養塩をめぐる競合を真面目に評価した上での結論とは思えない。有明海に他の一切の緑色植物が生存していないなら、ノリ葉体における光合成明反応が相応のO_2を海水中に放出し、その収支の改善に貢献したと言えようが、ことは、O_2を日夜を問わずに消費している多くの動植物群を抜きにして語れぬ現象なのである。仮に実験室内でのO_2収支の算定が正しいとしても（ここでの仮定ではそれはあり得ないが）、有明海の環境改善に寄与しているなどと言うことはおこがましい。

同じ事柄は窒素収支やリン収支にも当てはまる。植物プランクトンのような球形をした構造体の方が表面積を大きくしているために、ノリ葉体のような平面的構造をした生き物よりもはるかにすべての物質（栄養塩類に限らず）の吸収・排出に優れていることを知っての話なのであろうか。有機酸剤を多量に投下された海域で、特に大型の珪藻類との間での栄養塩をめぐる競合に敗れて色落ちしたというのが、地元の専門家の一致した見解ではなかったのか。私もその見解が間違ってはいないと認めている。実際の自然界では、物質収支においてはノリ以上の働きをしている植物プランクトンは食物連鎖を介して海洋の生態系に大きな役割を演じているが、近い将来に、それ自体が人間にも利益をもたらすこともあり得るだろう。ただ、現在は、ノリのように直接的に食品として食卓に上がらないだけの話であり、特殊な薬剤の原料となったり、加工法の進歩がそれらを新たな食品に化けさせることさえ想像される。例えば、固い珪藻類の殻を効率的に除去する方法が見つかれば、直ちに畜産業の餌としての活用は可能となろう。

科学的思考力の欠如は、COD負荷に関する議論で、有機酸剤投与が夏季における貧酸素水塊発生の原因になっていないとの結論に象徴されている。彼らの理由によれば、以前の私の指摘（**資料1**）に対するある方の反論と同じであるが、有機酸剤は海水中で急速に希釈・分解され、またそれを使用したのは冬季であり、貧酸素水塊が生じるのは夏季だから無関係であるという。哀れとしか言いようがない洞察力である。いかに希釈されようとも、生体は濃縮する機構を有するからこそ、環境ホルモンをはじめとして、食品の安全性が社会問題になっているのではないか。二九〇〇トンにも達する有機酸剤は、もし微生物によってすぐに分解されなかったとしても、冬季にはおよそ二ヶ月も有明海内に滞留し、結局分解されるのである。それが植物プランクトンを含むあらゆる微生物のエネルギー源や還元力の創出となって、有明海中に莫大な微生物を繁殖させることになることに気付かぬとでも言うのだろうか。それらが栄養塩を食い潰した挙句、死骸となって海底に沈下・堆積し、海水温度の上昇につれて分解（酸化）されるがために貧酸素水塊が海底下層に生じたのではなかったのか（図19）。もし、酸素に乏しいという自然現象が地球温暖化によるのだとすれば、それは海面上層部でこそ発生することと予測されるのだが、実はそうではなく、海底に堆積している何らかの有機物質の分解のために酸素を消費しつくしてしまったからこそ生じたのだ。科学者ともあろう人々がなぜこのように素直に考えられないのか不思議でならない。それほどまでしてノリ産業を守らねばならない義理は何であろうか。

素人向け、お役人向け、政治家向けには通用するのかも知れないが、とにかく、ずさんな実験計画と、そこから得た成果をノリ産業に都合の良い解釈へと導くその仕方には驚かされる。水産庁が許可した以上は、絶対にその正当性を死守せねばとの必死の思いで書かれたものに違いない。ただ、最後の方になって、ある委員から防腐剤と思われる、有機酸剤と併行して使用されている添加剤の存在（**表9**）を無視したことについての発言がなされたことに、一筋の光明があった。

企業がノリ養殖漁民に売り付けていた有機酸剤がノリ栄養剤であったという事実は、彼らがバクテリアの餌を漁民に売り付けていたというに等しい。また、流し網方式で一度も水面から上に引き上げられず日干しに曝される運命になかったノリ棚も存在するということは、細胞壁のひ弱な水脹れしたノリを生産していることに他ならない。結果として、見かけ上はノリ葉体の生長速度は大きく、生産高が増えたように見えるだけで、加工段階ではスミノリ症（加工段階での加圧に負けて原形質を吐出してしまう）が発生するのであるから、佐賀県代表の参考人が、そのようなノリ棚では本来は余計な雑藻類や病原菌の駆除だけを目的とした有機酸処理が効果的、と発言するのも当然のことである。前述したように、本来細胞壁は太陽光あっての構成要素であり、光合成が充分になされ、ときおり日干しにされて頑丈にできていれば、たとえ加工段階でミンチにされローラーにかけられようと、潰れて細胞の内容物を吐き出すことなどあり得ない。しかし、近年流行の「浮き流し」方式で、そのうえ、有機酸には乳酸などという醗酵産物を愛用するようになると、前述したように乳酸は夜間でも直接的に細胞膜や壁の構成要素として取り込まれ得るものだから、太陽光にさほど依存しなくとも細胞壁を作れることになる。その結果、乳酸は見かけ上はノリ葉体の急速な生長を促すものとして評価されもしよう。しかしそれは見かけ倒しの軟弱な細胞壁となり、加工段階でのローラーの圧力にも耐え得ず、スミノリ症状を呈するのは当然の帰結である。流し網方式による生産では、日干と無縁であったために水膨れのした貧弱な細胞膜・細胞壁となり、養殖中に罹病しやすくなるのも当然で、有機酸剤の使用に際しては各社とも農薬にも匹敵する防腐剤をも併せて販売せざるを得なかった事情も必然的なものであった（**資料４ａ・ｂ・ｃ**）。前述したようにある企業の使用している防腐剤はパラオキシ、安息香、酸類のエステルとのことである（表９）。文献11では、食品添加剤として認められているものなら、何を使おうが企業の勝手であるかのように述べられているが、植物生理学、生化学の常識からすれば、ベンゼン環の構造を生合成できるのは基本的には植物だけで、そのためにベンゼン環を有するアミノ酸（フェニールアラニン、チロシン、トリプトファン）は私たち人間にとっては必須アミノ酸となっており、種々の食品を食べることでのみ摂取できるものである。植物だけがそれらを作り出すことができるのは、光合成反応という強大なエネルギーと還元力とを提供できる仕組みを持っているからに他ならない。パラオキシ安息香酸自体は多くの緑色植物にも含まれ、高等植物では天然の生長抑制ホルモン剤の一種として機能していることが教科書にも載っているが、このモノフェノール物質（ベンゼン環に一個のヒドロキシル基（水酸基-OH を保有する化合物の総称）の人工的に高分子化された化合物が太陽光を浴びるノリに殺菌剤・防腐剤として与えられた時に、食品への添加物としてではなく、生きている、つまり代謝しているノリ葉体に取り込まれ、さらに有害・有毒な物質に重合・変換しないとも限らない。水産庁はその危険性を充分に認識した上で業者のやりたい放題を黙認して来たのだろうか。ソーセージについては低毒性の許可された食品添加物であったとしても、大量の光エネルギーと還元力が供給され、それを基に多くの二次産物を生産する能力を有する緑色植物にそれらを与えても、完全に安全であるとの実証をしているのだろうか。厚生労働省の食品安全課に問い合わせても、その種の知見は持ち合わせてはいないようであった。水産庁のノリ産業保護行政は国民の健康を蝕む危険な食品を与えていると述べる先の文献（2、3、4、5）は、防腐剤の使用の実態を知らなくと

パラオキシ安息香酸およびその誘導体

商品名	化学名・構造式	特徴及び用途
パラオキシ安息香酸 既存化学物質 No.(3)-160 CAS No.[99-96-7]	パラオキシ安息香酸 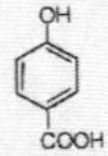 $C_7H_6O_3$ 分子量138	医薬品原料 その他
パラオキシ安息香酸メチル 既存化学物質 No.(3)-1585 CAS No.[99-76-3]	パラオキシ安息香酸メチル 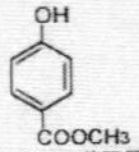 $C_8H_8O_3$ 分子量152	防腐剤 殺菌剤 合成樹脂および繊維 パラオキシ安息香酸メチルは食品添加物や医薬品、化粧品等の防腐剤として広く使用されている極めて低毒性の化合物です。
パラオキシ安息香酸エチル 既存化学物質 No.(3)-1585 CAS No.[120-47-8]	パラオキシ安息香酸エチル 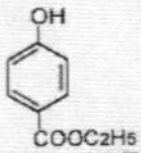 $C_9H_{10}O_3$ 分子量166	防腐剤 殺菌剤 合成樹脂および繊維 パラオキシ安息香酸エチルは食品添加物や医薬品、化粧品等の防腐剤として広く使用されている極めて低毒性の化合物です。
パラオキシ安息香酸プロピル 既存化学物質 No.(3)-1585 CAS No.[94-13-3]	パラオキシ安息香酸プロピル 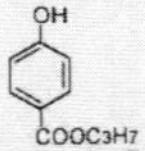 $C_{10}H_{12}O_3$ 分子量180	防腐剤 殺菌剤 合成樹脂および繊維 パラオキシ安息香酸プロピルは食品添加物や医薬品、化粧品等の防腐剤として広く使用されている極めて低毒性の化合物です。
パラオキシ安息香酸ブチル 既存化学物質 No.(3)-1585 CAS No.[94-26-8]	パラオキシ安息香酸ブチル 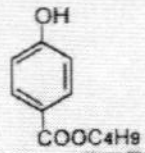 $C_{11}H_{14}O_3$ 分子量194	防腐剤 殺菌剤 合成樹脂および繊維 パラオキシ安息香酸ブチルは食品添加物や医薬品、化粧品等の防腐剤として広く使用されている極めて低毒性の化合物です。
POBO		ナイロン用潤滑・離型剤、射出成型品、押出製品、吹込、フィルム、モノフィラメント等、各種製品 冬期に凝固することがある(融点15℃)。
POBO M		ナイロン用可塑剤 合成皮革用、成型用、フィルム用
パラオキシ安息香酸ベンジル 既存化学物質 No.(9)-1325 CAS No.[94-18-8]	パラオキシ安息香酸ベンジル 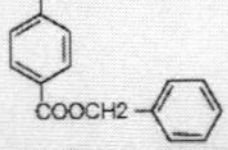 $C_{14}H_{12}O_3$ 分子量228	感熱紙顕色剤

表９　パラオキシ安息香酸類

有機酸剤使用のノリ養殖に際して、あるメーカーが併用して活用を宣伝していた病害防除剤がパラオキシ安息香酸類であった（本表引用元は無関係）。

（出典：http://www.api-corp.co.jp/finechemical/products/list03.html）

も、ノリを買ってはならない食品にあげていた。もし、彼らがこれらの事実を知ったならば、ノリという食品を今度は何と表現することになるのであろうか。

特に赤潮を形成する植物プランクトンの中には体内に猛毒成分を持つものも多く、瀬戸内海ではすでに猛威を振っていることが報告されている（文献22）。しかもこの種のプランクトン、ヘテロカプサは海底のヘドロから溶け出す有機態の窒素やリンをも餌として利用でき、しかも高温を好むとなれば、海水の滞留期間が長い夏季の有明海ではきわめて危険な存在となるかも知れない。ノリの果胞子もそうであったが、すべての藻類はシストとなって海底で休む期間を有するが、植物であるがために有毒な H_2S をアミノ酸（システエイン）生合成にむしろ活用することができても、動物とは異なってそれによって死ぬことはない（文献21）。また、赤潮プランクトンの保持する有毒物質にはポリペプタイド（アミノ酸が数個繋がった物質で環状のものもある）だけでなく、アルカロイドもあり（文献23）、それらの原料としてベンゼン核やシステインは素材として使われることが多い。それらの植物プランクトンが赤潮になるまで増殖するようなことがあれば、魚貝類の漁業者が壊滅的打撃を受けるのもまた必至である。

しかし今のところは、有毒植物プランクトンが有明海でも瀬戸内のように繁殖して底生生物に被害を与えている、との報道はないようだ。また、最近の地球温暖化に附随して、有明海湾内にまで入り込むようになったというエイによる食害ごときで、一九八〇年代に始まる二枚貝不漁の原因も、また、干上がるような干潟での二枚貝の「立ち枯れ」（**写真３**）の原因も説明できるとは思えない。となれば、環境科学の教科書に忠実に、水圏環境破壊の一般的なシナリオが有明海の自然環境の荒廃にも適用させうる、と考えるべきだろう。第九回の委員会報告の最後で、やっと常識的な海洋環境疲弊の原因である H_2S の発生をも考慮する段階に至り、最終回の報告に期待をもたせたが、ここで西海区水産研究所の木元克則・西内耕両氏が H_2S の発生状況を調べた地点と言えば、わずかの人間しか住まないために本来は生活排水や農業排水が堆積物として溜まりようもない諫早湾内だけであった。

この事実からして、第三者委員会での作業に関わった研究者たちは、有明海異変の全貌を探ると言うよりは、諫早湾干拓が悪の根源であるかのような硬直した発想に囚われていたことを示していると断言できよう。しかし、逆説的には諫早湾内のような、人口が少なくノリ養殖で生計を立てている人々もいない海域の海底でも、微量ながら H_2S を検出できたという事実は以下のことを示唆している。未だに標準的な海洋環境悪化のパラメーターとして最重要な H_2S の分析が有明海域の各所でなされてはいないのだが、その原料となる含塩有機酸剤を大量に投与して赤潮を発生させている海域や、しばしば貧酸素水塊が検出されて来たような海域では、間違い無く猛毒 H_2S がより多量に確実に検出されるであろう。多くの漁民がそれらの海域で悪臭を嗅いだとの話をインターネットで見ることができたのだから。

しかし、宇宙開発事業団の衛星写真（**写真２**）によると、赤潮発生の最盛期の一二月の映像では、ノリ養殖を手がけていない諫早湾口でも湾奥と比べれば圧倒的に少ないとはいえ赤潮が漂っている。本来発生しようもない真冬に赤潮が発生するからには、諫早湾口近辺にもよほどの環境負荷がかかっていると考えざるを得ない。一般的に言って、環境負荷を与えるのは、生活排水、農業排水および工場排水中の栄養塩類である。各地の下水道は雨水と生活廃水を分離して河川に戻すように設置する時代になっているものの、主目的が水洗便所対策であるがために、未だに活性汚泥法が主流となっており、有機物による汚水の浄化は進んでも、窒素やリンなどの栄養塩まで処分できる段階には至っていない（文献22）。今後随時それらの塩類までも遮断し得て、それらを有機農法の普及によって農地に還元させる時代が来ようが、ここしばらくは有明海周囲でも生活排水中の栄養塩は最終的には湾内に流れ込む状況が続くであろう。むろん、将来とも農業排水までも規制することは難しいものの、順次河川に排出されて来る栄養塩量は減少して行くことになるに違いない。

ところで、有明海を囲む各県での生活排水処理法にさほどの違いがないとすると、先に**表５**で述べたように、諫早湾に流れ込む本明川の流域人口は、有明海全域の主要な河川だけを拾い上げても、わずか二％程度にすぎないのだから、当然、干拓地の調整池の淡水がいかに汚染されており（ただし、私が訪ねた二〇〇二年には、調整池が汚染している様子は見られなかった）、それが有明海全域を疲弊させていると叫ぼうが、そこに含まれる総環境負荷物質量が全体の二％を越えることはないのだから、論理的には説得力を持ち得ることは絶対にあり得ない。さらには、今や諫早湾内ではノリ養殖はなされていないとすれば、諫早湾内で最悪の負荷物質である有機酸活性剤の投下も有り得ないことになる。では、どうして衛星写真では諫早湾口近辺の海面に赤潮が発生している映像が映っているのであろうか。

ごく単純に考えるならば、有明海湾内での潮の流れが反時計回りであるために、福岡県や佐賀県沖

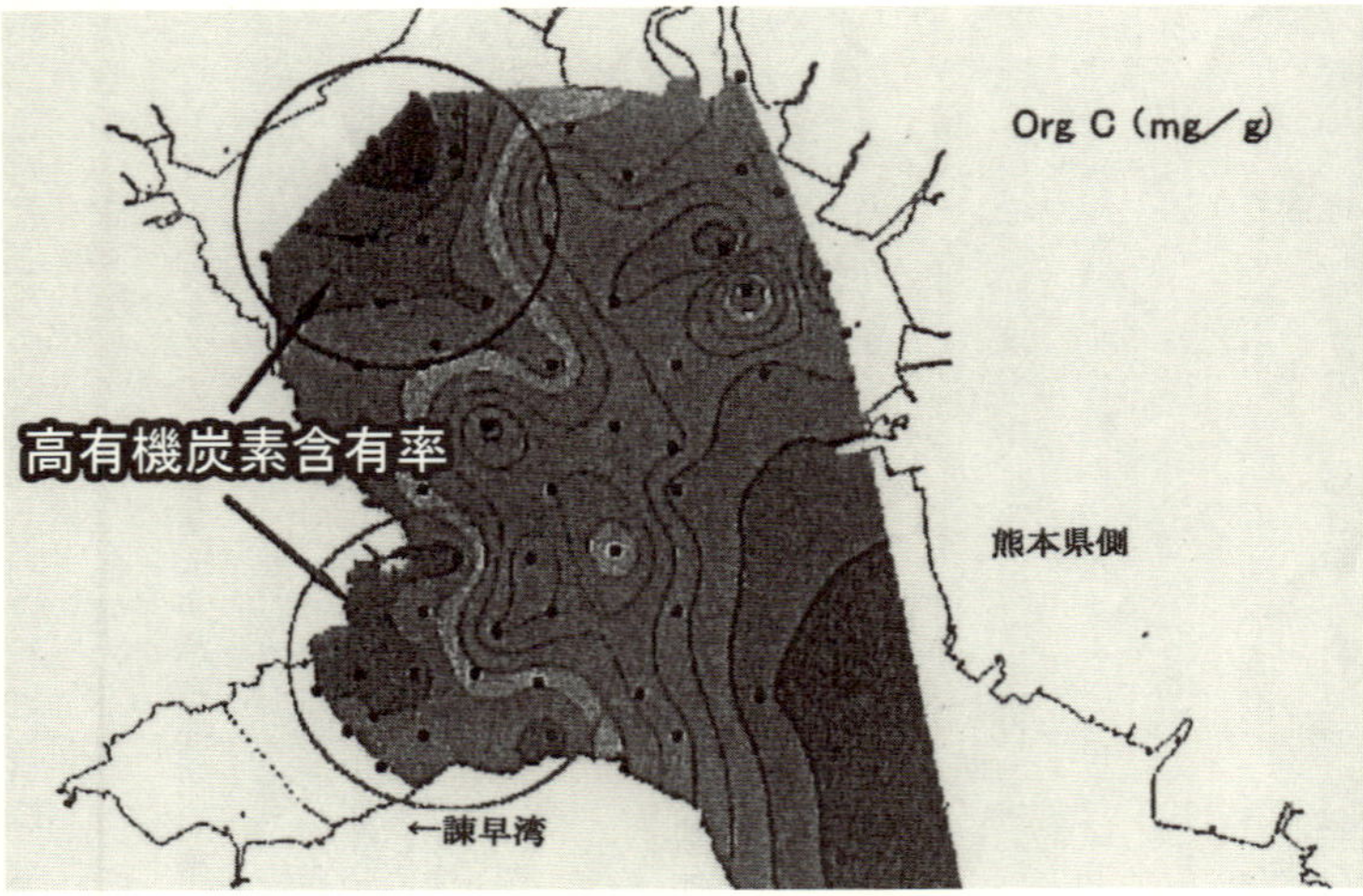

図 23　有明海海底堆積物に含まれる有機炭素量の分布

2003 年 3 月 27 日の第 10 回 (最終回) の第三者委員会で西海区水産研究所から資料 2-1 として提出された書類の中の図 4 を示したものであり、データは 2002 年 7 月に取られている。黒く塗られたところに最も有機物が堆積していることを示しているが、基本的には九州最大の大河筑後川本流の両側に堆積物が多いと見なすことができよう。最大の堆積地域は湾奥の佐賀県沖と有明海湾口近くにあることが分かるが、諫早湾の入り口近傍にも比較的多量の有機物が堆積していることが読み取れる。筑後川本流の左側の堆積物は主として陸域から流入した動植物の残滓であることは間違いなかろう。一方、有明海湾口に近い海域に堆積しているものには陸域起原のものも含まれようが、外洋由来の生物の死骸が主となっている可能性がある。ところで、ノリ養殖をほとんど行なっていない諫早湾口近傍でも比較的多量の堆積が認められることは、有明海湾奥で盛んに行われているノリ養殖に活用されている有機酸剤のある部分によって増殖した赤潮プランクトンやノリ葉体の破片が反時計廻りの海流にのって来て、ちょうど諫早湾口付近に来て干満に際しての潮の境目付近でうろついている間に沈積したものと推定される。佐賀県沖と全く違って、諫早湾内は全く堆積物が認められないことはその何よりの証である。

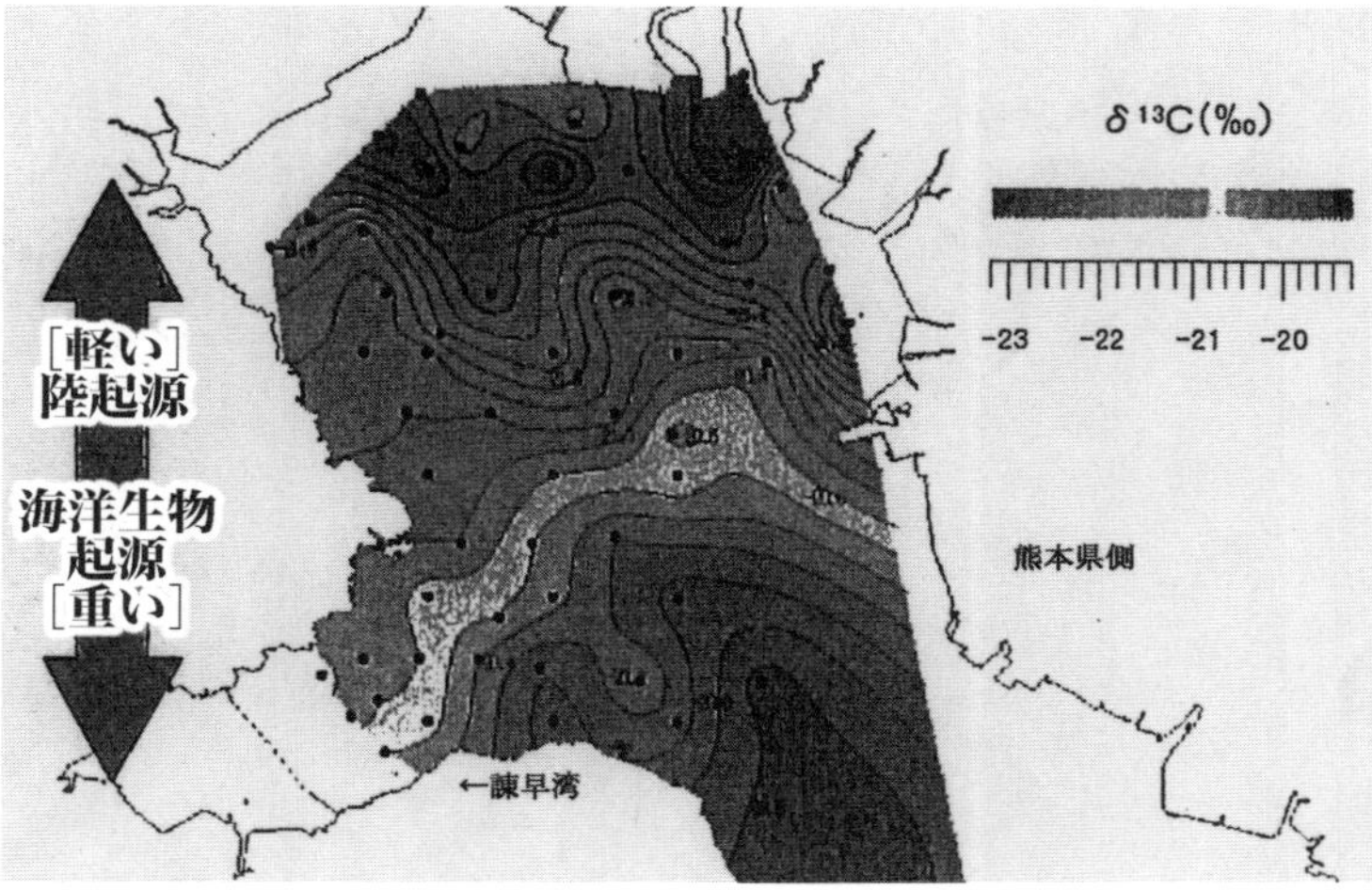

図 24　有明海海底表層堆積物の起源

図 23 と同じ資料から抜粋したデータで、自然界に存在する炭素安定同位体比；$\delta^{13}C$ の分布として示されている。有機物の本体を構成する炭素 C の原子量は 12.01 であるが、自然界では大気上層部で宇宙線によって作られる中性子と窒素（N）との核反応で放射性炭素（^{14}C）がわずかに形成され、5,730 年という長い半減期を経過して ^{12}C に戻るが、一般的には形成された ^{14}C は大気中の CO_2 や海洋表層中の C 源（炭酸ソーダ中などの C）と短時間内に交換する。そのために、自然界で育った生物には重い C が含まれる割合が高いことになり、これを用いたのが年代測定法である。樹木の年輪に頼るだけでなく、掘り出された遺物の年代を特定できることから古代史を解明するための有力な武器となっている。

ところで、この図で有明海奥海域に沈澱している堆積物中の C が軽くて、諫早湾から島原半島沿いに堆積している有機物中の C が重いという事実は、明確に諫早湾口付近が潮の干満の潮目となっていて、湾奥の堆積物は人工的餌、つまり有機酸剤中の C から成るのに対して、島原半島沿いの海溝に堆積している有機物は外洋性植物プランクトンの死骸を主とするものであることを科学的に証明している。つまり、これだけのデータからだけでも有明海を疲弊させた原因が、まさに人為的産業にあることを明示し、有明海を荒廃させたものは漁民が愛用している有機散剤にあるということである。

で発生した赤潮が流れて来たにすぎないと済ますこともできよう。しかし、良く見るとノリ養殖が始まる一一月末でもすでに赤潮発生の前兆が認められる（**写真2**）。ということは、諫早湾口付近でもノリ養殖とも生活排水とも無縁な独特な赤潮発生機構が、有明海湾奥と同調的に進行していると考えるべきだろう。つまり、有明海湾奥で投下が始まった有機酸剤＋栄養塩の一部が未分解・未使用のままに流れて来たと考慮することも許されるであろうが、むしろそれよりも、ほぼ時を同じくして、諫早湾口辺でも独自に、赤潮発生の誘発条件である可溶性窒素やリンの自然の供給システムが作動していると考えるべきであるということである。干拓工事が完全に終るまでならば、生活排水や農業排水以外に土木工事由来の粘土粒子吸着型の栄養塩が一時的に加担することはあり得ることである。

しかし、工事が終了してしまった今になっても、起るべき条件を持たない、つまり人口が少ないだけでなく、養殖方式にかかわらずノリ養殖自体を全く行なっていない諫早湾口で、今なお赤潮の発生が見られるのであれば、何らかの他の理由があるに違いない。どんな仕組みがどのように働いて、本明川という他の河川と汚染の程度にさほどの違いがない河川水と、締め切り堤防内の調整池が淡水になったからこそ人為的浄化法を導入でき、汚水が流れ込まなくなりつつある諫早湾口で、どうして赤潮が発生するのか。衛星写真が真実を語っている以上、その原因を探り、推定せねばなるまい。幸い、最終報告には、その仕組みの理解を助ける有力ないくつかの情報が提供されている。

最終委員会で西海区水産研究所から提示された「資料２―１」には、ほぼ有明海全域にわたって、私が期待していた貴重な測定値が示されている。真夏における有機態炭素の海底での堆積量は、有明海湾奥部に比べればはるかに少ないが、諫早湾口付近でも他に比べれば多い（図23）。これらの有機炭素は陸域から流入した動植物の残滓や海域に棲息する生物に由来するとしているが、海域に棲息し大量の有機炭素を供給しているのはまさに赤潮本体の死骸である。ところで、炭素の原子量は12.01115であるが、自然界でのその存在比は九八・八九％で、残りの一・一一％は約一三の安定同位元素として存在する。図24中に示されているように、陸起源の炭素は海洋起源の炭素よりも軽いが、有明海の海底表層に堆積している有機態炭素は諫早湾口から熊本県側にかけて帯状の海域で二分されていることが明らかにされている。有明海湾奥の軽い炭素堆積物が人間の営みに関わって生じた堆積物であるということは、生活排水はむろんのこと、ノリ養殖漁民が使用した有機酸剤起源の赤潮遺物が主体となっていることを示唆している。しかも、軽い炭素を主体とする有機物はまさに諫早湾口付近まで反時計回りの海流に乗って流れて堆積していたのである。それに対して外洋生まれの植物プランクトンの死骸による有機態炭素の堆積は有明海口付近から島原半島に沿って大きく広がり、先の帯状の海域にまで達していることが明らかにされている。最終委員会の中で提出された**資料9**においても、炭素同位体分析結果が評価され、「表層堆積物の起源が湾奥では陸の寄与が大きく、湾口に向うにつれて海洋生物由来（植物プランクトン分解物）の寄与が大きくなることが明らかにされた」と報告している。ただ、不思議なことに第三者委員会では、陸の寄与が大きいと言いながら、人為的栽培養殖法（有機酸剤処理）という陸上生産の人工物が赤潮を生んだという人災であることを認識していないために、諫早湾口近辺の堆積物が有機酸剤由来の赤潮の死骸とは考えてはいない（すべての植物性プランクトンは光合成で海洋中に溶け込んでいるCO_2を基に構成されていると判断しているがための過ち）。生体を構成する主要な高分子構成物質の炭素骨格が光合成産物だけでなく、有機酸を中核として形成されたもの（細胞壁のような主としてCO_2由来のものも、先のエネルギー充足率のいかんによっては乳酸のように解糖過程を逆流させて多糖類として壁構成にも貢献させ得る。文献13）であることに気付けば直ぐ判断できるものを、委員会の専門家たちは大気中のCO_2にまで遡ってしまったようである。外洋由来の堆積物はまさに海水中で大気中のCO_2と平衡状態にある炭酸ソーダに溶け込んでいるCO_2を原料にした光合成経由でだけ形成された有機物だったが故に、重かったのである。

ところで先に**図20 a**と**b**で、有明海の横断面を帯状に諫早湾口の北緯32度40分と島原半島中央部で有明海湾口に近い北緯32度50分の二個所で海図を頼りに描いたが、有明海の最深部は島原半島に沿って存在し、湾奥に入るにつれて次第に浅くなるという独特の構造を成していることが明らかだった。この特異性は活火山雲仙岳の活動に由来する地形と言えよう。問題はこの独特な海域への干満に際しての海流がどうなっているかということである。筑後川という大河をはじめ多くの河川は、**表5**に見るように有明海に流入する最小の河川である本明川と比較しようもないほど大きい影響を与える、つまり、人口はむろん、流路延長・流域面積すべてにおいて圧倒的なこれらの河川が、圧倒的な比率で生活排水・農業排水量を流し込むことになることは明らかである。有明海域に注ぐ多くの河川からの淡水が、海水表層の比重を小さくし、さらに太陽光で暖められてさらに軽くなった海洋表層水となって、干潮時において有明海湾口から（反時計回りで）外海に流れ出ていることも報告されている。それに対して、満潮時においては水温が相対的に低く比重の重い海水が、島原半島沿いの海溝部を通って底層流として流れ込むというきわめて当然な自然の姿があったからこそ、図24に示されたように、重い炭素からなる外洋起源の有機堆積物が島原半島沿いに沈澱し滞留することになり、炭素同位体の分析結果と一致することになったのである。その結果、諫早湾口近辺の海域でも比較的早い時期から赤潮の兆しが見られるようになったと推察できる。

ただ、諫早干拓によって、有明海内の海水容量もわずか二％程度だけではあるが減少してしまったという些細な事実、つまり外洋からの富酸素外洋海水の流入が減ったことに拘る専門家がいたことも不幸な論争の種をまいてしまったのである。

しかし、委員会提出の前記「資料２―１」には「高濃度の有機炭素分布域、陸域起源粒子堆積域では還元状態となっており、このような海底では硫化水素が発生して、ドブ臭いにおいがする」と明記されている。このことから以下のストーリーが導かれるのは必然である。つまり、赤潮起源の有機態物質が海水温度の上昇に伴なって酸化分解を受けるようになり、急速に海水中の酸素を消費して貧酸素水塊を次々に作り出して、やがては酸素をも消費し尽してしまい、ヘドロ内部では盛んに猛毒のH_2S（硫化水素）ガス（表６）を発生させるようになる（図21）。そうなってしまうと、H_2Sガスは海水への溶解度がきわめて高い（表４）ため、満潮時の底層流に溶け込んで遠浅の干潟にまで流れ込み、逃げることのできない底生生物のすべてを殺してしまうというストーリーである。

しかし、そこまで理解できる資料が出されていても、どうしても第三者委員会はその実態を認めようとはしなかった。それを認めれば、有明海荒廃の責任は有機酸剤の使用を認可した水産庁、それを良いことに認可以上の添加物を加えて利潤を増やそうとした企業、そしてそれを使えば金儲けができると飛びついた漁民、それらの癒着関係を支えた科学者・専門家、それら全ての責任を追及せざるを得ず、どうしても委員会としての結論を明記できなかったのであろう。その最大の理由は、まさに第三者委員会そのものの中に利益者が含まれ、指導に関わった専門家が含まれていたからに他ならない。

終章

1　マスコミと有明海問題

有明海荒廃の原因を全国的に最初に明らかにしたのは、『週刊新潮』二〇〇一年六月七日号の「やっとわかった有明海汚染の『真相』」であった。当時私はこの雑誌に出会っていなかった。新幹線通勤の途中、毎週のように新聞以外に雑誌も購入していたが、『週刊新潮』や『週刊文春』のように表紙に掲載内容が書かれていないものは私には縁のない雑誌であり、その時々の表紙の宣伝だけが私の購入選択肢となっていた。今にしてみると、もっと早くこの雑誌に気付いていたらと悔やまれてならない。この雑誌の存在を知ったのは、残念ながらずっと後のことで、私の『朝日新聞』への投稿が切っかけでお互いに情報を交換し、また私を柳川市での講演会に招待してくれたＮＰＯ「有明海を育てる会」の皆様とお会いした際であった。もっと早くこの記事に出会っていたなら、私は直ちにこの問題の解決に本腰を入れて取り組み、福岡県側の有明海の汚染の実態を私に案内して下さった広松氏を病で喪うような事態にならずに済んだのではと考えると、真に申し訳なく、あらためてここに故広松伝氏にお礼を申し上げ、拙著をもって哀悼の書としたい。

第一章で述べたことだが、私が住む仙台市がかつて強引に行なっていた「スパイクタイヤ反対」運動は、それによる粉塵公害を駆逐することを良しとしても、マスメディアを動員しての非科学的な「やらせ」あるいは「不公正な現地視察報告」であった。それが私に、「真の環境科学の専門家を日本に育てねば」と奮起させ、東北大学内で発言し続ける契機となったのだが、本年度になって母校において も概算要求が通り、大学院環境科学研究科新設が実施に移されたとのニュースに接した。私が蒔いた種「環境生物学講座創設」がなんらかのお役に立てたのではと嬉しく思うだけに、なぜか『週刊新潮』の記事の中にも書かれている次のような言葉に、日本のマスメディアの貧困さを感じざるを得なかった。「有明海の異変の真の原因が隠されてしまっているのです。〈ニュースステーション〉の久米宏さん、〈ニュース23〉の筑紫哲也さんにも提言を試みましたが、理解してもらえません」。以前私は、彼らは事実を知らないから、あのような放映をしたものとばかり思っていた。しかし、依然として日本のマスメディアが戦前のように恐怖の武器になり得ることを実感し、あらためて反省を求めたいのである。私が学生や若い研究者によく話す言葉に「真実は多数決ではない」というものがある。科学の世界において、真理が民主主義の原理で決められたら、どんなことになるであろうか。しかし学問の世界では、一時は多数から無視されることがあっても、それが間違いでなければ、やがては誰か少数が真実であることを証明してくれる。ここに科学の魅力があった。科学が真理を探究するように、正義・真実を求めるジャーナリズムも人間としての生き甲斐に満ちた職業と信じていたのだが……。報道の自由は、ありそうでいて実はない。たとえ投書の類であっても、編集局（部）という弁（フィルター）を通り抜け得ないことには、公に知らされることがないというのが現実なのである。他社が報道すれば、「事の真相は別にしてこちらも」という風潮を嘆かざるを得ない。

ようやく最近になって、国の直轄研究所もまた有明海荒廃のシナリオが諫早干拓と無関係であって、むしろ有明海に多量の有機物や硫酸塩を人為的に投入して来たノリ養殖漁法に根源があることの証を示し始めた。このことからして、現在は水産庁を頂点とする関係者が有明海疲弊を有機酸剤使用・投棄と関連させることには抵抗しているものの、間もなく国家として真相を国民に語らざるを得ない日が来ることを信じている。

今となっては、どこのテレビ放映であったのかは不確かだが、諫早干拓を非難する比較根拠として、韓国では民衆運動の結果、ある湾の干拓工事で堤防締め切りを中止させることに成功したことがあげられ、韓国での海洋環境の保全例が美談として語られていた。まさに、スパイクタイヤ反対運動で石畳の街路を無視しておいて、「あちらでは市民が当然のようにスパイクタイヤに頼るようなことはしておりませんでした」と述べる視察報告に等しい。当時は、韓国でのノリ養殖法は日本とは違って、希塩酸を主体とするものであったことを視聴者には知らせずに、海洋保全が、あたかも堤防締め切りを中止させた市民運動の勝利によるものであるかのような放映であった。**資料6**に見るように、韓国ではその後、日本のノリ養殖法が先進的なものであってそれに倣えば韓国のノリも高品質・高価格で輸出できる商品となし得るという理解をして、日本よりもむしろ厳しく法律で有機酸使用を義務付けてしまったのである。塩酸は、食塩として自然に戻り、海洋汚染を起すことがない、それこそ自然に優しいものであったのに、海洋環境に優しい養殖者を違反者として処罰させるような馬鹿げた状況を輸出してしまった日本の国際的な罪は重い。

当時、「生物多様性保全条約」の起草には、アジアからは中国とインドネシアが参加していたものの、韓国からは出席していなかった。日本はアジアの先進国として明日の地球のための環境保全問題を論じ、その指針を世界に提言する責務を担うリーダーだったのである。その日本が、こともあろうに国際法を無視し、海洋汚染を惹き起すノリ養殖法を韓国に教えてしまった。

省みれば、国際海洋汚染防止法関連の一連の国内法、「化学物質の審査及び製造等の規制に関する法律（化審法）」の制定（一九七三年）、野生生物を化学物質の影響から守る考えをあらたに追加した「特定化学物質の環境への排出量の把握等及び管理の改善に関する法律（PRTR 法）」の制定（一九九九年）、「生態系保全のための化学物質の審査・規制の導入について」の付加（二〇〇二年）、という一連の法制定の実施があった。さらに今年二〇〇三年には、化審法の一部を改正し、「動植物の生息や生育に支障を及ぼすおそれ」が「人の健康を損なうおそれ」に加えられ、国際的な時代の流れに対応して国内法も整備されてきたのである。実務として自然生態系を保全せねばならないという環境保護の意識が市民社会の中に定着する時代なのである。その思想は、現存するあらゆる遺伝子を子孫に遺すことが現代に生きる人類の義務なのだというものであり、これらの一連の動きは、一九九二年、リオの地球サミットで提起された「生物多様性保全条約」の実効性ある批准に向けての国内での一連の努力の積み重ねなのであった。しかし、水産庁だけはこのような国内での努力を他人事のように捉え、法律でもない次長通達を未だに撤廃するどころか、韓国には法律として輸出してしまったのであり、その国際的責任は追って負わねばならぬことになろう。

ある方からの私への電話では、日本の一部の関連企業はすでに有機酸製造工場を中国に移し、そちらで生産して安価に国内に持ち込んでいるそうである。おそらく、日本政府、環境省が大至急立ち上がらねば、かつて日本が南洋材切り出しで東南アジアを丸裸にしてしまって国際的非難を浴びたように、やがてはアジアの海洋環境をも破壊してしまったかどで国際的非難を浴びるに違いない。水産庁は自らが全国漁連の要請に応えて安易に出した通達を直ちに撤回し、有機物や栄養塩・農薬を用いるようなノリ養殖法を罰則付き法律で縛るべきである。なぜ、希塩酸使用が有害なのか、あらためて問いたい。単に関連業界の利幅を確保するための手助けをし、そして公共投資に対する国民の疑念を諫早干拓に向かわしめて、それを自らの責任で出した通達の身代わりとさせてほくそえんで来たとしか思えないのである。

写真5は有明海の自然の俯瞰図である。この海を汚染させたものが水産庁が第三者委員会の最終回になっても強固に主張するように、有機酸処理ではなく生活排水や農業排水であったのだとしても、この俯瞰図からすれば諫早湾から排出される量が相対的に微々たるものであることは一目瞭然で、諫早湾域の住民には全く責任がないとしてよい。先に**表5**に示した実際の人口比率からしても、諫早湾内に住む人々に有明海荒廃の原因をなすり付ける根拠は何もない。また、諫早干拓地の堤防締め切り後における有明海の各地点での海水中の総N・P全量の測定でも、諫早湾内はむしろ他の海域よりも少ないくらいであった（**資料8**）。最近いく度か、水産庁をあずかる農水省の狂牛病騒ぎ、雪印乳業事件や、全国いたる所で摘発された無認可農薬使用などの反省として、「生産者擁護のためにだけある役所であってはならない」と担当大臣が訓示されたようだが、水産庁だけは反省するどころか、依然と

して居直り続けているように思える。水産庁自身も最後の第三者委員会では「責任ある漁業」を目指すと言ってはいるが、誰に対する責任なのか？　生産者および生産者に依存する企業だけを保護する役所であることに変化の兆しは見えない。

『週刊金曜日』二〇〇二年五月二一日号増刊「買ってはいけない」中での五名の専門家（天笠氏・神山氏・土門氏・三好氏・渡辺氏）による「食品をめぐる不祥事、なぜなくならない」と題した対談で、日本の消費者が〝黒いペンタゴン〟により隠蔽された危険な食品を食べさせられている実状を明かしている。「行政は業者と政治家だけに顔を向けている。〝黒いペンタゴン〟とは、政界・官僚・業界・マスコミ・学界――いわゆる政・官・業・情・学、この五つの黒いペンタゴンによって完全に闇のネットワークが形成されているわけで、これはひとつのマフィアです。情

写真５　有明海の自然の俯瞰図
(出典：農林水産省 http://www.maff.go.jp/soshiki/nouson_sinkou/isahaya/4-1kanntakunowariai.htm)

報と人と金がその中だけでぐるぐる回っている。……〝黒いペンタゴン〟の絆を切断しない限り日本の再生はあり得ない」。まさに私がここで突き付けて来たことが彼らの対談で語られている。マスコミさえも〝黒いペンタゴン〟の中に組み込まれている現状からすれば、戦時中とどこが違うのかとさえ言いたい。単なるポーズの「手続」という名のステップは、日本における民主主義の仮面の下には常に危険な萌芽が宿されていることを隠す手段として悪用されている。最初に有明海荒廃に危険信号を発したメディアであり、多少は荒廃の背景を理解していると私が思っていた朝日新聞社が、この四月二四日（二〇〇三年）の朝刊社説で、（私が第三者委員会の構成は中立的なものではなく、その答申の不当性を訴えて来たにもかかわらず）、次のような姿勢を見せた。第三者委員会が以前に提案した中間答申にこだわり、諫早湾干拓堤防水門の締め切りが有明海疲弊と無縁でないと未だに信じてのことか、水産庁が新たに設けた審議委員会設置が漁民向けのポーズであることに気付かずに、七名の構成委員全員が官僚出身者であると怒り、その社説で「農水省の勝手を許すな」と意気込んでいる。少なくとも、学者とジャーナリストが「真実に謙虚」であり、それを追求し続ける姿勢を失ってしまった時、日本は再びかつて辿った道に戻ってしまう危険性を孕んでいる。何せ、野党さえも、真相を探る前に〝黒いペンタゴン〟に乗せられてしまうような現状からすれば、世界の大国となった中国をはじめアジア各国が日本に疑念を抱きつつ付き合う姿勢を崩さないのは当然だろう。

今年（二〇〇三年）に入って地方紙（『河北新報』一月三日朝刊）で、政府が各省庁から独立した「食品安全委員会」（仮称）を設置するとの朗報に接した。私は現在のように機械化され、天日に曝されることもなく出荷されるノリという食品は、単に農薬漬けになっているだけでなく、表面が紫外線で殺菌される過程を通ることがないと思われるだけに、大腸菌に代表される種々の細菌に汚染されているのではと案じていた。もし、機械化にこだわるとすれば、たとえ高温での乾燥であるとしても、その前か後の段階に紫外線照射装置を挿入せざるを得なくなり、食品化にいたる生産性はさらに低下を招くことになって、輸入品との競争力を失うものと想像される。拙著が、余計なバクテリアの繁殖とも機械乾燥とも無縁な、古典的手法「干し出し法」で生産されたノリこそが消費者に高く評価される時代を再来させる契機となればと願うのである。ノリに限らず、水産庁が推奨する栽培漁法は、口では「責任ある漁業」と言ったところで、愛媛県や長崎県で摘発されたホルマリン投与は別にしても、抗生物質の入った餌の供与に対して苦言を呈することはない。この、食品に関する新設委員会が国民の食の安全のお目付け役となって欲しいものである。

2　有明海疲弊のシナリオ

私も、当初は有明海疲弊のシナリオを、推定される理論的筋道と種々の状況証拠だけを基に組み立てざるを得ず、科学的データ（測定値）なしに描かざるを得なかったことに無念さを覚えていたが、第三章6節と7節で述べたように、最近になって有毒ガス、硫化水素（H_2S）が有明海のあちこちで発生していることが実証されるようになったことは、私が頭の中に描いていた有明海荒廃のシナリオが単なる理論的想像物でなかったことの証しである。拙著が単なる理論的筋書きで終ることなく、ことの真相を科学的に解明するための、あるいは理解するための読み物として位置づけられることが確実になりつつあることを喜びとしている。また、より多くの人々がさらに正確にH_2Sの発生状況を調査し、有明海再生・復元に活かして欲しいものである。いずれにせよ、理論が実証されそうな事態に至ったことは日本における環境科学の前進であり、〃ペンタゴン〃の束縛から解放されて有明海荒廃の元凶を明示できれば、それに加担したすべての関係者にとっての反省材料ともなるに違いない。しかし、すでに荒廃の真実が分かりかかった時点である昨年（二〇〇二年）末の臨時国会で、「有明海及び八代海を再生するための特別措置に関する法律」が、国際法を無視し、環境破壊の元凶である有機酸・栄養塩の使用を認めて通過してしまったことは残念でならない。これは、有明海を再生させ得るどころか、逆に破局に追いやる、科学とは整合性のない代物でしかない。議員立法とはいえ、その時点では水産庁や環境省がことの真相を知っていながら、どうして国際法にさえも違反するような馬鹿げた法律の成立を阻止できなかったのか残念でならない。私が第九回委員会報告の段階で、なぜこの新法の問題点を指摘しなかったのかと関係省庁に問い質したが、彼らが勝手に作ったものだから官僚側には一切責任がないとの弁で済まされてしまった。時により癒着、時により縦割――救いのない日本になってしまったが、これで二一世紀に先進国として地球号の針路の決定に堂々と意見を述べ得る国家としての指導力を発揮し、人類の幸福の追求に貢献できるのであろうかと危惧するものである。

最後の図解として、有明海が荒廃し続け破局を迎えることになるであろうと私が考えていたストー

季節	現象
晩秋	ノリ養殖開始
	↓
	含塩有機酸処理＋肥料としての塩類海洋投棄
	↓
初冬	植物プランクトン発生
	↓
真冬	赤潮に発達：昼間：太陽光をめぐる競合 昼間：栄養塩をめぐる競合 夜間：酸素をめぐる競合
	↓
晩冬	ノリ・植物性プランクトン共倒れ
	↓
	死骸として沈殿
	↓
早春	有機物として大量に海底に堆積
	↓
春	堆積物の酸化的分解進行
	↓
晩春から初夏	貧酸素水塊発生
	↓
真夏から初秋	堆積物の本格的腐敗進行
	↓
	H_2S の海水中への放出
	↓
	底生動物・希少動物群の死

図 25　予測される死の海へのシナリオ

著者が推察していた有明海疲弊のプロセスを時間軸でまとめてみた。当初は拙著を全くの科学的推測によって書き始めたのだが、幸い多くの方々の協力もあって、執筆中に部分的ながらもこのシナリオの正当性を証明してくれる科学的証拠を得ることができた。有明海を疲弊させ、国際法、「生物多様性保全条約」遵守の義務を無視し続けさせている責任が水産庁と海苔漁連にあることを、このシナリオは明示している。やがて、彼等の責任を私達は地球人として追及せざるを得ない日がやって来るだろう。

リーを図25に総括した。再度述べるが、表5の河川流域での人口分布や写真5の俯瞰図からだけでも、有明海疲弊の原因は赤潮なのであって、仮にそれを誘発したのが生活排水や農業排水であったとしても、諫早湾に生きる人々にその責任をなすり付ける理由は見当たらない。水産庁が私との数時間に及ぶ討議の中で主張し続けたように、もしそちらの原因の方が大きいのだとすれば、国土交通省、そして水産庁をあずかる農水省の責任ということになるのであろうが、私は国土交通省が雨水と生活排水の分離や後者の浄化設備の改善・整備に相応の公共投資をしていること、農水省では遅効性肥料など余分な肥料成分による環境汚染を防止するための指導をしていることを知っているだけに、なぜそこまでして「有明海荒廃の主因が栄養塩添加の有機酸ではあり得ない」と頑張るのか、理解に苦しむ。しかも、私が硫化水素こそ測定すべき環境指標であると水産庁に提言していた時分には、すでに有明海の海底が有毒ガス発生の巣窟になっていることを知っていながら、生産者や関係業界を保護する立場で私と対峙したと思うと、「責任ある漁業」を本気になって育て上げようとしているのか疑問に思う。ここ数年、彼らは大枚の税金を無益な調査費に投じたのだが、本来なすべき調査は、「どの程度まで硫化水素が発生するほど海が汚れていたか」の一点だったのである。

ここ数年、環境省や国土交通省の努力が実りつつあり、各地の河川や沿岸を市民が親水空間として生活に取り入れることのできる時代となっている。恐らく、諫早市民も干拓地調整池に対して、新しい視点からその利用目的を見直す努力をしているに違いない。もはや、この種の地域の環境保全は国民の義務となっており、廃棄物処理に関わる種々の法律が整備され、むしろ循環型社会の構築に向けて国民は一致して苦闘している。にもかかわらず水産庁だけは、依然として過去の遺物、ノリ養殖のための次長通達（一九八四年）を撤回しないばかりか、いつまでも生産者の望むままに環境汚染に手を貸し、通達を食い物にする多くの企業を保護し、国民に挑戦するかのように全漁連、全海苔連に環境汚染薬剤の製造・適格性の認可権を与えて、なぜ海苔産業を守り続けているのか。その責任は重い。

どうも、漁民が環境問題の科学的本質を全く知らないのを良いことに、次々に漁民に利益誘導をし続けた企業や、彼ら企業を上手く動かすことで組織として大枚の利潤を得ようとした全国海苔漁連・全国漁連に責任があると考えるべきかも知れない。なぜなら、これらの隠蔽工作を指揮し有明海の荒廃を誘発した本丸はこれらの漁連であり、単に荒廃の責任を諫早干拓に転嫁したに留まらず、彼らの要請に応え、利益取得をねらって、活性剤などと宣伝しながら自然環境の破壊の先兵であった薬剤を、日本全国、特に瀬戸内、名古屋湾、東京湾、三陸の各地の沿岸の漁民に売り付けた。国民の自然環境保全への努力に対する背任行為を続けた企業の責任はさらに重いのかも知れない。単にそこでは、有明海ほどの閉鎖性がなかったために、環境汚染が国民の目に触れる段階に至っていないだけであり、彼ら企業は日本沿岸の海洋汚染を助長し続けることの責任を自覚すべきである。前述したように、宮城県民の憩いの一つであった「潮干狩り」も、例年なら三月に解禁になるところが、人為的な有機酸剤によると推定される貝毒発生のために、貝毒が消滅する二ヶ月後の四月下旬までおあずけとなった。また、東京湾では、これもまた想像だが、東京湾口近くでのノリ養殖に使用された有機酸剤が、植物プランクトンを赤潮発生の一歩手前まで大規模に増やしたために、それを餌とするボラの大群が東京湾沿岸の種々の河川を遡る異常な光景を演出することになったように思われる。ボラが余分な有機酸剤由来の植物プランクトンを食べるという食物連鎖が東京湾をめぐって繰広げられ、ウミウにはとてつもないご馳走をプレゼントしたようである。有機酸活性剤は各社の地方支店を通じて全国に売り捌かれているが、海域の地形的特殊要因とノリ養殖漁民の貪欲さが、有明海の破局として象徴的に現れたにすぎない。

喜ばしいことに『朝日新聞』朝刊二〇〇三年一月四日号は、いよいよトキが野生復帰への訓練に入り、二〇〇七年には佐渡島の大空を舞うことになりそうだと報じていた。それにしても、有明海で絶滅してしまった可能性が指摘されているアゲマキ、危機にあるオオシャミセンガイ、アリアケシラウオ等の回復には誰が責任を持ってくれるのであろうか。国民共有の財産である希少生物を絶滅に追いやった責任者は、ノリ養殖産業関係者全員にあると断言できるが、環境汚染に素知らぬ顔で利潤を得て来た企業は無論、それを育てて来た全国海苔漁連の責任はさらに重い。私は彼らが希少生物を絶滅に追いやった明確な責任を自覚し、それなりの復元のための対策を取らない限り、日本政府は国際的に確約した「生物多様性保全条約」の精神からも国有財産を絶滅させた彼らに国家賠償責任を問い、彼らに復元を求めるべきと考える。しかし、実際には彼らの隠蔽工作を見破ることができぬままに報道を続けたマスメディアにも相応の責任があろう。また、当然のことではあるが被害者の顔をして大げさなデモでマスメディアをごまかし、実際は加害者であるにもかかわらず国民から真相を隠蔽する具体的行動を未だ続けている一人一人のノリ養殖漁民が許されていい訳はない。

私が想定した年間を通じての有明海疲弊のシナリオを時間軸でまとめて見た図25を再度見て欲しい。マスコミやノリ養殖漁民はノリ葉体の色落ちそれ自体が有明海の荒廃であるかのような騒ぎをしているが、国民にとっての有明海の荒廃は、そこに固有の魚貝類さえ棲むことのできない海となることなのである。希少生物の絶滅は国民共有財産の損失であると共に人類にとっての損失である。したがって、事の本質は「底生動物・希少動物群の死」にあると捉えるべきである。先に述べたように、有明海地元の科学者堤氏は私への反論（『朝日新聞』二〇〇二年三月七日朝刊「私の視点」）において、有明海全体の三％程度の海域の閉鎖が海水の流量を低下させ、それが有明海荒廃の主犯であるかのような見解を述べ、海水が外海と入れ替わりやすくする必要があると述べている。もし、本当にそれを実行すべきと考えるなら、コストがかからず手っ取り早い方法は、狭い有明海湾口を拡幅するか、浚渫するという土木工事で済むことで、大騒ぎするほどのことではない。八代海でも同様な被害があるのなら、議員立法で作ったできの悪い法律よりも、両海域湾口の拡幅・浚渫のための投資を提案した方が、見かけの海洋環境の再生に帰するだろう。「八代海の疲弊も諫早湾の水門閉鎖と無縁ではない」との私への反論をまともに取り上げるつもりはないが、ノリ養殖漁民が、次から次へと両海で栄養塩を含む有機物を投入し、さらに病気になるからと言って防腐剤をも使用し続けても、水門を開ければ酸欠が解消して昔の豊潤な海域が戻るなどと本当に信じているのだとしたら、それは科学以前の問題である。

3　原因調査の具体的提言

海洋汚染は、そこに汚染の源、負荷が与えられたからこそ起るのであり、有機物や栄養塩という富栄養化の素因が無ければ異常に増殖する微生物は存在せず、溶存酸素が減ることもあり得ない。多くの個所で干潟が干拓されてしまったが、かつては多くの河川を通じて不断に流れ込むそれらの物質（海洋への負荷）とうまくバランスの取れた浄化システム（微生物による酸化、食物連鎖）があったからこそ豊潤な有明海の自然が息づいていたのである。そこに、半年間という短期間に二九〇〇トンを越える有機酸が投入されるのである。前記したようにたとえ酸化するにしても五分子もの酸素分子を必要とし、自らも細胞壁構成要素である多糖類に組み込まれかねない乳酸という最悪の存在が主体となった有機酸が、微生物の増殖を加速する栄養塩や各種アミノ酸と共に添加されたのでは、環境容量をはるかに凌駕してしまう。今となっては有明海の平衡状態を保つことができる訳はない。その結果が**図25**に示したように赤潮発生を頻発させることになり、ノリ葉体との間での過酷な太陽光の利用をめぐる競合、つまりは栄養塩の競合を誘発し、互いに冬季の長い夜を凌ぐだけの酸素呼吸素材を準備できずに、自らの構造体を加水分解しても生きざるを得ないことになって、いわゆる、壊疽とも言える生理現象としてノリは色落ちし、共倒れをまねくことになる。結果として、第三者委員会の報告に度々報告されているように、赤潮発生の頻度に比例して、小さな植物プランクトンの死骸は凝集し沈下を始め、有明海の透明度を増し、見かけだけは綺麗な海に化けて行く。しかし、早春には、海流の遅い海底の窪地には大量の有機物が堆積させざるを得ないことになる。

諫早湾にとって不幸なことは、有明海湾奥から反時計回りの海流として流れて来た植物プランクトンの死骸と有明海湾口から流れ込む外洋性植物プランクトンの死骸の両方が堆積（図23）するがために、比較的大量の有機物が自然に堆積してしまうことにある。それは、諫早湾口近辺が図23からも分かるように、排出流と入湾流の潮目になっているための結果である。春のうちの海水温も低いうちは溶存酸素量も多く、それらの堆積物はもっぱら好気的バクテリアによる酸化的分解を受けるだけで済むものが、次第に水温が上がるにつれて溶存酸素量が少なくなり、酸化のための酸素消費量の増大で海底は貧酸素から時によっては酸欠の世界、還元状態の世界にさえ進んで行く機会が多くなりかねない。図19にもその様子が描かれているが、やがて水温がさらに上昇し、DO が低下するようになると、海底堆積層直下では堆積物の腐敗が始まり、リンも可溶化してその利用度を増し、赤潮発生に都合の良い条件を生み出すことになる（図21）。また、発生した硫化水素が満潮時には海底を這うように湾奥にまで運ばれるようになり、有明海荒廃の主因が諫早湾干拓と結び付くかのような錯覚を漁民に与えることになってしまった。ここにいたる科学的経緯を漁民が理解できないままに、巨悪の根源が諫早干拓であるかのような誤解を与えることになったのは不幸なことである。このような事態が迫ってきても、逃避できる魚類は、息苦しくなったと感じればより酸素を含む海洋を求めて逃げ出すこともできようが、移動速度の遅い甲殻類や貝類は逃げ出すこともできずに、やがて到来する貧酸素の世界に身を委ねざるを得ない。貧酸素状態下の海底の表面層では、まだ酸化的バクテリアの活動が許されるであろうが、その下層からは完全に酸化還元電位はマイナスに転じ、各種の還元型バクテリアの生活に都合の良い場の形成が始まっている（図21）。しかし、この段階での呼吸で電子受容体となって還元されて生じた H_2S は、きわめて水溶性が高く（表4）海底表層に向けて上昇し始めるが、その途中で鉄などの金属イオンによって捕捉されなければ（図18）表層に流失し、相対的に多量の酸素に接触した途端に自動的に酸化されてしまい、貝類を殺傷するまでの過酷な状況をもたらすことはない。しかし、ほぼ海底表層の酸素溶存量がほとんど皆無に近づく貧酸素海水中に流れ出すと、酸素の溶解度に対して H_2S の溶解度が一桁高いということから（表4）、自動酸化されない H_2S がそのまま海水中に流れ出す。しかもその高い比重のゆえに海底表層に沿って流れ出し、満ち潮であれ、引き潮であれその近辺を有毒な世界に導いて行くことになる。人間ほどの大型の生き物でさえ容易に死に追い込むほどの猛毒物質が海底層に沿って流れて来ては、生き延びることの可能な底生生物はいない。海水温度が上昇し始める夏が近づくと、深い海底では昼夜を問わず、また浅場のヘドロの海では夜が訪れると死の海へと変貌し、多くの命の終焉を迎えることになる。そこにわれわれは、写真3のような二枚貝の立ち枯れた壊死の墓場を見ることになろう。

したがって、有明海荒廃の原因を探るとすれば、上記のシナリオに沿ったパラメーターだけを調査すれば済むことであり、他の調査は一切不要とさえ言い切れる。なすべきは、第一に H_2S の発生状況を海底表層の上部一〇センチメートルの海水と深層部五〇センチメートルの堆積層と泥層をできれば五センチメートル刻みか一〇センチメートル刻みに区分して測定することである（ただし、H_2S は酸素に触れると容易に自動酸化されるだけでなく、ガラス表面等への吸着性も高いので、環境省の指導の下で測定標準法を提示してもらい、相互に測定値を比較検討できるようにすることが重要）。もし、まだ環境省がその方法を提示できないのであれば、H_2S 発生に関わる硫酸還元菌のフローラを季節的、時間的、地域的各点の海底泥層で調査することである。しかし、第九回の委員会報告の最後に水産庁直轄研究所が船舶から投下してそれらを採取する手法を提起しているので、それで充分であり、それを規準として各所で、各時間に、年間を通じてサンプルを採取すればよい。あるいは、H_2S の発生源は海底堆積物・泥層にあるので、そこでの酸化還元電位変動を追うことも意味のあることである。いずれにせよ、第三者委員会が調査対象としているような、総硫黄含有量は全く無意味である。海洋中でのS化合物は、単に有機物中のタンパク質量の指標であるだけでなく、**図18**に示されたように硫化鉄や石膏（硫酸カルシウム）に変換してしまうので、H_2S そのものの測定でなければ意味はない。それら以外に、有明海の復元のために多少とも意味があるとすれば、溶存酸素量と赤潮発生指標となるクロロフィル量、植物性プランクトン密度くらいである。また、海水温度が上昇して堆積物の腐敗が始まれば、環境汚染の引き金であるリンは前述したように再び可溶化して海中を漂うことになり、赤潮は発生の引き金となってしまう。

有明海疲弊の主たる根元が有機酸活性剤起源の海底に沈む有機堆積物（主として植物プランクトンの死骸）であるとすれば、天候にもよるが、不漁や特にノリの色落ちは周期的に訪れることになろう。

堆積物が多量に蓄積して酸化的分解と腐敗によってある程度除かれてしまったその年には大被害が起っても、翌年や翌々年は腐敗にいたるほど堆積物は溜まらずに、見かけは好漁であったり豊作であったとしても、何年かする内にやがて堆積物は再び H_2S の放出を伴う腐敗をせざるを得ないほどまで海底の窪地に堆積し、再び大被害を惹起するという周期的繰り返しをするに違いない。少なくとも、有明海全域において浄化能（環境容量）に勝る負荷が人為的に与えられ続ける限り、有明海で安定した浄化と負荷の均衡が維持できる訳はない。その度ごとに、大騒ぎをして原因を探ることになろう。

すでに諫早干拓地の工事はほぼ完成し終えていると言って良い。民主党の菅代表はことあるごとに、公共投資の悪例に諫早干拓を挙げているが、これは正しい発言であろうか。大枚の国税を使った意味がそれほど無いとは私には思えない。すでに、述べたように少なくとも諫早市民の生命と財産を高潮から守るだけでも意味があるが、到来することが必至な地方分権の時代に、知恵を活かすことが可能な平地と淡水湖を生み出したのである。要は、税金をかけて作ったものを未来にどのように生かすかに関する柔軟な発想を、地元の人々が持っているかどうかである。そんな折、地元の国立長崎大学水産学部で、今もって後ろ向きの、「締め切り堤防の諫早湾への影響」「有明海への影響」「有明海におけるこれからの調査研究課題」などという課題のジョイント・シンポジウムを開催（二〇〇二年一二月七日）しているようではどうにもならず情けない。

今なすべきは、前向きに、大枚の税金を注ぎ込んだ干拓の地をどのように活かすか、そのプランを描くべきである。急ぎシンポジウムを開催してそれについて討議すべきであろう。諫早干拓地がほぼ完成に近づきつつあるだけに、干拓地の将来について夢のある計画が討議されるのでなければ、それこそ投資税金に見合う具体案を摸索することはできない。地元の専門家の叡智を明日に活かす諫早干拓地のありように集中させて討議すべきではなかろうか。明日を読んだ諫早干拓地の姿を全国民に知らせるくらいの熱意を、なぜ地元の専門家は持てないのであろうか。四国と本土の間にかけられた三本の橋とは違うのである。これら不要の金食い橋は与党政治家たちの金儲けの餌食となった典型的な公共投資の悪例である。今後、日本の人口が減り続け、一〇〇年後には六千万人台に達するのが確実な世紀に必要な橋は、一つで充分であった。責任も曖昧なままに、後の二つの橋はメンテナンスにかかる経費をも賄い切れずに赤字を積み上げ続けるに違いない。諫早干拓地でも錆び止め塗料を必要とするとしても、その金額は四国に掛かる三橋の維持のための錆び止め経費に比べれば無に等しい。逆に、時代の流れを柔軟に先取りする先見性を発揮すれば、新たに作られた大地と湖水にロマンを活かすことができるのである。議論の無いままに完成してしまってからでは遅い。私は遠い東北の地にあって具体的提案をする立場にはないのだが、それこそ地元の専門家が地方分権の時代を生きる今こそ、諫早干拓地のありようを議論し、住民に具体的に提案する段階に来ていると思うが、どうだろうか。夢のある計画のいかんによっては、それこそ高く評価される公共投資として羨望の眼で受け止められる大事業であり、住民が誇りとしうることなのである。金子知事以下が、かくも批判を浴びつつなし遂げた大事業を、羨望の目をもって評価されるようなものとしうるかどうか、その事業が九州全域からの期待にも応え得るような、発想と構想の見直しの柔軟性を持ちうるか否かにかかっていると言えよう。

＊

本書本文を脱稿したのは二〇〇三年四月三十日であったが、最近になって「漁民はここまでお金のためにごまかしをしていたのか」と思わせる事件も持ち上がったことから、その後の出来事をもこの終章に付け加え、「有明海問題の真相」をさらに深化させることを試みたい。

第一の論点は、例の有機酸活性剤の製造メーカー各社から、小生との交流会を持ち勉強したいとの申し入れを受け、その結果今回の一連の出来事の裏が多少とも見えてきて、責任のありかがより鮮明になったということである。原稿を書店に渡ししばらくして上記の交流会の申し入れがあったのだが、内情を知り、また彼らに彼らの行なっていることが国民に対する背信行為であることを理解させる絶好の機会と考えて、去る五月二三日に講演会と懇談会に参加することを受け入れた。

会では最初に、彼らが行なっていることは国内外の法律に違反したものであること、特にごく最近日本が批准した「生物多様性保全条約」を反故にし日本の貴重な自然環境破壊の片棒を担いでいる実態と、その科学的根拠や仕組みを、質問を受けながら詳しく話した。実は、マスメディアによって被害者であるかのように取り上げられているノリ養殖漁民こそが加害者であり、彼らメーカーも漁民による有明海の富栄養化に荷担し、国際社会の規範である「海洋汚染防止法」を無視した漁業法を助長させせて来た結果が、今日の有明海の疲弊を招いたのである、という自覚と責任感を持っていただきたいと話した。今年度（二〇〇三年）に環境省に新たに設置された新委員会は、現在の破滅的状況をもたらした経緯を科学的に証明することになるだろうし、むしろ、化学の知識に明るいメーカー各位が、ノリ漁民が現在行なっている漁法が反社会的なものであることを説明するようではなくていけないのではないかと話した。残念ながら、現在のような反社会的漁法を普及させた科学者が第三者委員会のメンバーであって、依然としてノリ業界内では辣腕を振るい、有機酸剤の使用を推進し続けているようだが、たとえ企業としての利益が減るようなことがあっても、次長通達に過ぎないそれに甘えてはいけないと訴えた。以前、工藤盛徳氏が提案した（一九八五年一月一一日付『海苔タイムス』）もので、私もそれに賛成できる希塩酸使用を前提とし、漁民も安心して使えるキットとして販売指導することで彼らを助け、国民に背を向ける商売からは手を引くべきであると訴えた。塩酸も有機酸と同様、国際海洋法上はD類に分類される規制対象物質であるが、安全な程度にまで希釈し、使用後は苛性ソーダで中和して食塩という自然物に戻して捨てるという手法（これに水産庁は反対している）に対する彼らメーカーからの反論はなく、自然に優しい漁法への転換に抵抗感を持っているようにも感じられなかった。塩酸を中心にし、塩基性の海水中で不足気味になる鉄イオンを加味するような工夫で、ノリ養殖漁民に歓迎されるような手助けの仕方も話し合われた。一方、今回の私の指摘によって、企業側が既に保有している有機酸製造ラインを無駄にしないための提案として、有機酸が全ての生き物にとっての直接的エネルギー源であるとの視点から、各種畜産業への有機酸塩としての転用なども話し合われた。

彼らとの討議を重ねている内に、有明海を疲弊させた真の責任者が誰であるか、その責任にどのように重み付けできるか、私の思い込みの訂正を含めてあらためて考え直さざるを得なくなって行った。

　そもそもの発端は、夙に第一回第三者委員会の議事録中に次のような傲慢な陳述が紹介されていたことにある（ことの真相を実感したい方は水産庁のホームページ http://www.jfa.maff.go.jp/ariaken-ori/01gijiroku (zan).html 中の前半にある水産庁の井貫栽培養殖課長による資料4についての説明文をお読み頂きたい）。その中で彼は「水産庁次長通達に基づきまして、適正使用ということで、**全漁連、それから全ノリ連におきまして、酸処理剤検討委員会を設置しておりまして、そこで成分なり適格性を審査して認定適格品を使用するということで、**現在、一四社五二品目〔引用者注・本書表2〕について全国ベースで**認定されてございます。これを各県それぞれまた県漁連段階で認定をして使用しているという状況**でございます。」と報告している（太字化引用者）。まさに企業の死活を全漁連が握っており、各メーカーは彼らが言うがままに、多少独自色を出しながら製品を供給せざるを得なかったというのが実情なのである。私の支援者も、「さらにその背後には第三者委員会の有力メンバーがいて、彼は国立大学の研究者という身分でありながらこの私的酸処理委員会の委員長をかねているのですよ」と、不信感をつのらせていた。企業の利潤追求の姿勢にも不信感を持ち、その点にも重きを置いて執筆してきた自分を反省せざるを得なかったのである。もちろん科学的推論に関しては、執筆後の修正の必要は全く感じていない。

　製造メーカーの交流会で懇談するまでは、有明海の自然を破局に導こうが、国民共有の自然がどうなろうとお構いなしに利益だけを貪る企業の責任を追及する姿勢でいた。第一回の議事録を読み、支援者からの報せがあっても、それをさほど重視せずに、「企業悪」の思い込みのままにいたのである。薬剤製造企業やバックにいた専門家集団、流通関係者の責任が、全漁連関係者や水産庁と比べて軽いとは断定できずに来たのである。しかし、実際に彼ら企業側と会い、「社会人として不安と責任を感じつつも、全漁連や全海苔連の気に入る有機酸剤を作り続けねばならなかった」という彼らの生の声を聞くと（たとえそれが企業における「個人」の考えであったとしても）、指導され要望に応じざるをえなかった有機酸剤製造企業側と、全海苔連や養殖者、そして彼らの要望に応えて環境科学的には幼稚な次長通達で彼らのやりたい放題を見過ごして来た水産庁の責任とでは、格段の違いがあると認めざるを得なかった。私の支援者からの話では、私が新聞紙上で有機酸剤使用の危険性を二度にわたって忠告しているにもかかわらず、前述したように水産庁は自説を見直す態度をいささかも示さなかった。他方ノリ養殖関係者は、「反対しているのはたかが一人の科学者で、相手にする必要はない」と宣言し、水産庁につながる専門家の指導に従って有機酸剤を今後も使い続けると述べていたという。

「他の先進国では日本でのようなノリ養殖法をやろうものならお縄ですよ」と言われ、こんなことをしていて良いのだろうかと考えさせられて来たとか、「各県の海苔漁連からこういうものを作ってくれと依頼され、返事を渋ると買ってもらえなくなるので、やむを得ず企業間競争に勝ち抜くために、環境に負荷を与えかねない危惧を持ちつつも製造する、という選択の余地のないものであった」という発言は、そこに全海苔連の横暴さが感じ取れるものであっただけに、有明海疲弊における企業責任は、全海苔連や水産庁と同列に置くべきものではないと明確に認識するようになった。

第二の論点は、今年（二〇〇三年）八月二三日の昼のＮＨＫの全国向けテレビニュースと翌朝の各社の地方版は、水産庁漁業調整事務所が第三者委員会の委員でもあった荒巻巧氏を含む十数名を、有明海におけるノリ養殖における漁業法違反により関係箇所を家宅捜査すると共に書類送検した、と報じたことである。私は「序」で述べたように、有明海の疲弊が理論的には諫早湾干拓を原因としては起りえようもないことから不信感を抱いて調査を始めたのだが、有機酸剤の使用以外にも何かしら裏のあることを感じとって来た。私は、翌朝の全国紙がこのニュースを詳しく取り上げるであろうと考えて記事を探したが、あれほどノリ養殖漁民のサイドに立って盲目的に諫早干拓を悪とし、彼らをして被害者と仕立て上げた代表的大新聞『朝日新聞』はＮＨＫの報道には見向きもしていなかったのである。他社の行動まで調査する気はなかったが、やむなく九州のある方に、地方版なら報道しているであろうから、どんな風に取り扱われているか、数社のコピーを送って下さるようにと電話でお願いした。そこに共通して取材されていたのは、まさに私がこの本の中で告発し続けたモラルなきノリ養殖漁民の荒んだ姿であった。私が「被害者の顔をした加害者」と名付けて来た漁民の化けの皮が剥がされるさまが記事となっていた。

そして、水産庁の一連の違法摘発のための調査が、私が水産庁を訪ね、水産庁と全漁連との馴れ合いと彼らの無責任を追及して間もなくから既に始まっていたことを知ることになった。このままでは、有明海の自然環境破壊の全責任を水産庁が背負わねばならぬ事態を察しての行動であったと推定できる。確かに、水産庁の許可した区域外でも海面をノリ網が占拠したのでは、有害な有機酸剤をそれだけ広大な海面に投与することになり、他の漁業者に迷惑をかけたというだけでは済まされない。有明海の環境容量を越える負荷を与えることは、ノリに期待された環境修復機能でまかない切れない結果を招くことになり、その結果、社会問題となったノリ色落ちが、自ら承認した有機酸利用の問責に飛び火することは確実と感じたからだろう。

こうした動きがあるからといって、有機酸剤（許可した有機酸以外に各種塩類やアミノ酸などの通達違反物質さえも含む栄養剤〔**表2**〕）の利用を認めた水産庁の責任、また、人類の福祉のために貢献すべき科学者であるのに、有機酸剤を推奨し漁民のモラルを失墜させてしまったたような人物の責任も放置してよいものではない。同様に、ノリ養殖漁民の欲得を煽った海苔取扱い専門商社の責任は、生産から流通の全過程を機密事項として隠蔽し、消費者にいい加減な商品を高価格で売り付けて来た点で（**資料3**）、さらに厳しい批判の対象とせねばならないだろう。

参考文献

（1） Tsutsumi, H. Collapse of dominant bivalve population of the tidalflats in Kumamto Ariake Area and its negative influence on the water quality of Ariake. EMECS, 2001

（2） 平澤正夫、『食卓のおとし穴』、小学館、一九九八年

（3） 平澤正夫、「アサクサノリが店頭から消えた？」『食材の常識が変わる本』所収、別冊宝島436、一九九九年

（4） 川上信定、「海苔は日本文化の表象なのに九九％が農薬漬けとはいぶかしい」『朝めしを極める』、日経ＢＰ社、一九九九年

（5） 三好基晴、「酸処理剤は〝海の農薬〟、焼海苔」、『買ってはいけない、Part 2』所収、『週刊金曜日』別冊ブックレット5（一一月二一日号増刊）、二〇〇二年

（6） 藤田雄二、「漁業――ノリ養殖」『有明海の環境・漁業を考える』所収、ジョイントシンポジウム、日本水産学会、68 (1), 102, 二〇〇二年

（7） 江刺洋司、「自然と共生の街づくり――普遍性」『社会・文明・環境』所収、平野・野中編、梓出版、64-180. 一九九三年

（8） Esashi, Y. and Oda, Y., Effects of light intensity and sucrose on the flowering of *Lemna perpusilla*. Plant & Cell Physiol., 5, 513, 1964.

（9）Esashi, Y. and Oda, Y., Two light reactions in the photoperiodic control of flowering of *Lemma perpusilla* and *L. gibba*. Plant & Cell Physiol., 7, 59, 1966.
（10）Esashi, Y. et al., Flowering responses of *Lemma perpusilla* and *L. gobba* in relation to nitrate concentration in the culture medium. Plant & Cell Physiol., 13, 623, 1972.
（11）大房剛、『図説　海苔産業の現状と将来』、成山堂書店、二〇〇一年
（12）石田祐三郎、『海洋微生物の分子生態学入門』、培風館、二〇〇二年
（13）江刺洋司、『植物の生と死』、平凡社、一九九七年
（14）Waltther, W. G. and Edmunds, L. N, Plant Physiol., 51, 250, 1973.
（15）広松伝、『よみがえれ！〝宝の海〟有明海』、藤原書店、二〇〇一年
（16）クリストファー・フレイヴィン編著、『ワールドウオッチ研究所地球白書 2002-03』、家の光協会、二〇〇二年
（17）Gorecki, R. J. et. al., Ultraweak biochemiluminescence of pea and cocklebur seeds of different vigour. Acta Aca. Agri. Tech. Olsten., 53, 69, 1991.
（18）皆川信子、吉本昭夫、「酵母のシアン耐性呼吸」、『化学と生物』所収、31, 83, 一九九三年
（19）Slater, E. C. Biocem. J., 46, 484, 1950.
（20）広松伝、「有明海の再生」、『日本環境年鑑 2002』所収「視点」、創士社、二〇〇二年
（21）Maruyama, A., et al., Plant & Cell Physiol., 41, 200, 2000.
（22）中国新聞社「新せとうち学」取材班、『海からの伝言――新せとうち学』、中国新聞社、一九九八年
（23）柳田友道、『赤潮』〈講談社サイエンテイフィック〉、講談社、一九七六年

あとがき

本書では、食品の生産・流通の実態が、いかに「政・官・財・学・情のペンタゴン」によって消費者に隠蔽されているか、その実態を科学者の視点から紹介してきた。ノリは、今や防菌剤を伴ってしか生産できないものとなり、その加工段階において原形質をも流失させてしまった、さほど栄養分も含まれない、むしろ危険な食品と言えるかもしれない。単なる「黒い包装紙」と化してしまったノリという食品の悲劇からは、さらに深刻な事態が明るみにでる。底生生物（貝類など）を漁獲対象とする漁民が、ノリ漁民に対抗して訴訟を起こそうとしても、彼らを擁護してくれる弁護士を見出すことも難しいとのことである。戦う手段さえ奪われた彼らの姿を見、話を聞いていると、私のような戦時中を知る人間は、戦後半世紀を経過しても日本がまったく変わっていないことを痛感せざるをえない。この点、ジャーナリストの責任が最も重い。正義感・探究心・洞察力を失ったジャーナリズムの蘇生のために、ジャーナリスト個々人に奮起を促したい。

無論、有明海を疲弊させ希少生物種の絶滅を惹起した最大の責任者は、国内外の法律を無視し、先輩が出した幼稚な通達を今もって守り通している水産庁にあるのであって、水産官僚の責任追及に全てが始まると言えよう。しかし、水産官僚の第二の人生の受け皿ともなっていた全漁連・全海苔連、そしてそれぞれの各県の下部組織は水産庁と同等の責任を負っていると言えよう。有機酸の使用許可を願い出ただけでなく、今回摘発された事情（二〇〇三年八月「有明海におけるノリ養殖における漁業法違反」）に見られるモラルの欠如の故である。そして、人類の願いに敵対するようなノリ養殖法を今もって改めるどころか推奨し続けている科学者の責任（『海苔タイムス』二〇〇三年八月二一日記事、本文九三ページの記述参照）、見かけの色などにこだわって黒い危険な食品としてノリを流通させ高価格を維持するために隠蔽工作の中核にいる商社の責任、悪いと知っていて作り続けた有機酸剤製造会社の責任……。これらの、責任の重みは異なるが相互に関係しあう要素は、ノリ産業に関して見ればペンタゴンではなくヘキサゴン（政・官・財・学・情・法）と言わざるをえないだろう。彼らはそれぞれの責任の重さに順じて、有明海の再生・蘇生のために相応の対価を払うべきである。

それはそれとして急がれるのは、希少生物の絶滅を直ちに止めるための手立てを実行に移すことである。残念ながら、先の議員立法「有明海及び八代海を再生させるための特別措置に関する法律」はノリ生産者の保護のためのものであり、有明海の自然の再生のためのものとはなっていない。この法律の有効期間が三年間もあるのかと思うと慙愧に耐えないが、その間もまた、有明海の底生生物にとっては死の恐怖の期間となるに違いない。「生物多様性保全条約」の精神を実効あらしめるためにも、有明海を一刻も早く蘇生・再生させねばならないとすれば、この悪法を超越した手立てを考慮せねばならない。そのためには、有明海湾口を浚渫するなり開口部分を拡幅することで、外海の富酸素の海水をより大量に湾内に導入すると共に、諫早湾内の海水更新に必要な期間を冬季であっても一ヶ月から一ヶ月半くらいに半減させるための土木工事を大至急行なうことである。本来は地方分権の時代を迎えて、九州に生きる人々が自らの決断により、また自らの力で進めるべきことであるが、「生物多様性保全条約」を実効あらしめるための緊急措置として、いま国税をそのために提供することは、全国民が認めるであろう。

また右記の議員立法が、あと三年間は有機酸や栄養塩類の使用を認めているとしても、段階的にその使用量（有明海全域への総投与量）を削減し、三年後からはそれらの使用禁止に耐える新たなノリ養殖法に切り替えるべきだということである。本書中に転載した**表8**で有機酸剤を添加しなくとも充分量の栄養塩類が有明海に注いでいると、水産庁自身が述べている以上、自然が有明海に供給する栄養塩の範囲で、充分にノリ産業を維持できるはずである。三年後のために、出来るだけ早く有機酸・塩類の利用者を法的に罰する法令の準備にも着手すべきであろう。雑藻類や病原菌の予防のためには、工藤盛徳氏が提案した原点に戻すことである。また、アサリ養殖保全のためと称して有明海全域のあちこちで覆砂のための凹みを作るのをやめることである。小手先の手段ではなく、単位面積当たりの海水量を増やすことが大事であり、先に紹介したように外海水が有明海に入りやすくするために、有明海の湾口断面積を大きくする工事は、ここ二十年間不漁に苦しんだ漁民を救済するためにも有効な、速効性の手段となろう。同時にこの種の土木計画は、活火山雲仙岳に起因する危険性と対峙して生活する防災手段を兼ねながら、地方の時代に活きる流通・観光資源とすべく、対岸の熊本県天草諸島と結ぶ道路橋建設と組み合わせることによって、単に有明海の再生のためにだけでなく、島原半島の防災にも寄与しうる。これらは、「地方の時代」を迎え、九州全域のために取り組むべき計画と位置づけられてしかるべきだろう。

私は、有明海疲弊の原因調査のためにこれ以上無益な税金を投入する必要はないと思う。最低限必要な調査は、想定される有明海疲弊の原因を実証するためのものでなければならない。例えば、H_2S（硫化水素）の発生状況を捉えることと、実際に投与した有機酸の内の何％が実際にノリに吸収され、また葉体自身の構造物となったのかを、有機酸の放射線同位体を用いることによって明らかにし、そこから有機酸剤が水圏環境の破壊者となる事情を説明して、ノリ養殖漁民にその使用禁止を納得させることである。この実験を通じて、漁民は自らが投与した有機酸の大部分が赤潮プランクトンの餌となっていたことを実感することになろう。衛星から送られた画像（本書写真２）は、何ゆえに本来は塩分や増殖のために高温を好む赤潮プランクトン、リゾソレニア（本書写真４）が、冬季を迎えて発生し、ノリとの間で栄養塩を巡る競合をいかに誘発させることになったのかを見せている。それはまさに有機酸投与という環境負荷の人為的投与にあり、衛星写真は有明海の荒廃を誘発させたこの事情を世界中に見せている。われわれ日本人は、これが国内だけの出来事として済まされない時代に生きていることを忘れてはならない。

本書を締め括るにあたり、かつて私見を掲載する勇気を示して下さった、朝日新聞社および読売新聞社の編集部の方々、そしてそれらの記事が契機となって私を奮い立たせ続け、励まして下さった多くの方々にお礼を申し上げたい。特に、内部資料を送って下さった多くの良心的支援者の方々には、それが私の心の支えとなったからこそ、この本の出版にまで漕ぎ付けることができたことをご報告し、謝辞としたい。また、それまで実際に見たこともなかった有明海で市民と語り合う機会を設け有明海に実際に触れさせてくださったＮＰＯ「有明海を育てる会」の皆さん、特に写真を提供して下さった近藤潤三氏に感謝すると共に、過去の経緯を含めてご案内して下さった故広松伝氏には、拙著が柳川市での講演が骨子となっていること、そして広松氏がご著作で提起なさった問題が拙著の記述を深いものにすることに与ったことを報告し、感謝と共に心からの哀悼の意を表したい。最後に、今回の拙著の刊行を気持ちよくお引き受け下さり、並々ならぬご尽力を賜わった藤原書店、藤原良雄氏並びに清藤洋氏に厚く感謝を申し上げたい。

二〇〇三年九月二一日

江刺　洋司

資料

13 オピニオン 13版▲ 2002年（平成14年）1月25日

私の視点

東北大学名誉教授（環境生物学） 江刺（えさし） 洋司（ようじ）

◆ノリ不作 諫早水門開放せず解決を

諫早湾干拓地の水門開放を巡る国と沿岸漁業者の対立は、深まるばかりのようだ。私は、ノリ不作の原因を諫早湾の堤防の閉鎖と短絡的に結びつけてよいものか、専門家の立場で検討してきた。その結果、堤防の水門開放と関係なく問題を解決できると思っていただけに、昨年12月、農林水産省の第三者委員会が「水門を長期に開放すべし」と提言したことに驚いた。なぜ同意できないか、その理由と解決策を述べてみたい。

ノリ不作や二枚貝不漁の主な原因が、干潟の水質浄化作用を環境アセスメントで過小評価した結果にあることに異論はない。

湾内を掘削して海砂を堤防建設に使ったために、海水中の酸素が不足する「酸欠水塊」の発生頻度を増やしてしまった。海流のかく乱が抑えられ、大気からの酸素の取り込み量も少なくなった。ただ、だからと言って、一度壊してしまった環境を、多額の税金を使えば復元できるかのような提言はいただけない。

問題の一つは、ノリの養殖業者が生産性向上や省力化を狙い、ノリ網を海面に漬けたままの養殖方法に変えたことだ。そのため、干潮のときも天日が当たりにくく、病害予防のためにはノリ網を有機酸につけて殺菌する必要が出てきたのである。

しかし、有機酸はノリの成育と競合する植物プランクトンの栄養源だ。植物プランクトンなど各種の微生物がこの有機酸を分解する際に、大量の酸素を消費するため、海水は「酸欠」状態になる。この酸欠がノリや貝などの不作・不漁の原因の一つであることはわかっていた。にもかかわらず、水産庁は「有機酸は分解すると水と二酸化炭素になるだけで、環境を汚染しない」と使用を許可してしまった。

しかも、この殺菌用の有機酸に、本来製造過程で発生するはずのないリンなどの栄養塩を添加していることもわかった。ノリの生育を促すために製造業者が入れたと思われるが、かえって植物プランクトンの増殖と、それによる海水の酸欠を促した可能性が高い。

また、植物プランクトンの増殖を抑えようと、プランクトンをえさとするアサリの稚貝を放流したことも問題だ。ノリと植物プランクトンが太陽光を巡って競合するのは、海面上層部だけなのに、稚貝が成長する過程で海底部が酸欠となり、不漁の原因となる。

堤防が完成してしまった以上は、運用を変えずに対立回避を模索すべきだろう。例えば、ノリの不作を防止するには次のような対策を考える必要がある。

①植物プランクトンをえさとする貝類の養殖棚をノリ網との間に一定間隔で組み入れ、海面上層部での競合を防ぐ②養殖棚ではフランス料理の食材であるムール貝などを新たに育て地場産業の育成を図る③有機酸の使用量を、魚類や貝類などの生育に必要な海水中の酸素量を目安に規制する。

一方で干拓地は、時代が要請する都市再生に合わせて建設残土などで埋め立てるなど周辺住民との共存を工夫する。そして淡水化した調整池では、水生植物を利用した環境修復が急がれる。

こうした対策で、水門を開けずに不毛な対立を解消できるのではなかろうか。

投稿規定 1300字程度。住所、氏名、年齢、職業、電話番号を明記し、〒104・8011朝日新聞社企画報道室「私の視点」係へ。電子メールはsiten@ed.asahi.com 二重投稿、採否の問い合わせはご遠慮下さい。本社電子メディアにも収録します。原稿は返却しません。

59水振第2124号

昭和59年９月18日

関係都道府県知事 殿

水　産　庁　次　長

海苔養殖における酸処理剤の使用について

我が国の海苔養殖業は、近年、人工採苗、冷蔵網及び浮き流し養殖に関する技術の発達に支えられて、各地の漁場環境に応じながら発展し、海苔の安定的大量生産を可能としてきたが、最近では養殖管理作業を省力化し、かつ、品質の向上を図るため、漁場環境上必要な地域においては酸処理剤を使用して、生育中の海苔葉体に附着する雑藻類等を除去することが行われている。

酸処理剤の主成分には自然の植物体にも存在するリンゴ酸、クエン酸等の有機酸が用いられていると言われており、その使用に当たっては海苔の食品としての安全性確保の観点から、漁業関係団体において使用基準を設ける等努力しているところであるが、海苔幼芽に直接使用されるものであるところから、更に万全を期するため、貴都道府県におかれても、下記の事項を厳守するように関係漁業者を指導されたい。

記

1．雑藻除去等の目的で使用する物質としては、食品添加物として認められている酸のうち、天然の食品の中に含まれる有機酸で、使用後海洋中の微生物等の作用により速やかに分解され、摘採される海苔には残留しないものに限ること。

2．使用後の残液の処理・処分については、附近の浅海等にそのまま投棄することなく、十分な中和処理等を行ったうえで、下水等を通じ排出させる等、適正な処理・処分を行うこと。

3．酸処理剤を使用する場合には、都道府県の試験研究機関に事前に相談するとともに、その指導に従うこと。

2000.8.18

各指定商組合

理事長様

全国海苔入札問屋組合協議会
会長理事　　　白羽　昭

拝啓
　時下、益々ご清栄の事とお喜び申し上げます。
先般の臨時総会におきまして、懸案となっておりました酸（活性）処理剤の使用に関する各漁連への申し入れ事項につきまして、概略がまとまりましたのでご報告致します。
　酸処理問題は対消費者・対マスコミという側面から、その対応如何によって消費の大きな減少をもたらす危険性を内包しております。

昨今の雪印乳業の例にもあります様に、
① お客様の安全を最優先に考える姿勢が徹底していなかった事。
② 企業（業界）からの情報開示が遅れた事。
③ 記者会見などでの発言が不手際であったり、原因説明が二転三転した事。

等の対応のまずさにより、消費者の信頼を大きく損なう結果を招いております。
　又、ｷﾘﾝﾋﾞﾊﾞﾚｯｼﾞ社の様に、不用意な発言が事故のもみ消し工作と受け取られ、傷口を不必要に広げた例も見られ、最近は一見取るに足らぬと思われる微小な事故も大々的に全国ニュースとして取り上げられております。
故に、酸処理問題は以下の点については、準備を怠らぬ様努める事が肝要と思われます。

生産過程においては
① 昭和５９年の水産庁次長通達を遵守し、諸書類を整備して頂く事。

流通においては、
① 酸処理技術そのものの本質。
② 酸処理された海苔が安全、安心して食べる事の出来る自然食品である事。
③ 酸処理が海の自然環境破壊を助長していない事。
　　の３点を消費者やマスコミに対し、十分に理解、納得して頂くよう努力する事。
並びに生産、流通双方の長は傘下の組合員に対し、以上の点の啓蒙に努める事。

　これらの点を踏まえ、現在、海苔生産技術Ｑ＆Ａの製作等、業界をあげて上記の諸問題に取り組んでおりますが、一部の漁連等にありましてはその対策が「書類などの不備」という点で足並みが揃っていない様に聞き及んでおります。

(A) 申し入れ事項

1・水産庁次長通達にある都道府県の試験研究機関の指導に基づいた、
県漁連の《酸処理剤使用に関する指導・実施要領》を作成して頂く事。

2・上記実施要領に基づいた生産体制遵守に係る覚書を県漁連～指定商間で作成し、
署名捺印、保管する事。

3・上記実施要領に含まれる諸書類を、一年に一度双方で確認させて頂く事。
又、万一の際には、指定商の要望と共に即時公表出来るよう準備して頂く事。

(B) 酸処理剤使用に関する指導・実施要領の内容

①～⑦迄は大半が既に実施済の事と存じますが、⑧～⑪について重点的にご配慮頂ければ幸甚に存じます。

① 処理剤・使用基準の策定。

② 生産者～単協間の誓約書の締結。

③ 県漁連～単協間の誓約書、又は覚書の締結。

④ 処理剤の選定。

⑤ 監視体制の整備。

⑥ 違反者に対する罰則規定の制定。

⑦ 県漁連～処理剤メーカー間の誓約書の締結。

⑧ 処理剤販売記録の記帳及び保存。

⑨ 各生産者ごとの使用管理記録の記帳及び保存。

⑩ 葉体・製品,それぞれの処理剤残留検査の実施。（最低１漁連１年２種類につき１回）
（酸処理要件、採取要件の記載がある事。）

⑪ 処理剤・海上サンプリングの実施と処理剤検査の実施。
（１単協１年１回以上が望ましい。分析は希釈ｐＨ測定法※1でも可）

製品などの残留検査、処理剤検査は公共性のある試験機関に依頼する事。
（各県の水産試験場の検査は不可とする。）

以上の内容について実施要領を作成して頂く様申し入れをして頂く事になりますが、資料を添付致しますのでご参考にして頂ければ幸いです。

ほとんどの県漁連におきましては、既に実施要領など作成済みと思われますが、今一度その内容をご確認して頂きたく、よろしくお願い申し上げます。

(C) 参考資料　（平成１１年度版）

① 佐賀県・活性処理に関する実施要領

② 柳川大川漁協・活性処理剤使用記録簿

③ 福岡県漁連・適格性を有する活性処理剤、処理剤メーカーとの誓約書他

④ 　〃　・ノリ養殖漁場行使にあたり厳守すべき行使の内容

⑤ 兵庫県・酸処理剤使用にかかわる別添え資料

※1　希釈ｐＨ測定法

処理剤に無機酸が使用されていない事の間接証明法の一種で、定性分析法に比べて費用が格段に安価です。

方法としては、サンプリングされた処理剤を、2000 倍から 5000 倍まで 1000 倍毎に希釈 し、pH の測定とその上昇係数を計算するだけで済みます。

ご不明な点は、海苔環境会議事務局迄、ご連絡ください。
【連絡先】　株式会社 [redacted] 海苔店 [redacted]
TEL 03－[redacted]
FAX 03－[redacted]

資料3（4）

全国海苔入札問屋組合協議会と致しましては、全国の生産体制が同様の基準を持ち、消費者に対する情報開示の際に、完全な共同歩調を取る事の出来る体制を作る事が必要との観点から、可及的速やかに各指定商組合と各県漁連との話合いのもと、申し入れ事項の徹底をお計り頂きたいと存じます。

各指定商組合理事長様におかれましては、ご多忙の折誠に恐縮に存じますが、上記の内容をお汲み取り頂き、来る漁期に向けてのご尽力をお願い申し上げます。

なを、合意事項などがまとまりました時点で、その内容を協議会事務局までご一報頂ければ幸甚に存ずる次第でございます。
（出来ますれば１１月末迄にお願い致します。）

末筆になりましたが、貴組合の益々のご発展を心よりお祈り申し上げます。　　敬具

活性剤の基本的使用方法（秋芽作）

育苗期　　海水温　２４～２１℃

・２次芽・３次芽の増加　　・人工干出・網洗い
・通常ｹｲｿｳ・ｱｵﾉﾘ発生　　・付着細菌・白腐れ発生

秋芽養殖　　海水温　１８℃前後

Ｇクイック２　又は　ノリアクト２００　（赤腐れ病を重視するときはノリアクト）

倍率：２００倍　　処理時間：３０～６０秒

１回目摘採　　海水温　１７～１６℃

Ｇクイック２　又は　ノリアクト２００　（赤腐れ病を重視するときはノリアクト）

倍率：２００～１５０倍　　処理時間：３０～６０秒

＊Ｇクイック２＋ハイトライ（１Ｌ／箱）でノリアクト２００並の赤腐れ病対策は可能

２回目摘採　　海水温　１５～１３℃

Ｇクイック２　又は　ノリアクト２００　（赤腐れ病を重視するときはノリアクト）

倍率：１５０～１２０倍　　処理時間：３０～６０秒

＊Ｇクイック２＋ハイトライ（１Ｌ／箱）でノリアクト２００並の赤腐れ病対策は可能

３回目摘採以降　　海水温　１３～８℃

Ｇクイック２　又は　ノリアクト２００　（赤腐れ病を重視するときはノリアクト）

倍率：１２０倍　　処理時間：３０～６０秒

付着細菌等の付着物、ツボ状菌の予防には

[redacted]

倍率：１２０倍　　処理時間：３０～６０秒

＊　殺菌力を調整したい場合、Ｇクイックプラス２に変えて、*Ｇクイック２＋ＫＣ１０００（０．５～１．５Ｌ／箱）*でも可能

＊　タビュラリア大量付着の場合。。。ＫＣ３００（０．５～１Ｌ／ケース）添加

●毎年、海苔の健全度、酸に対する抵抗力は異なりますので、海苔の強さを十分確認して処理を行ってください。

●処理時間とは、海苔が活性剤希釈液と接触してから海中に入るまでの時間を示します。

資料４ｂ

活性剤の基本的使用方法（冷凍作）

育苗期 [redacted]　　海水温　２４～２１℃

・２次芽・３次芽の増加　　・人工干出・網洗い
・通常ケイソウ・アオノリ発生　　・付着細菌・白腐れ発生

↓

冷凍入庫 [redacted]　　**海苔スリープ（芽痛み防止剤）**

↓

冷凍出庫 [redacted]　　海水温　１４～１０℃

Gクイック２　又は　**ノリアクト２００**　（赤腐れ病を重視するときはノリアクト）

倍率：１５０倍　　処理時間：３０～６０秒

＊　Gクイック２＋ハイトライ（１L／箱）でノリアクト２００並の赤腐れ病対策は可能

↓

1回目摘採　　海水温　１２～８℃

Gクイック２　又は　**ノリアクト２００**　（赤腐れ病を重視するときはノリアクト）

倍率：１５０～１２０倍　　処理時間：３０～６０秒

＊Gクイック２＋ハイトライ（１L／箱）でノリアクト２００並の赤腐れ病対策は可能

↓

2回目摘採以降　　海水温　１０～８℃

Gクイック２　又は　**ノリアクト２００**　（赤腐れ病を重視するときはノリアクト）

倍率：１２０倍　　処理時間：６０～９０秒

付着細菌等の付着物、ツボ状菌の予防には

[redacted]

倍率：１２０倍　　処理時間：６０～９０秒

＊　殺菌力を調整したい場合、Gクイックプラス２に変えて、Gクイック２＋KC１０００（０．５～１．５L／箱）でも可能

＊　タビュラリア大量付着の場合。。。KC３００（０．５～１L／ケース）添加

●毎年、海苔の健全度、酸に対する抵抗力は異なりますので、海苔の強さを十分確認して処理を行ってください。

●処理時間とは、海苔が活性剤希釈液と接触してから海中に入るまでの時間を示します。

資料４ｃ

Wクリーンシリーズ（全商品）使用上の注意

【取り扱い注意事項】

Ｗクリーンシリーズは、食品加工の工程で使用される食品添加物を主成分として製造されています。食品添加物といっても、目に入った場合わさびや唐辛子のように刺激が強い原料もありますし、厳冬の海上では十分な水洗いができない場合も想定されます。

原液が目に入った場合は水洗いしていただくことはもちろんですが、未然防止することが一番です。

＊ 取扱いの際は、ゴーグルなどの保護めがねをかけて目に入らないように注意してください。
＊ 皮膚に触れないように、必ずビニール手袋を着用してください。
＊ 目的の用途以外には使用しないでください。
＊ 漏れ、あふれ、又は飛散しないよう注意してください。
＊ 小児の手の届くところには、置かないでください。
＊ Ｗクリーンは、アルカリや次亜塩素酸などの塩素化合物（例：塩素系漂白剤など）と絶対に混合しないでください。
＊ Ｗクリーンは、鉄などの金属やコンクリートを腐食する恐れがありますので、こぼした場合はよく水洗してください。

その他の注意点

「ダッシュ」等の原液に「海苔エキスＮＴ」を原液で添加される時は、「海苔エキスＮＴ」を取って付きジョッキ等に取り分け添加してください。注ぎホース（象の鼻）は、反動で液が飛散しますので、注ぎ口を押さえるなど飛散しないよう注意してください。

【応急措置】

手や皮膚に触れた場合

直ちに、大量の水で洗い流して下さい。服の上から触れた場合は、直ちに服を脱ぎ、大量の水で洗い流してください。

異常のある場合は、すみやかに医師の手当てを受けて下さい。

眼に入った場合

まぶたをこすらずに直ちに水で１５分以上洗い流し、すみやかに医師の手当てを受けて下さい。

また、眼は非常に敏感かつ弱い個所でありますので、雑菌の多い海水ではさらに悪化する恐れもありますので、なるべく海水ではなく水道水で洗い流して下さい。（例：清潔なポリ容器等に、水道水を入れ、清潔な灯油ポンプ等で洗い流す等の対策を行なって下さい。）

飲み込んだ場合

直ちに、水を飲み、喉に指を入れて吐き出す等の措置をして下さい。

そして、直ちに医師の手当てを受けて下さい。

問い合わせ先

株式会社

◎W700ⅡとW700（旧商品）の珪藻に対する比較

処理温度：10℃

製剤名	希釈倍率	処理時間	染色率	芽傷み	珪藻駆除効果
W700	100倍	8分	ー〜＋	(○)〜△	40〜50%
	80倍	8分	ー〜＋	(○)〜△	60〜70%
W700Ⅱ	100倍	8分	ー〜＋	(○)〜△	40〜50%
	80倍	8分	ー〜＋	(○)〜△	60〜70%

◎W700ⅡとW700（旧商品）の赤腐れに対する比較

処理温度：10℃

製剤名	希釈倍率	処理時間	染色率	芽傷み	赤腐れ駆除効果
W700	100倍	8分	ー〜＋	(○)〜△	90%以上
	80倍	8分	ー〜＋	(○)〜△	90%以上
W700Ⅱ	100倍	8分	ー〜＋	(○)〜△	90%以上
	80倍	8分	ー〜＋	(○)〜△	90%以上

＜結果＞
新商品「W700Ⅱ」と旧商品「W700」の珪藻及び赤腐れに対する効果は同じである。

◎W700Ⅱとブラック2000（旧商品）の珪藻に対する比較

処理温度：10℃

製剤名	希釈倍率	処理時間	染色率	芽傷み	珪藻駆除効果
ブラック2000	100倍	10分	(ー)〜＋	(○)〜△	70〜80%
W700Ⅱ	100倍	10分	(ー)〜＋	(○)〜△	40〜50%
	80倍	10分	(ー)〜＋	(○)〜△	80〜90%

◎W700Ⅱとブラック2000（旧商品）の赤腐れに対する比較

処理温度：10℃

製剤名	希釈倍率	処理時間	染色率	芽傷み	赤腐れ駆除効果
ブラック2000	100倍	5分	ー〜(＋)	○〜△	90%以上
W700Ⅱ	100倍	5分	ー〜(＋)	○〜△	90%以上

＜結果＞
新商品「W700Ⅱ」と旧商品「ブラック2000」の赤腐れに対する効果は同じであるが珪藻に対する効果は、「W700Ⅱ」の方が少し弱い。

のり網冷凍用「のりスリープ」

効果

1. 冷凍中の芽痛みを防止する
2. 冷凍出庫後の戻りが早い

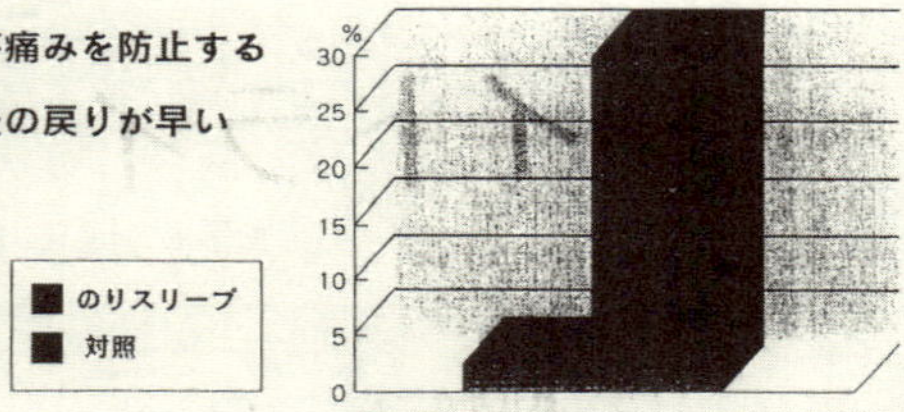

傷んだ海苔の細胞の割合(2ヶ月冷凍入庫後)

特徴

1. 晴天時の乾燥過多を防止する

晴天時には乾燥しすぎて海苔芽を傷めることがあります。「のりスリープ」を使用しますと適度な乾燥で入庫することができます。

2. 短時間で入庫が可能

多量の海苔網を乾燥したい時、天日乾燥では時間がかかりすぎ必要な網数を乾燥できない場合があります。「のりスリープ」を使用しますと乾燥時間を短縮することができ多量の海苔網を冷凍入庫することができます。

3. 雨の日でも入庫が可能

湿度が高く海苔の乾きが悪い時に、「のりスリープ」を使用しますと海苔の水分を吸収し、冷凍入庫できる状態まで乾燥させることができます。

使用方法

1. 脱水機で海苔網を脱水する。
2. 網を広げて陰干しをする。(海苔芽と長さにより時間を調整して下さい。)
3. 「のりスリープ」の粉末を海苔葉体全体にまぶし海苔の水分を吸収する。
4. 冷凍袋に入れ、冷凍庫に入庫する。

製造・発売元

日刊水産経済新聞

2002（平成14）年
2月27日（水曜日）

韓国

無機酸の使用根絶へ

ノリ養殖漁場 政府の支援事業に期待

【釜山支局】韓国では一九九五年から、政府がノリ養殖場における無機酸使用による問題を重視し、ばく大な予算を使って有機酸処理剤供給による支援事業を行ってきたものの、塩酸のような無機酸使用が依然として続けられている。最近は、硫酸使用の実態までマスコミを通じて大々的に指摘されており、政府の支援事業があまり成果を挙げていないことが実証された。

ノリ養殖場で無機酸が使用されているのは、有機酸より価格が安いことに加え、効果も優れていること、さらに作業も相対的に楽なためである。海洋水産部によると、無機酸の値段は一リットル五百五十ウォンであり、有機酸の一千百七十ウォンの半分の価格。また、一サクの作業時間も有機酸が十五―三十分かかるのに対して、無機酸は半分ぐらいの八―十分で終わる。このほか、何よりも漁業者が無機酸を選ぶのはノリに汚物が付かない効果が大きいからである。

もちろん、ノリには無機酸が濃縮されていないので食べても全然問題はないことはすでに知られている。しかし、有機酸に比べて毒性が強い無機酸を養殖場に散布することによって、周辺海域の生態系を破壊することも否定できない事実である。政府はこれまで、無機酸使用に対して取り締まるとともに、有機酸使用を指導する一方、品質の向上にも力を入れ、徐々に成果も出てきている。

しかし、まだ一部の漁業者の場合は少ない費用で最大の効果を得られる無機酸の魅力を捨てられないまま、有機酸は形式的に購入して実際は塩酸などを注ぐ場合も多い。

海洋水産部は昨年、二千六百三十三トンの有機酸供給に対して、三十億八千百万ウォンを支援した。支援条件は国庫五〇％、地方費四〇％、自己負担一〇％。二〇〇〇年度には使用効果が落ちるという漁業者の意見を受け入れて、有機酸の中の無機酸の含有量は以前の三％から五％に上向きに調整節する一方、強力な取り締まりを通じて行政処分を強化するなど、いろいろな方策を導入した。

海洋水産部は昨年、無機酸を使用した四十五人を摘発、二年以下の懲役および五百万ウォン以下の罰金刑や、組合員除名、免税油供給中断、漁場警告処分など行政措置を行った。それにもかかわらず、一部の漁業者の場合、取り締まりを避けて夜間と悪天候の時にこっそり無機酸を使用している。

したがって、政府が持続的かつ強力な取り締まりと同時に水協中央会などを中心に、漁業者への指導を行うことが望ましい。また、無機酸を使用していない漁業者のノリの品質を政府が保証する一方、生産比重が高い組合が優良漁業者に特別措置を行うようにすべきであるとの声が強い。

(15)　投書　12版　『読売新聞』2002年8月23日

論点

希少種危機は行政の〝失策〟

江刺（えさし）　洋司（ようじ）
東北大学名誉教授

二十六日から、環境開発サミットが南アフリカで開催され、小泉首相も参加して声明を発表するとのことである。十年前にブラジルで開催された第一回地球サミットの成果を検証し、今後に生かすための会議だ。

十年前のサミットの成果の一つに希少動植物を守ろうとする「生物多様性保全条約」の取りまとめがあったが、予測以上の速度で多くの生物種が絶滅しているのが現状だ。このため今年四月にハーグにおいて、閣僚級予備会議が持たれ、日本は三月に決定した「生物多様性国家戦略」を紹介した。さらに今月のサミットでは、二〇一〇年までに減少傾向をくい止める具体策を、各国が発表する予定になっている。条約の起草にかかわった私としては、日本政府も本腰を入れて希少生物種の保全に取り組むことに期待している。

日本政府は、希少動植物を調査し、つくばの国立遺伝子銀行の運営に力を注ぐなど努力は続けているものの、実際は多くの場で日本固有の希少生物の絶滅に責任を果たしてはいない。この十年でトキがまさに絶滅しようとし、有明海ではオオシャミセンガイなど多くの底生動物が消え去ろうとしている。

今、私が心配しているのは、従来の政府の縦割り行政はこの条約を具現化するどころか、経済至上主義のために無視されてきたことだ。

そうした例の一つが、有明海の荒廃だ。私は、諫早湾干拓工事をめぐる「海水の浄化能力を有する干潟をつぶし、有明海の主要産業であるノリ養殖に打撃を与えている」という説明には誤解が多いと思っている。底生動物の激減やノリの色落ち現象は、ノリ養殖をあまりに優先した政策に原因がある。

貝類の生産量が減少に転じた時期は、ノリ養殖業者の要請に応えて水産庁が一九八四年に消毒剤としてクエン酸、リンゴ酸、乳酸などを含む有機酸の使用を公認した直後だ。その事実は、農水省が発表しているデータから明らかである。つまり、有明海の希少動物が絶滅の危機にある原因は、水産庁の不見識な通達にあったともいえるのだ。

「有機酸は自然界にもあるのだから、無害」という考えは、現代の自然保護の広がりに合致しない。消費者が有機物やリンを含む生活排水に神経をとがらせ、企業の排水には種々の規制の網が被せられている時代である。その時に、有機物の海洋での利用を認知し、それに便乗した関連企業は、赤潮発生の原因となる栄養塩をも添加して、ノリ養殖者に「有機酸処理剤」を販売してきた。

一定の限界を超えれば、植物プランクトンが海中の光量を減らし、冬の長い夜を生きるに十分な生産物を作らせない。ノリ葉緑体の自己分解を招き、ノリが色落ちするのも当然の結果である。

さらに、海底に沈んだ植物プランクトンの死がいは、水温上昇とともに海水中のわずかな酸素を消費して分解を始め、酸欠状態を招く。酸欠になれば、致死作用を有する硫化水素を発生する。これは環境科学の教科書的常識だ。硫化水素が発生しているかどうかを調べれば富栄養化の実態が解明できるのに、国も地元自治体もその調査を怠ってきた。このことも、栄養塩入り処理剤の投入を続行させた一因と言える。

有明海の自然環境を守り、再生させる唯一の方法は、硫化水素の発生を止めることである。そのためには、ノリ養殖業者が有機酸の使用を中止し、雑菌除去には自然に返る薄い塩酸を使い、海に捨てる前に苛性ソーダで中和することを提案する。

海の荒廃は有明海だけにとどまらない。正しい科学的判断と、関係官庁の生産性重視からの発想の転換も必要だ。日本固有の希少生物を、再度トキがたどった運命にさらしてはならない。

◇

専門は環境生物学。日本樹木種子研究所所長。著書に「植物の生と死」など。69歳。

3　有明海全体の水質

・有明海奥部は、諫早湾より1．4倍～2．3倍(H10)富栄養化しています。

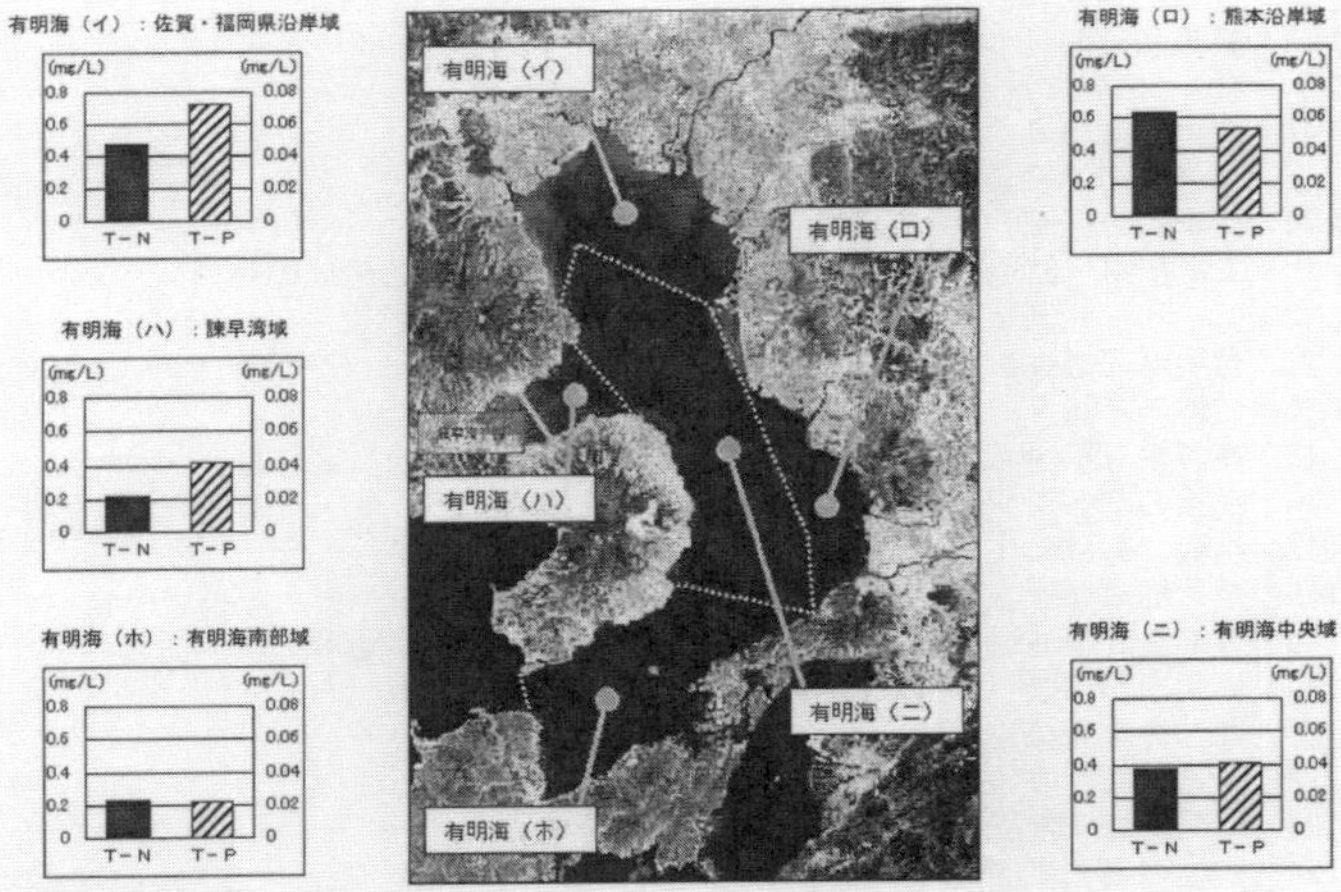

＊平成10年度：年平均値
＊「中央環境審議会水質部会海域環境基準専門委員会（第21回）資料」より作成

（出典：http://www.maff.go.jp/soshiki/nouson_sinkou/isa_haya/4-1kanntakunowariai.htm）

図表一覧

著者紹介

江刺洋司（えさし・ようじ）

1933年、宮城県仙台市生まれ。東北大学理学部生物学科卒業。同大学理学研究科博士課程修了。東北大学教養部教授を経て、理学部に環境生物学講座を開設。同講座初代教授を務めたのち、1996年停年退官。東北大学名誉教授。1992年「生物多様性保全条約」の起草に参加。現在、日本樹木種子研究所所長。理学博士。植物生理学専攻。著書に『植物の生と死』平凡社、1997年、『都市緑化新世紀』平凡社、2000年、ほか。

有明海はなぜ荒廃したのか——諫早干拓かノリ養殖か

2003年11月25日　初版第1刷発行©

著　者　江　刺　洋　司

発行者　藤　原　良　雄

発行所　株式会社　藤　原　書　店

〒162-0041　東京都新宿区早稲田鶴巻町523

TEL　03（5272）0301
FAX　03（5272）0450
info@fujiwara-shoten.co.jp
振替　00160-4-17013

印刷・製本　図書印刷

落丁本・乱丁本はお取り替えします
定価はカバーに表示してあります

Printed in Japan
ISBN4-89434-364-9

柳川堀割物語の広松伝の遺言

よみがえれ！〝宝の海〟有明海
（問題の解決策の核心と提言）

広松　伝

瀕死の状態にあった水郷・柳川の水をよみがえらせ（映画『柳川堀割物語』）、四十年以上有明海と生活を共にしてきた広松伝が、「いま瀕死の状態にある有明海再生のために本当に必要なことは何か」について緊急提言。

Ａ５並製　一六〇頁　**一五〇〇円**
（二〇〇一年七月刊）
◇4-89434-245-6

「医の魂」を問う

冒される日本人の脳
（ある神経病理学者の遺言）

白木博次

東大医学部長を定年前に辞し、ワクチン禍、スモン、水俣病訴訟などの法廷闘争に生涯を捧げてきた一医学者が、二〇世紀文明の終着点においてすべての日本人に向けて放つ警告の書。

四六上製　三二〇頁　**三〇〇〇円**
（一九九八年一二月刊）
◇4-89434-117-4

「水俣病」は、これから始まる

全身病
（しのびよる脳・内分泌系・免疫系汚染）

白木博次

「水俣病」が末梢神経のみならず免疫・分泌系、筋肉、血管の全てを冒す「全身病」であると看破した神経病理学の世界的権威が、「環境ホルモン」の視点から、「有機水銀汚染大国」日本を脅かす潜在的水銀中毒を初めて警告！

菊大上製　三〇四頁　**三二〇〇円**
（二〇〇一年九月刊）
◇4-89434-250-2

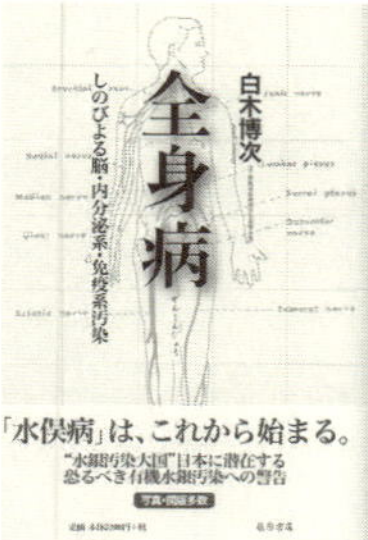

国・行政の構造的汚染体質に警鐘

知の構造汚染
（クロム禍防止技術・特許裁判記録）

太秦　清・上村　洸

我々の身の回りのどこにでもあるコンクリートから六価クロムが溶出？　未だ排出基準規制の設定もされず、その危険性が公になることもないままに汚染のみがただただ進む現状に警鐘を鳴らし、国、行政の不可解な対応、知る権利の侵害を暴く。

四六上製　二六四頁　**二〇〇〇円**
（二〇〇二年九月刊）
◇4-89434-304-5